Klaus Thiel, Dipl.-Volkswirt
Produktionsmanagementberater, Landshut
Tel.: 0871/46132, E-Mail: info@mes-consult.de
URL: http://www.mes-consult.de

Dr. Heiko Meyer
Produktmanager, Gefasoft AG, München
Tel.: 089/125565-0, E-Mail: heiko.meyer@gefasoft.de
URL: http://www.gefasoft.de

Franz Fuchs
Vorstand, Gefasoft AG, München
Tel.: 089/125565-0, E-Mail: franz.fuchs@gefasoft.de
URL: http://www.gefasoft.de

MES – Grundlage der Produktion von morgen

von

Klaus Thiel
Heiko Meyer
Franz Fuchs

Oldenbourg Industrieverlag München

Bibliografische Information der Deutschen Nationalbibliothek

Die Deutsche Nationalbibliothek verzeichnet diese Publikation in der Deutschen Nationalbibliografie; detaillierte bibliografische Daten sind im Internet über http://dnb.d-nb.de abrufbar.

Rosenheimer Straße 145, D-81671 München
Telefon: (089) 45051-0
www.oldenbourg-industrieverlag.de

Lektorat: Elmar Krammer
Herstellung: Karl Heinz Pantke
Druck/Bindung: Offsetdruck Heinzelmann, München
Gedruckt auf säure- und chlorfreiem Papier

ISBN 978-3-8356-3140-3

Geleitwort

Das Thema „Manufacturing Execution System (MES)" gewinnt in Theorie und Praxis für Unternehmen im Bereich der Prozess- und Fertigungstechnik zunehmend an Bedeutung. Die Relevanz des Themas dokumentiert sich auch unmittelbar in einem wachsenden Markt für einschlägige Dienstleistungen. Nicht zuletzt aufgrund der raschen Weiterentwicklung auf dem Gebiet der Softwaretechnologien ergeben sich neue und innovative Anwendungsmöglichkeiten, die in der Literatur bisher nur unzureichend Eingang gefunden haben. Ein weiterer Faktor der den Durchbruch begünstigt ist der allgemeine Wettbewerbsdruck sowie die in der Folge erforderliche Umstrukturierung der Produktion. Wie in jungen Forschungsgebieten häufig der Fall, ist die Begriffsbildung noch längst nicht abgeschlossen und die Domäne war lange durch eher unscharfe Begriffe gekennzeichnet. Seit der Begriff MES verstärkt auch in der wissenschaftlichen Literatur auf einschlägigen Fachkonferenzen verwendet wird, ist jedoch eine Stabilisierung zu beobachten, die ähnlich wie bei ERP Systemen eine systematische Einordnung der Systeme im betrieblichen Gesamtzusammenhang erlaubt.

Auch in der Forschung besteht ein erhebliches Defizit und ein Nachholbedarf bei der Dokumentation des bisher Erreichten. Da seit Anfang der 90er-Jahre, als die Entwicklung integrierter Produktionsplanungssysteme einsetzte, ein bedeutender Wissenszuwachs auf diesem Gebiet erfolgte, kommt dem Buch hier eine entsprechende Bedeutung zu. Es wird versucht, einen Beitrag zur Abdeckung des zunehmenden Bedarfs an Wissen, der sich aus dieser Entwicklung ergibt, zu leisten.

Eine wichtige Leistung der Autoren besteht nicht zuletzt im aktuellen Überblick über den Stand der Technik. In diesem Zusammenhang wird ausgehend vom Konzept der „Fabrik der Zukunft" nicht nur eine Auseinandersetzung mit der gängigen Praxis unternommen, sondern auch der Systemeinführung, Praxisbeispielen und künftigen Visionen hinreichender Raum gegeben. Ausführlich behandelt werden neben technischen Aspekten die drei Kernfunktionen „produktionsflussorientiertes Design", „produktionsflussorientierte Planung" und die Auftragsdurchführung. Mit den Anwendungsbeispielen wird der Kreis zu den vorausgehenden Darstellungen geschlossen, in denen die Aufgaben und Herausforderungen im Detail erläutert wurden. Die Beispiele sollen die Relevanz, aber auch die vielfältigen Verwendungsmöglichkeiten aktueller Technologien in der Praxis verdeutlichen. Der zunehmenden Leistungsfähigkeit steht allerdings bislang noch keine allzu hohe Verbreitung solcher Systeme gegenüber. Dies liegt vermutlich nicht so sehr an den Systemen selbst, sondern eher an ihrer Bekanntheit, an fehlenden Auswahl- und Entscheidungshilfen etc. Diesem Defizit wird mit einer ausführlichen Darstellung zum Thema Wirtschaftlichkeit und Einführung begegnet.

Zusammenfassend ist festzustellen, dass ein umfassendes und aktuelles Buch zu einem höchst relevanten Thema vorgelegt wurde. Die Autoren verfügen über eine langjährige und einschlägige Erfahrung und haben auf dieser Grundlage die wesentlichen Aspekte zum Thema MES praxisnah und anschaulich dargestellt. Es handelt sich um eine gelungene Reflexion zum State-of-the-Art und um eine gute Überblicksdarstellung, die in dieser Form im deutschsprachigen Raum noch nicht existiert und als wichtiger Ratgeber dienen kann. Vor diesem Hintergrund wünsche ich dem Buch eine positive Aufnahme in der Fachwelt!

Passau, im Februar 2008 Prof. Dr. Franz Lehner

Inhaltsverzeichnis

1 Einleitung

1.1 Motivation

Die Globalisierung der Wirtschaft und die damit verbundenen Faktoren Steigerung der Effektivität in der Produktion, Verkürzung der Innovationszyklen, Sicherstellung hoher Qualität etc. erhöhen den Druck auf das produzierende Gewerbe kontinuierlich. Durch die Verlagerung der Produktion in Billiglohnländer konnte dieser Druck in den letzten Jahren teilweise kompensiert werden. Mittelfristig werden aber auch die Ansprüche der Mitarbeiter in derzeit noch günstigen Ländern und damit verbunden die Produktionskosten steigen, sodass auch dort zunehmend Handlungsbedarf sein wird. Es werden Werkzeuge benötigt um die Effizienz bei bestehenden Fertigungsverfahren weiter zu steigern. Hinzu kommt, dass die Produktion in Hochlohnländern durchaus ihre Vorteile hat; so kommen zunehmend auch diese Länder wieder als Produktionsstandorte infrage und bleiben langfristig erhalten. Gerade dort ist der Automatisierungsgrad schon extrem hoch, sodass die Effizienz durch Änderungen der Fertigungsverfahren nicht nennenswert zu steigern ist.

Weitere neue Anforderungen an produktionsnahe IT Systeme kommen aus Normen und Richtlinien wie Standards zur Qualitätssicherung oder auch aus Vorschriften in der Lebensmittel- und Pharmaindustrie. Waren diese Ansprüche vor Jahrzehnten überwiegend nur bei sicherheitsgerichteten Anlagen notwendig, spielen Transparenz und Nachvollziehbarkeit zunehmend auch in anderen Branchen eine wichtige Rolle.

Um eine effektive Wertschöpfung in der Produktion erzielen zu können, wird ein Instrumentarium benötigt, das diesen neuen Anforderungen voll und ganz gerecht wird. Die existierenden, am Markt etablierten ERP Systeme sind weitgehend Verwaltungs- und Abrechnungssysteme. Die neu benötigten Systeme müssen über Funktionen zur Planung, Erfassung und Kontrolle, die in Echtzeit nicht nur agieren sondern auch reagieren, verfügen. Für sie hat sich der Begriff MES (**M**anufacturing **E**xecution **S**ystem) durchgesetzt. Da MES ein facettenreiches Gebiet ist, interpretiert jede Branche den Begriff aus ihrer Sicht. Des Weiteren gibt es am Markt diverse Software-Anbieter, die aus Gründen des Marketings – allerdings fälschlicherweise – ihr System als MES anbieten.

Ein alternativ verwendeter und aussagekräftigerer Begriff für MES ist CPM (**C**ollaborative **P**roduction **M**anagement), dieser hat sich bisher allerdings noch nicht etablieren können. Es geht bei den neuen IT Systemen letztlich darum, die Produktion mit einem integrierten Informations- und Kontrollinstrumentarium zu steuern, um vorgegebene Zielgrößen zu erreichen. Das sind einmal Echtzeitleistungskennzahlen und Trendanalysen zu den internen Prozessen, aber auch Kennzahlen zur Qualität des Unternehmens im Wahrnehmungsprozess der Gesellschaft. Das betrifft den Nachweis über die Einhaltung von Richtlinien sowie in jüngster Zeit auch den freiwilligen Nachweis von Zielerreichungsgrößen im sozialen und ökologischen Umfeld.

Der in CPM enthaltene Begriff „kollaborativ“ soll aussagen, dass nicht nur die Kernelemente wie Planung, Ausführung und Informationserfassung und -kontrolle zusammenarbeiten, sondern auch die peripheren Bereiche wie ERP, Vertrieb und Einkauf in den Informationstausch mit eingebunden sind. Durch geeignete Web-Technologien werden diese Systeme zu einem EPM System (**E**nterprise **P**roduction **M**anagement), in dem die Daten und Informationen des MES Werkübergreifend allen am Wertschöpfungsprozess Beteiligten ereignisorientiert bereitgestellt werden.

1.2 Ziel des Buchs

Das Buch richtet sich primär an Entscheidungsträger eines Unternehmens wie Geschäftsführer, Finanzchef, Controller und Produktionsleiter, die durch die Einführung eines entsprechenden Systems betroffen sind. Sekundär kann es aufgrund der neutralen Darstellung des Themas MES als Einführung in produktionsnahe Software-Systeme benutzt werden.

Es werden einerseits in neutraler Form die Inhalte von MES unter Vermeidung einer zu großen Begriffsvielfalt im Detail beschrieben, damit mehr Transparenz in die Thematik kommt. Das vorliegende Buch geht auf die „Idealvorstellungen“ von MES ein, die auch Grundlage für Neuentwicklungen entsprechender Systeme sein können. Andererseits soll aufgezeigt werden, dass diese Systeme im Unterschied zu ERP Systemen einen immensen Nutzen bringen, der bei richtiger Einführung die damit verbundenen Kosten weit überschreitet. Entscheidungsträger sind im Allgemeinen bei der Anschaffung von Softwaresystemen eher konservativ. Skepsis ist verständlich, da die Anschaffungs-, Einführungs- und Schulungskosten nicht unerheblich sind. Daher wird aufgezeigt, dass man mit relativ einfachen Methoden den Nutzen dieser Systeme bereits im Vorfeld einer Einführung messen und nachweisen kann.

Wie schon in Kapitel 1.1 angedeutet, gibt es am Markt auch vermeintliche MES Systeme, die einem potentiellen Anwender die Auswahl eines geeigneten Systems erschweren. Außerdem unterscheiden sich die vorhandenen Systeme erheblich in ihrer Eignung, der Funktionalität und ihren möglichen Einsatzbereichen. Letztendlich muss das Management sich für ein System entscheiden. Um die am Markt befindlichen Systeme vergleichen und hinsichtlich ihrer Eignung beurteilen zu können, soll das Buch das entsprechende Grundwissen bezüglich MES neutral vermitteln.

1.3 Aufbau des Buchs

Der Aufbau des vorliegenden Buches ist schematisch in Abbildung 1.1 dargestellt. Das Buch umfasst insgesamt 12 Kapitel mit folgender Gliederung:

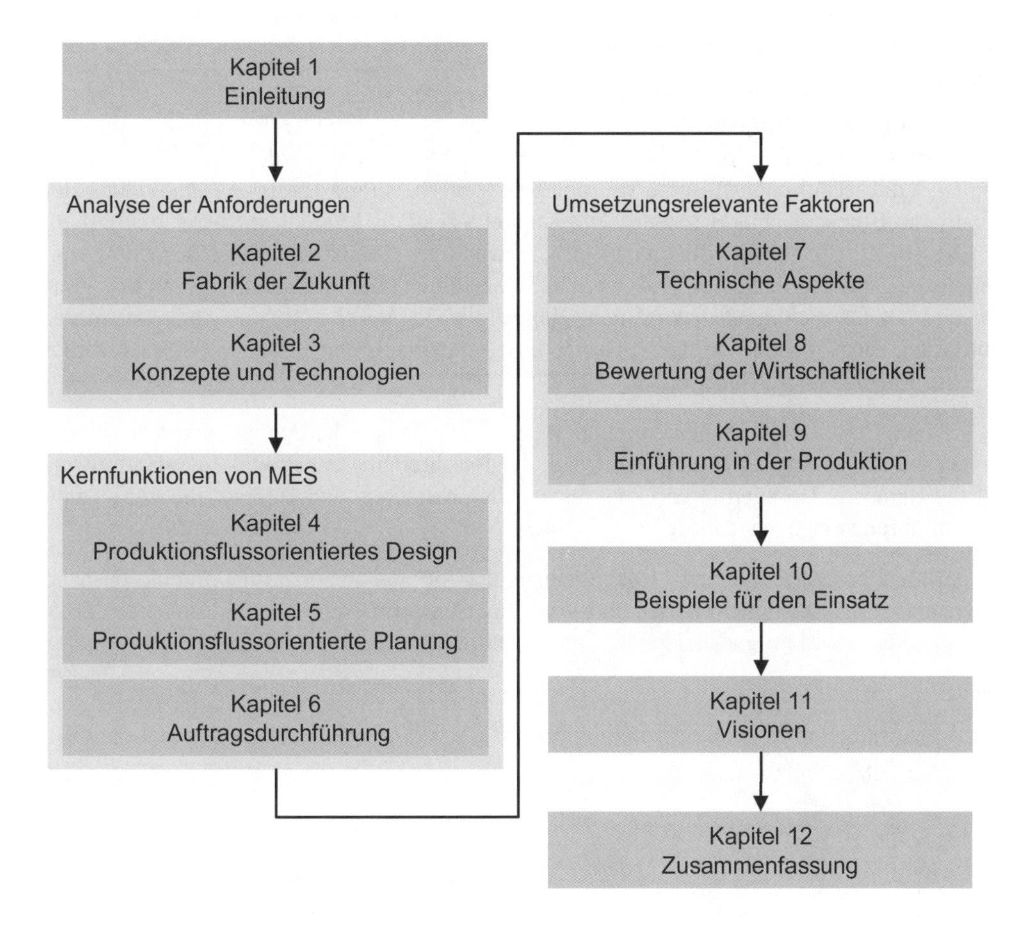

Abbildung 1.1: Aufbau des Buchs.

Nach einer kurzen Einführung widmet sich Kapitel 2 den Anforderungen an die Fabrik der Zukunft. Die geforderten Eigenschaften an eine produktionsnahe Lösung werden im Verlauf beschrieben. Diese sind nur durch ein zentrales, strategisches IT System mit einem einheitlichen und konsistenten Datenmodell realisierbar. Bevor ein Lösungsansatz für die in Kapitel 2 identifizierten Anforderungen an die Fabrik der Zukunft entwickelt wird, sind zunächst in

Kapitel 3 existierende Standards und Technologien, die zur Lösung des Problems herangezogen werden können, hinsichtlich ihrer Güte zu betrachten.

Nach der Analyse der Anforderungen und bestehender Ansätze beschreiben die folgenden drei Kapitel die Kernfunktionen von MES. Dabei geht Kapitel 4 zunächst auf das produktionsflussorientierte Design ein. Das nächste Kapitel widmet sich den Aufgaben zur produktionsflussorientierten Reihenfolgeplanung. Abschließend wird in Kapitel 6 die Auftragsdurchführung beleuchtet.

Neben den theoretischen Grundlagen zu MES sollen im vorliegenden Buch dem Leser aber auch konkrete Hilfsmittel bei der Einführung von MES gegeben werden. Hierzu werden in Kapitel 7 die technischen Aspekte wie beispielsweise benötigte Hardware, Anbindung der Steuerungsebene etc. näher betrachtet. Das Kapitel 8 zeigt die Möglichkeiten zur Beurteilung der Wirtschaftlichkeit von MES auf. Ein sehr wichtiges Thema bei der Anschaffung von komplexen Software-Systemen sind u. a. die Sicherstellung der Akzeptanz bei den Mitarbeitern und gezielte Schulungsmaßnahmen. Hierzu gibt Kapitel 9 hilfreiche Maßnahmen zur Einführung entsprechender Systeme. Durch diese Strategien sollen die Erfolgsaussichten der Projekte erheblich verbessert werden.

Zwei konkrete Beispiele zum Einsatz von MES jeweils aus der Fertigungs- und Verfahrenstechnik werden in Kapitel 10 gegeben. Nach der Beschreibung der Produktionsabläufe werden die Herausforderungen in den konkreten Fällen betrachtet und kurz auf die Umsetzung und Einführung eingegangen.

Als Ausblick beschreibt Kapitel 11 die Visionen der Autoren an zukünftige produktionsnahe IT Systeme. Ein Zusammenwachsen und Verschmelzen der verschiedenen bestehenden Software-Lösungen wird prognostiziert.

Kapitel 12 gibt eine Zusammenfassung des gesamten Buchs. Abschließend erfolgt ein Resümee bezüglich der zu erwartenden weiteren Entwicklungen bei MES.

2 Fabrik der Zukunft

2.1 Historische Entwicklung von Manufacturing Execution Systems

2.1.1 Entwicklung der Unternehmens EDV

Um die Anforderungen an die IT in der Fabrik der Zukunft besser zu verstehen, ist es sinnvoll, einen Blick auf die Entwicklung der Unternehmens EDV zu werfen. Diese ging einher mit dem rasch wachsenden Informationsbedarf der Marktteilnehmer.

In den 70er-Jahren beherrschten „Großrechner", die meist in Rechenzentren eine Vielzahl von Anwendern bedienten, die Computerwelt. Das Hauptthema für die Unternehmen war die Umstellung von manuell gepflegten Buchhaltungssystemen auf elektronische Systeme. Als Ergänzung zur Buchhaltung entstanden Auftragsbearbeitungssysteme mit der Zentralfunktion Fakturierung und Einkaufssysteme inkl. Materialwirtschaft. Parallel wurden eigenständige Personalverwaltungssysteme mit integrierter Gehaltsabrechnung entwickelt.

Erst im letzten Drittel der 70er-Jahre waren „Kleinrechner", die auch für mittelständische Unternehmen bezahlbar wurden, verfügbar. Eine immer noch steigende Zahl von Softwareanbietern entwickelt bis heute Programme für die oben genannten Kernaufgaben.

In diesem Zeitraum entstand auch der Begriff des **P**roduktions**p**lanungs- und **S**teuerungssystems (**PPS**), obwohl diese Systeme dieser Bezeichnung noch kaum entsprachen. Erste Softwareprodukte für die Produktion erfüllten aber schon wichtige Teilaufgaben eines PPS (aus heutiger Sicht Teilfunktionen eines **M**anufacturing **E**xecution **S**ystem):

- Betriebsdatenerfassung (**BDE**) und Maschinendatenerfassung (**MDE**)
  Die Erfassung der Daten erfolgte manuell über unintelligente Erfassungsgeräte. Mit dem Übergang von konventionellen Schützsteuerungen auf speicherprogrammierbare Steuerungen (SPS) konnte die Übergabe der Betriebs- und Maschinendaten mehr und mehr automatisiert und dadurch auch die Aktualität und Qualität der Daten verbessert werden.

- Rechner gestützte Entwicklung = Computer Aided Design (**CAD**)
  Anfang der 80er-Jahre war die Geburtsstunde elektronischer Zeichensysteme, die zu enormen Produktivitätssteigerungen beim Konstruieren und Zeichnen führten. Hier hat sich bis heute eine revolutionäre Entwicklung vollzogen: 3D CAD löste die 2D CAD Systeme ab. Im Rahmen des elektronischen Engineering wurden immer leistungsfähigere Produktentwicklungstools (für finite Elementerechnung, Simulation etc.) erstellt. Der heute erreichte Standard bietet Systeme an, die das Produkt virtuell simulieren, optimieren und visualisieren (DMU = Digital Mock-up). Diese Systeme sind Kern der PLM (Product Lifecycle Management) Konzeption, mit der der Lebenszyklus eines Produkts aufgezeichnet wird (siehe Kapitel 3.5).

- Rechnergestützte Qualitätssicherung (**CAQ**)
  Ebenfalls Anfang der 80er-Jahre wurde aufgrund der immer schärfer werdenden Qualitätsanforderungen an die Produkte mit der Entwicklung von Qualitätssicherungssoftware begonnen. Damit einher ging die Entwicklung von Software, die die Prozessfähigkeit von Produkten statistisch absichern sollte (SPC = Statistical Process Control). Im Rahmen des Integrationsgedankens erlebt die Qualitätssicherung momentan eine Renaissance.

2.1.2 Der Integrationsgedanke – von CIM zur digitalen Fabrik

Überblick
Alle diese Systeme waren Insellösungen für eine bestimmte Abteilung. Daher wurde schon Mitte der 80er-Jahre der Gedanke geboren, integrierte Produktionssysteme (CIM = Computer Integrated Manufacturing) zu entwickeln. Die Aufgabenstellung wurde zwar schon frühzeitig erkannt, aber die Umsetzung scheiterte oft an der Komplexität, da weder der Standardisierungsgedanke noch die zur Verfügung stehenden Technologien weit genug entwickelt waren. Teilweise fehlte auch die Bereitschaft, die erforderlichen Investitionssummen aufzubringen.

Erst durch die Globalisierung, mit der Konsequenz eines immer härter werdenden Wettbewerbs, kamen die Firmen unter einen bislang nicht gekannten Zwang zur Effizienz. Immer schneller, immer besser, immer günstiger waren die Herausforderungen, denen sich die Firmen nun zu stellen hatten. Schnell hat man die Notwendigkeit einer integrierten Betrachtung der Leistungsprozesse der Produktion in Echtzeit erkannt. Damit eng verbunden waren veränderte Anforderungen an Produktionsmanagementsysteme und der zu liefernden Informationen.

Die „Fabrik der Zukunft" nutzt konsequent die Weiterentwicklung der IT. Schon vor dem realen Produktionsprozess wird die Fabrik möglichst detailgetreu und ganzheitlich virtuell abgebildet. Durch Simulation des Produktionsablaufs unter Einbeziehung von Materialfluss und Informationsaustausch soll der optimale Produktionsprozess des Produktes interaktiv erarbeitet werden. Ein Konzept dazu ist die **Digitale Fabrik**. Hinter dem plakativen Begriff verbirgt sich ein integriertes Datenmodell des zukünftigen Produktionsbetriebes, in dem jeder Planungs- und Fertigungsvorgang zusammenhängend abgebildet ist. Für die Digitale

Fabrik werden moderne Methoden und Software-Tools eingesetzt, um Anlagen und Fertigungsprozesse in aufwändigen Simulationen zu testen. So soll bereits lange vor Start der realen Produktion sichergestellt werden, dass jeder Arbeitsschritt sitzt und alle Anlagen problemfrei arbeiten. Typische Anlaufzeiten von drei bis zwölf Monaten sollen auf diese Weise stark reduziert werden. Die Hersteller erwarten darüber hinaus eine Verkürzung der Planungsphase sowie eine Verbesserung der Produktqualität.

Die Digitale Fabrik ist damit das Pendant zum virtuellen (digitalen) Produkt, wobei virtuelles Produkt und Digitale Fabrik parallel entstehen sollen (→ kürzere Produktzyklen bei reduzierten Planungskosten) und eng miteinander verzahnt sind. In virtuellen Prozessen wird die Fertigung simuliert, bewertet und nach erfolgreichem Durchlauf für den realen Prozess freigegeben. Einige wichtige Bausteine zur Erreichung dieser ehrgeizigen Ziele sind im Folgenden genannt.

Standardisierung
Methoden, Prozesse und Betriebsmittel sollen soweit standardisiert werden, dass sie bei einem neuen Produkt oder Nachfolgemodell nach einem „Baukastenprinzip“ mit möglichst geringen Änderungen (im Idealfall ohne Änderungen) wieder verwendet werden können. Hier ist konsequent abzuwägen, ob es Sinn macht, jeweils die neueste Technik und Technologie einzusetzen, oder ob zu Gunsten der Standardisierung auf Bewährtes zurückgegriffen wird. Das senkt nicht nur die Kosten beim Einkauf von Teilen und Anlagen, sondern bietet auch erhebliche Vorteile hinsichtlich Wartung, Flexibilität und Zuverlässigkeit. Die Standardisierung der Produktionsanlagen (Kommunikation, Steuerungstechnik etc.) ist auch eine der wichtigsten Voraussetzungen für den effizienten Einsatz eines MES.

Datenintegration
Alle relevanten Planungsdaten (zum Produkt, zum Prozess, zu Ressourcen) werden von den Beteiligten nur einmal erfasst und zentral in einer gemeinsamen Datenbasis verwaltet. Sie sind damit für jeden Planer, zunehmend auch für Zulieferer, Ausrüster und Dienstleister, stets in der aktuellen Form verfügbar. Ein Ziel ist auch, diese Daten zur Planung neuer Produkte zu nutzen, etwa um möglichst frühzeitig eine fundierte Kostenabschätzung zu erhalten.

Entscheidend dafür ist eine **zentrale und konsistente Datenbasis**, in der sämtliche produktrelevanten Daten von den einzelnen Verantwortungsbereichen verwaltet werden und dann, mit Hilfe einer detaillierten Rechteverwaltung, den Nutzern in Planung und Produktion über alle Standorte des Unternehmens zur Verfügung stehen. Die Weiterentwicklung dieses Integrationsgedankens mündet im Konzept des PLM (siehe Kapitel 3.5). In diesen Systemen werden zusätzlich auch die Daten erfasst, die nach der Produktion entstehen, d. h. der gesamte Lebenslauf eines Produktes wird „von der Wiege bis zur Bahre“ datentechnisch abgebildet. Die Daten stehen dann mit ihren Wissensinhalten für die Entwicklung und Produktion neuer Produkte zur Verfügung und beschleunigen den Entwicklungsprozess. Das „Neue“ daran ist, dass der Entwicklungsprozess auf den gesamten Datenpool von ähnlichen Produkten zugreift, sich nicht nur auf 3D Visualisierungen beschränkt, sondern das gesamte Datengerüst für den realen Prozess vorschlägt, und diesen mit der Produktion in Echtzeit abstimmt und anpasst. Entscheidend ist dabei auch, dass die Ergebnisse realer Prozesse und Informationen aus dem Change Management wieder in die Entwicklung mit einfließen.

Automatisierung im Engineering
Viele Teilaspekte und Routinetätigkeiten werden automatisiert durch Softwaretools abgehandelt. Selbst Alternativen werden durch die Variation einzelner Parameter automatisch generiert. Voraussetzung dafür ist aber eine weitgehende Standardisierung – vor allem im Bereich der Produktionsanlagen (Maschinen und zugehörige Steuerungen).

Prozess- und Änderungsmanagement
Alle Prozessbeteiligten erledigen ihre Aufgaben auf Basis definierter Abläufe (Workflows) mit weitgehender Unterstützung durch IT Systeme. Das sichert die Verfügbarkeit der gewünschten Daten zum richtigen Zeitpunkt, in der richtigen Detaillierung und im richtigen Kontext.

2.2 Begriffsdefinitionen

2.2.1 Einordnung der Begriffe

Die Welt der IT – und insbesondere auch das Thema der Produktionssysteme – ist geprägt von einer verwirrenden Begriffsvielfalt. Viele dieser Begriffe wurden durch Normungsgremien oder Nutzerorganisationen definiert, andere wurden einfach aus branchen- oder firmenspezifischen Begriffen abgeleitet und verallgemeinert.

Der folgende Überblick beinhaltet nur einen kleinen Teil dieser Begriffe, die sich im allgemeinen Sprachgebrauch eingebürgert haben und auch in diesem Buch benutzt werden. Um die Einordnung der Begriffe in das Ebenenmodell der ISA zu verdeutlichen, erfolgt die Darstellung auch in Form einer Grafik:

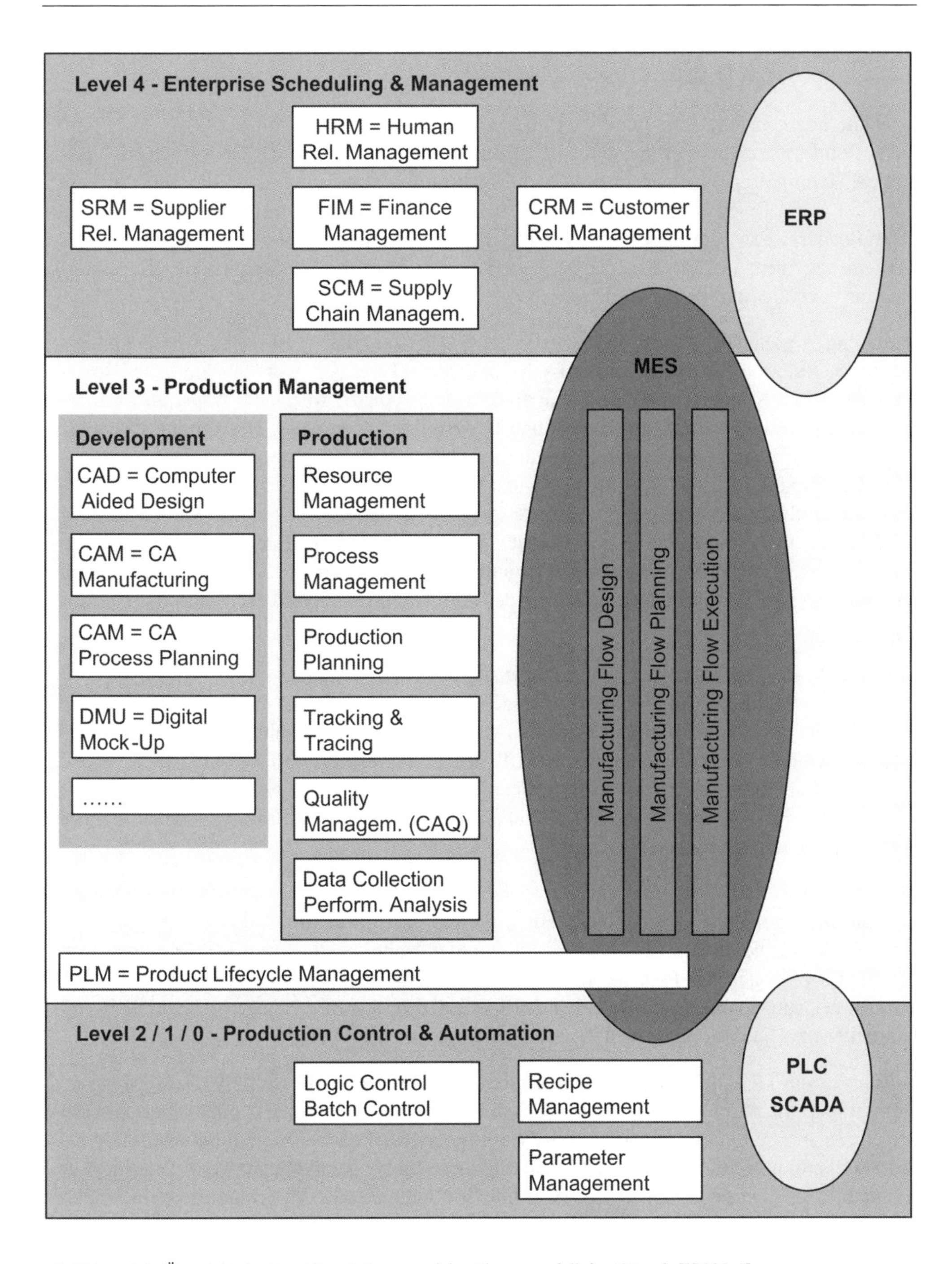

Abbildung 2.1: Übersicht der Begriffe mit Bezug auf das Ebenenmodell der ISA vgl. [ISA95-1].

2.2.2 Unternehmensleitebene

Die Unternehmensleitebene beinhaltet die zentralen Funktionen Finanzwesen, Vertrieb, Einkauf und Personalwesen und wird meist durch ein ERP System (ERP = Enterprise Resource Planning) repräsentiert in dem diese Funktionen abgebildet sind. Ein ERP System beinhaltet in der Regel auch Planungsfunktionen zur Ermittlung des mittel- und langfristigen Materialbedarfs bzw. zur Liquiditätsplanung. Die Kernfunktion eines ERP Systems ist das Finanzmanagement (FIM = Finance Management), in dem die Zahlungsströme des Unternehmens verwaltet und kontrolliert werden.

Damit eng verbunden ist die Vertriebsfunktion, die zentraler Teil eines CRM Systems (Customer Relationship Management) ist. In diesen Systemen werden sämtliche Beziehungsdaten zum Kunden verwaltet und analysiert. Dies betrifft Anfragen, Angebote, Aufträge, Umsatzanalysen, mittel- und langfristige Bedarfsprognosen sowie Marketingfunktionen. Ein CRM Tool kann als eigenständige Funktion der Unternehmensleitebene oder als integrierter Bestandteil des ERP Systems eingesetzt werden. Es gibt auch Berührungspunkte zwischen CRM Systemen und MES. Liefertermine für Kundenbestellungen werden künftig grundsätzlich nicht mehr durch den Vertrieb geschätzt, sondern durch das operative Planungstool innerhalb von MES „exakt" ermittelt. MES ist damit die Voraussetzung für die Verbesserung der Termintreue (und damit der Kundenzufriedenheit) im Sinne des Gedankens „capable to promiss".

Eine weitere Hauptaufgabe der Unternehmensleitebene ist der Einkauf. Als Gegenstück zu CRM Tools wird hierfür oft ein unterstützendes SRM System (SRM = Supplier Relationship Management) eingesetzt. In diesen Systemen werden sämtliche Beziehungsdaten zum Lieferanten verwaltet und analysiert. Dies betrifft die Lieferverträge mit vereinbarten Preisen, Qualitätsstufen und Lieferterminen. Die operativen Aufgaben der Materialwirtschaft, wie z. B. Bestellvorgänge, werden durch MES innerhalb der operativen Produktionsplanung und Reihenfolgefestlegung abgewickelt.

Auch die Verwaltung der Mitarbeiter mit der Lohnbuchhaltung ist eine Aufgabe der Unternehmensleitebene. Die Funktionen des HRM (Human Resource Management) sind meist in einem Funktionsmodul des ERP Systems abgebildet. Schnittstellen zum MES ergeben sich vor allem im Bereich der Personalzeit- und Betriebsdatenerfassung, z. B. muss für ein Akkord- bzw. Gruppenakkord-Lohnmodell das MES die produzierte Menge je Zeiteinheit und Mitarbeiter bzw. je Gruppe bereitstellen.

Im Rahmen der Globalisierung wurde die globale Logistik (SCM = Supply Chain Management) immer wichtiger. SCM Systeme sind in ERP Systemen integriert oder repräsentieren eine eigenständige Funktion innerhalb der Unternehmensleitebene. Sie ermöglichen die verbesserte Planung und Kontrolle der Logistikprozesse im globalen Wettbewerb. Dem gegenüber stehen die internen Logistikprozesse, die Bestandteil eines MES sind, d. h. in beiden Systemen werden ähnliche Funktionen – allerdings auf anderer Ebene und mit anderen Objekten – abgebildet.

2.2.3 Produktionsmanagementebene

Die Produktionsmanagementebene beinhaltet die Produktentwicklung und die eigentliche Produktion. Für die Produktentwicklung gibt es angefangen vom einfachen CAD (Computer aided Design) bis hin zu Digital Mock-up eine große Zahl unterstützender Werkzeuge. Für den Produktionsprozess gibt es MES. Damit ist hier eine Zusammenfassung aller möglichen Teilaspekte (und damit Teilfunktionen) gemeint, die unter anderem unter folgenden Namen bekannt sind:

- Produktionssystem
- Produktionsleitsystem
- Produktionsmanagementsystem (PMS)
- Produktinformationssystem (PIS)
- Produktionsinformationssystem (PIS)
- Produktionsdatensystem (PDS)
- Produktdatensystem (PDS)
- Produktionsdatenerfassung (PDE)
- Produktionsplanungssystem (PPS)
- Werkerinformationssystem (WIS)
- Papierlose Fertigung
- Elektronischer Produktbegleitschein
- Leitsystem
- Leitstand
- Feinplanungssystem
- ...

Ende der 90er-Jahre wurde der Bedarf nach besseren und schnelleren „Produktinformationssystemen" sichtbar. Zuerst war man der Ansicht, man könnte durch eine Integration der Automationsebene in ERP eine eigenständige Produktionsmanagementebene überflüssig machen. Die Ergebnisse waren eher bescheiden. Dies ist auch verständlich, weil die zuverlässige, aber schwerfällige Verwaltungs- und Abrechnungsebene nicht zur echtzeit- und ereignisorientierten Welt der Produktion passt. Die Unzufriedenheit der Produktion bezüglich Echtzeitinformationen bei einem Großteil der Produktionsunternehmen führte dann in Schritten zur Ausarbeitung von Richtlinien für die Produktion. Die ISA mit ihren Richtlinien ist ein Beispiel dazu. Der Begriff MES (Manufacturing Execution System) geht auf die schon Anfang der 90er-Jahre von der MESA erstellten 11 Bausteine für ein Produktionssystem zurück. Die ISA hat diese Empfehlungen aufgegriffen und systematisch in Richtlinien für Batch Prozesse (S88 Standard) und generelle Prozesse (SP95) umgewandelt bzw. erweitert.

Mit der Prägung des Begriffs Manufacturing Execution System konnte dieser Begriffswirrwarr wenigstens teilweise entschärft werden. Ein MES muss den gesamten Produktionsprozess „im Griff haben" und somit alle Teilaspekte aus der oben dargestellten Liste abdecken. Das erfordert in einem integrierten MES die Abbildung folgender Funktionen:

- Die vollständige technische Beschreibung des Produkts („Product Definition Management") und seine Verwaltung. Zentraler Bestandteil ist der Arbeitsplan,
- die Verwaltung sämtlicher für das Produkt benötigten Ressourcen („Resources Management") und ihre Zuteilung im Arbeitsplan,
- Verplanung eines Auftragsvorrates mit Reihenfolgefestlegung,
- integrierte Leistungsaufzeichnung und Leistungskontrolle („Tracking & Tracing"),
- Leistungsdatendokumentation für die Rückverfolgung von Produktionsdaten („Traceability") bzw. um Nachweisrichtlinien gerecht zu werden,
- Informationsmanagement.

Das MES muss diese Funktionen in Form von Softwareprozessen abbilden. Entsprechend den Arbeitsabläufen einer realen Produktion wird hier ein „flussorientierter" Ansatz gewählt, bei dem die einzelnen Funktionen auf drei Workflows in Form adäquater Softwareprozesse aufgeteilt werden.

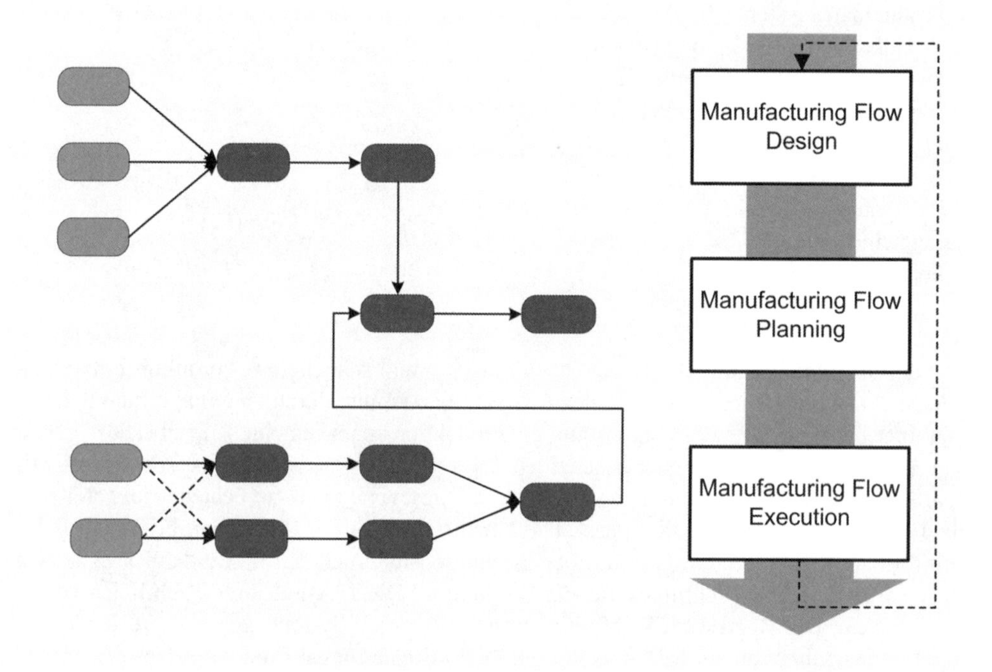

Abbildung 2.2: Softwareprozesse (Workflows) eines flussorientierten MES.

1. **Manufacturing Flow Design**
   Mit benutzerfreundlichen, nach Möglichkeit grafischen, Planungswerkzeugen wird der Produktionsprozess (im Kern der Arbeitsplan der Artikel in allen Details) abgebildet.

Dieser „Produktionsfluss“ wird in einem möglichst vollständigen und konsistenten Datenmodell für alle zu produzierenden Artikel gespeichert.

2. **Manufacturing Flow Planning**
   Der Produktionsfluss wird in Form aufeinander folgender Produktionsaufträge geplant (Funktion „Production Planning“). Der flussorientierte Ansatz erstreckt sich nicht nur auf die Reihenfolge der Aufträge sondern auch auf alle notwendigen Ressourcen mit einer Auflösung auf Arbeitsgangebene. So wird z. B. die Bereitstellung von Personalressourcen, Betriebsmitteln, Rohmaterial oder Teilprodukten mit geplant.

3. **Manufacturing Flow Execution**
   Im eigentlichen Durchführungsprozess sind alle anderen oben genannten Teilfunktionen des MES angesiedelt. Der Produktionsprozess wird flussorientiert gesteuert, überwacht und die dabei entstehenden produkt- bzw. produktionsrelevanten Daten werden erfasst und dokumentiert.

Die Gliederung in diese drei Hauptprozesse der realen Produktion ist ein konzeptioneller Ansatz, der auch in allen folgenden Kapiteln dieses Buches verwendet wird (siehe Kapitel 4 - 6).

Für die Begleitung des gesamten Lebenslaufs eines Produktes, also vom Entwicklungs- über den Produktions- bis zum Serviceprozess (und auch weiterführend bis zur Verschrottung des Produktes) gibt es heute das Konzept des PLM (siehe auch Kapitel 3.5), das im Kern aber nur den Konstruktionsprozess abbildet. Für darüber hinaus gehende Prozesse (Anfrageprozess, CAM, CAP) gibt es eigene Systeme. MES ist heute auf den eigentlichen Produktionsprozess fokussiert und übernimmt die Daten aus dem Entwicklungsprozess. Im Laufe des „Lebens“ des Produkts werden sämtliche Änderungen dokumentiert und mit der Entwicklung abgestimmt. MES ist dabei die entscheidende Integrationsplattform.

2.2.4 Steuerungs-/Automatisierungsebene

Diese Ebene wird in einer automatisierten Produktion von SPS Systemen (SPS = Speicherprogrammierbare Steuerung bzw. PLC = Programmable Logic Controller) und Robotern gesteuert. Abhängig von den produzierten Stückzahlen und der Komplexität der Aufgaben ist der Automatisierungsgrad der Produktion. In der Regel findet man in einer Produktion manuelle, teilautomatische Arbeitsplätze und vollautomatische Stationen.

Für das MES erwachsen aus dieser keineswegs homogenen Umgebung unterschiedliche Anforderungen. Für automatisierte Bereiche müssen geeignete Mechanismen für einen Datenaustausch bereitgestellt werden. Für Stationen, an denen Menschen einen maßgeblichen Teil der Arbeit erledigen, müssen hingegen benutzerfreundliche Bedienoberflächen angeboten werden.

Oft werden in der Steuerungsebene, besonders in komplexen Maschinen und Arbeitsstationen, so genannte SCADA Systeme (SCADA = Supervisory Control and Data Acquisition) eingesetzt. Diese Systeme übernehmen meist auch Teilaufgaben eines MES, wie z. B. die Verwaltung von Rezepturen oder Maschinenparametern. In diesen Fällen erhält das MES zusätzliche „Ansprechpartner". Um einen doppelten Pflegeaufwand zu vermeiden und auch die Datensicherheit in einem zentralen System zu gewährleisten, sollten alle relevanten Daten aus den SCADA Systemen über das MES gepflegt werden.

2.3 Defizite bestehender Architekturen und Lösungen

2.3.1 Patchwork

Der Begriff Patchwork ist ja im ursprünglichen Gebrauch ein positiv geprägter Ausdruck, der ein kunstvoll angeordnetes, harmonisches Miteinander verschiedener Farben und Materialien beschreibt. An dieser Stelle ist das Zusammenwirken verschiedener Softwaretools und Komponenten gemeint, die eben **nicht** aufeinander abgestimmt sind, und deshalb in der Gesamtbetrachtung auch keine positive Wirkung entfalten.

Die Gründe für die Entstehung solcher Szenarien sind meist ähnlich: Für eine gerade „dringende" Aufgabe (z. B. Maschinendatenerfassung) wird ein System installiert, das genau auf diese Aufgabe zugeschnitten ist. Parallel entsteht in einem anderen Bereich ein ähnliches System, z. B. für die Erfassung von Auftragsdaten und eine Rezepturverwaltung. Nach einiger Zeit sind an vielen Stellen des Unternehmens Softwaretools angesiedelt, die ähnliche und überschneidende Aufgaben erledigen. Die Kosten zur Pflege dieser Systeme sind enorm. Außerdem werden viele Stammdaten mehrfach verwaltet und die Konsistenz dieser Daten kann kaum gewährleistet werden. Das Management kann auch keine Entscheidungen aus diesem Patchwork ableiten, da übergreifende Auswertungen der Datenbestände nicht mit vertretbarem Aufwand möglich sind.

Wo viel Schatten ist, muss auch ein Licht sein – auch das „Prinzip Patchwork" hat einen Vorteil. Hinter jedem dieser Systeme stehen ein oder mehrere Personen, die das System in ihrem Bereich eingeführt haben und sich deshalb mit dem System identifizieren und an der ständigen Verbesserung der Lösung arbeiten. D. h. das System „lebt" und wird bestmöglich genutzt. Bei einem zentral eingeführten System ist dies nicht immer der Fall (siehe Kapitel 9).

2.3.2 Keine gemeinsame Datenbasis

Alle Teile des Produktionssystems benötigen eine spezifische Datenbasis. Ein Großteil der benötigten Stammdaten ist zwar bereits im ERP System vorhanden, aber eben nicht mit dem für das MES erforderlichen Detaillierungsgrad. Deshalb kommt es immer wieder zu Diskussionen, wo die Produktdaten verwaltet werden, bzw. wer dafür verantwortlich zeichnet.

Unabhängig von dieser Thematik findet man oft auch innerhalb „eines“ MES verschiedene Datenbasen. Es handelt sich hier meist um „Patchwork“ (siehe oben), das nur durch den Mantel einer gemeinsamen Bedienoberfläche als „integriertes“ Produkt erscheint.

Einen Ausweg aus diesem Dilemma bieten die Konzepte des „Data-Warehouse” oder das so genannte Master Data Management (MDM). Hier haben die verschiedenen Systeme bzw. Module eines MES Zugriff auf eine gemeinsame Datenbasis. Doppelte Datenhaltung und Inkonsistenzen können so weitgehend vermieden werden. Allerdings sind diese Konzepte technisch und organisatorisch mit erheblichem Aufwand verbunden.

2.3.3 Zu große Reaktionszeiten

Die Verkürzung aller Zeiten in Bezug auf den Zyklus „Bestellung – Produktion – Lieferung“ ist ein Ziel für alle produzierenden Unternehmen. Um dieser Anforderung gerecht zu werden, verschieben sich bestimmte Vertriebs- und Einkaufsfunktionen von der (trägen) Unternehmensleitebene in die (reaktionsschnelle) Produktionsmanagementebene. Im Vertrieb betrifft dies Anfrage-, Auftrags-, Lierfertermin- und Auftragsfortschrittsdaten. Im Einkauf ist dies die Beschaffung von Rohmaterial und Halbprodukten. Diese Forderungen (und Hoffnungen) werden aber auch von den heutigen MES nur teilweise erfüllt. Immer komplexere Anforderungen aus funktioneller und auch informationstechnischer Sicht haben die Reaktionszeiten dieser Systeme nicht verbessert. Hier muss wieder eine Konzentration auf die Kernaufgaben (Was erfordert meine Produktion tatsächlich?) erfolgen.

Ein Aspekt in Bezug auf Reaktionszeiten und „Echtzeitverhalten“ ist auch die laufende Kostenkontrolle. Ein in das MES integriertes „Activity-based Costing“ (ABC, siehe Kapitel 2.4.3) kann Entscheidungsprozesse beschleunigen, die heute oft erst im Zuge einer „Nachkalkulation“ mit deutlicher Verzögerung, also zu spät, erfolgen.

2.3.4 Hoher Betriebs- und Verwaltungsaufwand

Dem Rationalisierungs- und Einsparungspotenzial, das durch die Einführung eines MES erschlossen wird, stehen neben den Investitions- und Einführungskosten auch die Kosten für den laufenden Betrieb gegenüber. Diesen, oft erheblichen, Aufwand für Betrieb und Verwaltung eines MES gilt es schon durch eine geeignete Softwarearchitektur zu minimieren:

- Updates und Releasemanagement
  Das System muss generell updatefähig sein und darf keine kunden- oder projektspezifischen Elemente enthalten (dies widerspricht eigentlich der Forderung nach hochflexiblen und maßgeschneiderten Systemen). Die Updates müssen mit überschaubarem Zeitaufwand und ohne manuelle Anpassung der vorhandenen Applikation durchführbar sein. Neue Releases sollten ca. 1 – 2 mal pro Jahr herausgegeben werden. Es muss auch möglich sein, Releases zu überspringen (d. h. auf Updates zu verzichten).
- Benutzerverwaltung
  Die Authentifizierung der Benutzer sollte mit einem zentralen (in vielen Fällen bereits vorhandenem System) möglich sein. Es erscheint nicht sinnvoll, die Pflege von Benutzern und Passworten parallel in verschiedenen Systemen durchzuführen.
- IT Integration
  Das einzig Beständige in einer Produktion ist bekanntlich die Veränderung. In diesem Sinne müssen auch die Schnittstellen des MES oft an geänderte Anforderungen angepasst werden. Hier sind entweder Lösungen auf Basis von Scriptprogrammen (änderbar durch geschulte Key-User des Kunden) oder serviceorientierte Ansätze (SOA = Serviceorientierte Architektur) notwendig. Fest implementierte und starre Schnittstellen sind Kostentreiber in der Betriebsphase.
- Lizenzierungsmodell
  Die meisten bekannten Lizenzierungsmodelle basieren auf der Zählung von Usern oder Arbeitsplätzen. D. h. die Lizenzkosten stehen in direktem Zusammenhang mit der Anzahl von Nutzern. Dieser Ansatz mag ja gerecht und auch einigermaßen leicht kontrollierbar sein (aus Sicht des Systemanbieters), aber er verhindert zuverlässig, dass das System sich frei in allen Bereichen der Produktion verbreitet und damit auch seine optimale Wirkung entfalten kann. Ein besserer Weg wäre hier die Lizenzkosten über die Produktionsressourcen, z. B. die vorhandenen Maschinen und Arbeitsstationen, zu skalieren.

2.4 Anforderungen an künftige Produktionsmanagementsysteme

2.4.1 Zielmanagement

Überblick

Das Zielmanagement in Kombination mit kontinuierlichen Verbesserungsprozessen (KVP) ist ein grundlegendes Werkzeug des modernen Produktionsmanagements. Auf Unternehmensleitebene werden z. B. Ziele für Umsatz, jährliche Kostensenkung in der Produktion, Steigerung der Produktivität oder kleinere Losgrößen vorgegeben. Diese Zielvorgaben sind meist produktionsrelevant, d. h. sie müssen auf der Produktionsmanagementebene umgesetzt und kontrolliert werden und fallen damit in das Aufgabengebiet des MES.

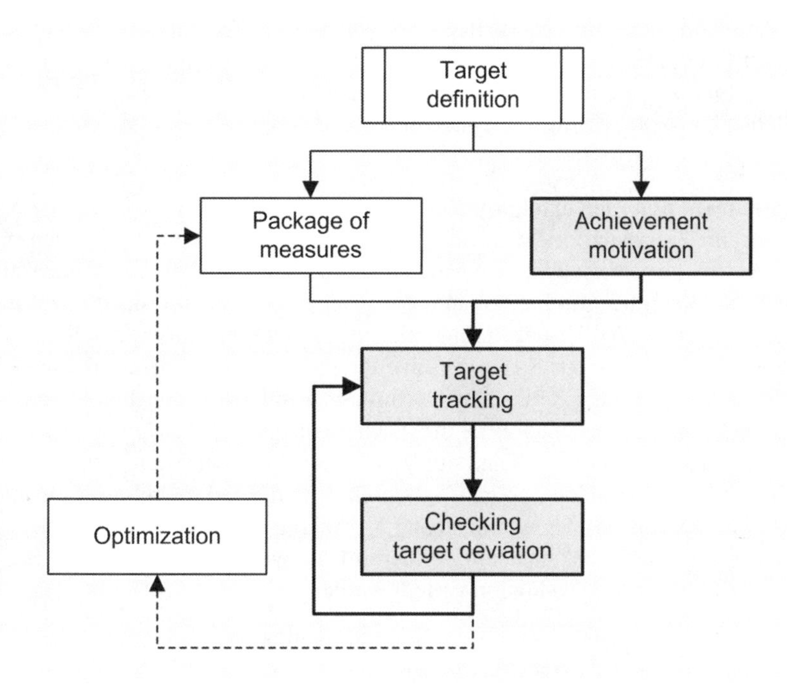

Abbildung 2.3: Zielmanagement – Workflow allgemein mit Hervorhebung der MES relevanten Teile.

Ein modernes MES muss das Zielmanagement entsprechend der obigen Abbildung unterstützen, oder sogar das Kernwerkzeug für das Zielmanagement bilden. Ansätze dafür sind besonders in den Bereichen „Motivationssysteme“, „Zielverfolgung“ und „Analyse der Zielabweichungen“ zu finden.

Vom MES gesteuerte Motivationssysteme

Für die zur Erreichung eines Ziels notwendige Mitarbeitermotivation kann ein MES, nahezu ohne zusätzlichen Aufwand, eingesetzt werden. Besonders die Komponente **Monitoring/Visualisierung** ist dafür das geeignete Vehikel. Das vorgegebene Ziel lautet z. B. „Verbesserung der Dokumentation von Maschinenstillständen“. Eine Anzeige des vorhandenen Dokumentationsgrades am MES Terminal der Maschine kann den Werker zur Eingabe des Stillstandsgrundes auffordern. Zusätzlich kann über eine „Gruppenanzeige“ der Dokumentationsgrad (Verhältnis zwischen nicht dokumentierten und allen Maschinenstillständen) je Maschine oder Bereich visualisiert werden. Über die hier erzeugte Gruppendynamik kann ein positiver Einfluss auf alle Beteiligten erzielt werden. Kleine Anreize zur aktiven Mitarbeit können z. B. auch Links auf die Wettervorschau oder ein täglich wechselndes Comic am MES Terminal sein.

Wichtig ist, dass alle Anzeigen und Bedienoberflächen des MES extrem bedienungsfreundlich sind. Es ist zwar schwierig, komplexe und umfangreiche Funktionen ansprechend abzubilden, aber die hier investierte Zeit wird zur Akzeptanz des Systems beitragen. Schwer verständliche Bedienkonzepte wirken immer demotivierend.

MES als Instrument der Zielverfolgung

Das Wichtigste im Zielmanagement ist die Vorgabe von mess- und damit überprüfbaren Zielen. Verbal formulierte Ziele ohne die Möglichkeit der Überprüfung tragen allenfalls zum allgemeinen Wohlfühlen bei, sind aber kaum ein geeignetes Steuerungsinstrument des Managements. Die Messung und Visualisierung aller im Produktionsprozess anfallenden Daten ist eine Teilaufgabe des MES. Als Steuerinstrument eignen sich besonders verdichtete Daten, die vom MES als so genannte KPIs (Key Performance Indicator) angeboten werden. Das Ziel der Unternehmensleitung lautet z. B. die Nacharbeitsquote für ein Produkt auf x % zu reduzieren und gleichzeitig die Stückzahl auf y % zu erhöhen. Die Verfolgung dieses Ziels kann durch geeignete Kennzahlen erfolgen, die durch das MES je Produktions-Schicht ermittelt werden. Entscheidend ist hier eine zeitnahe Verteilung der Ergebnisse. Abweichungen sollten nicht erst Tage später bekannt sein, sondern idealerweise „online“ oder mindestens je Schicht an die Mitarbeiter der Produktion verteilt werden.

Die Informationsverteilung wird im Abschnitt „Informationsmanagement“ dieses Kapitels als eigenständige Domäne des MES näher behandelt.

Analyse der Zielabweichungen im MES

Wenn nun die oben beschriebenen KPIs eine Abweichung von den vorgegebenen Zielen ergeben, gilt es die Ursachen dafür herauszufinden. Das MES muss dazu geeignete Reports anbieten, die eine einfache Analyse der Daten erlauben. Viele MES Anbieter ergänzen ihre Systeme mit mächtigen Reporting-Tools, so genannten „Business Intelligence – Systemen“. Diese Systeme sind aber zur Begleitung kurzfristiger Aktionen (die eigentlich der Normalfall sind), wie die oben beschriebene Reduzierung der Nacharbeit bei gleichzeitiger Stückzahlerhöhung, kaum geeignet. Durch ihre hohe Komplexität ist eine zeitnahe Erstellung von Reports durch die Mitarbeiter in der Produktion kaum möglich, d. h. die Aktion ist meist schon beendet bevor das (eigentlich begleitende) Werkzeug für das Reporting angepasst wurde.

Das MES muss deshalb eine Analyse der vorhandenen Daten mit Bordmitteln erlauben und zur flexiblen Anpassung an Ausnahmesituationen ein einfach zu bedienendes Toolset für das Reporting mitbringen. Die Mitarbeiter der Produktion müssen in die Lage versetzt werden, das für sie relevante Reporting selbst zu pflegen, nur so kann eine kurzfristige Analyse der Zielabweichungen erreicht werden.

Das Ergebnis dieser Analyse mündet schließlich in einen kontinuierlichen Verbesserungsprozess (KVP) und der Regelkreis des Zielmanagements ist geschlossen.

2.4.2 Integration von Anwendungen und Daten

Überblick
Die bereits im Kapitel 2.3.1 Patchwork beschriebenen Defizite „nicht integrierter" Systeme müssen durch „integrierte Systeme" behoben werden. Der Integrationsgedanke bezieht sich dabei auf drei wesentliche Themen:

- Anwendungen
- Produktdaten
- Produktionsdaten

Anwendungsintegration
Viele Workflows der Produktion werden heute durch IT Systeme begleitet und unterstützt. Aber es sind in der Regel eben mehrere Systeme, die für spezielle Aufgaben erstellt wurden und sich an verschiedene Nutzergruppen im Unternehmen richten. Damit gehen zwangsläufig Informationen verloren, oder aber vorhandene Informationen gelangen zur falschen Zeit an die falschen Adressaten.

Ein Konzept für die erforderliche Integration der Anwendungen ist das so genannte „Collaborative Production Management" (CPM). Wie im untenstehenden Bild dargestellt, sollen hier alle Nutzergruppen im Unternehmen, vom Manager bis zum Werker und vom Einkauf bis zum Vertrieb, durch eine integrierte Softwarelösung Zugang zu den für sie wichtigen Daten erhalten.

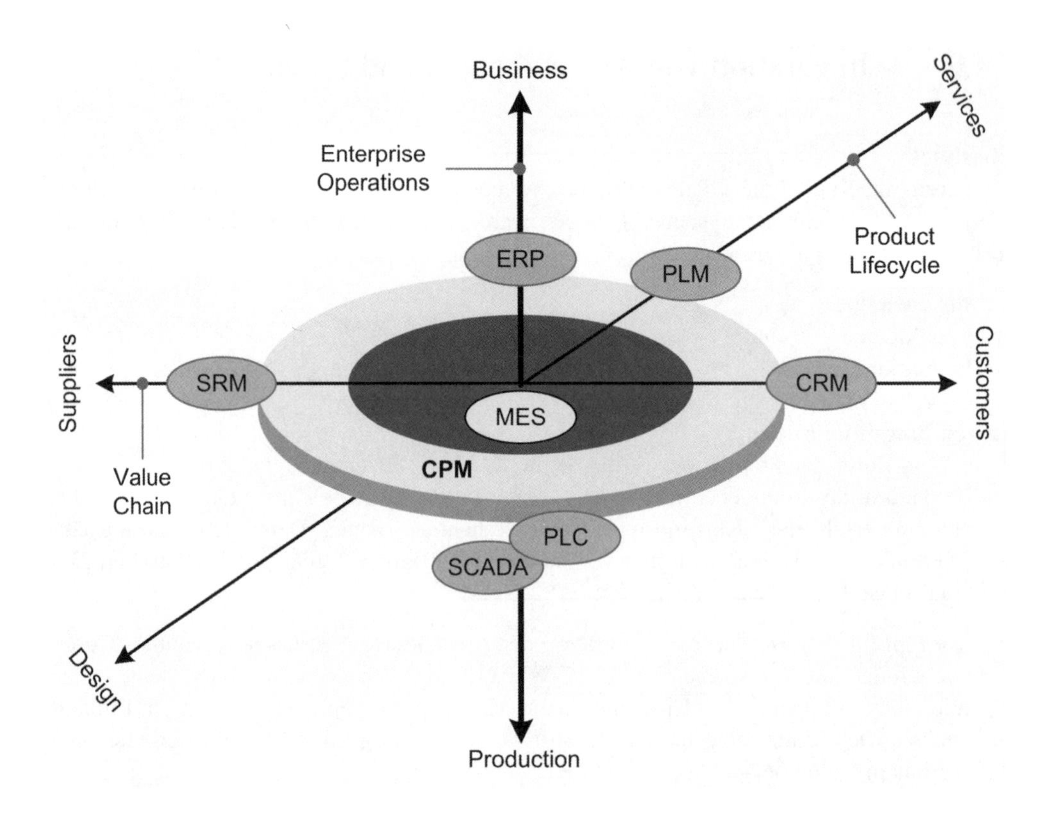

Abbildung 2.4: Wirkungsbereich CPM im Kontext mit benachbarten Systemen vgl. [ARC 03].

Ein technologischer Ansatz zur Verknüpfung verschiedener Anwendungen ist das Konzept der Service-orientierten Architektur (SOA, siehe Kapitel 7.1.6). Mittels dieser Architektur wird erreicht, dass **ein Prozess** und die zugehörigen Daten nur **einmal in der Unternehmens IT** abgebildet werden, und die Softwarefunktionen **allen Anwendern** in ihrem spezifischen Kontext zur Verfügung gestellt werden. Z. B. werden Kundenbestellungen im CRM des Vertriebs gebucht und „gleichzeitig" über einen Service dem ERP System bzw. MES zur Verfügung gestellt.

Produktdatenintegration

Entsprechend dem Ebenenmodell der ISA (siehe auch Kapitel 3.2.1) ist der Entwicklungsprozess (Design und Konstruktion des Produktes) und der Produktionsprozess auf der Ebene 3, also der Produktionsleitebene, angesiedelt. Die ISA beschränkt sich gegenwärtig in ihren Richtlinien auf den Produktionsprozess. Im Sinne der Anwendungsintegration (siehe auch CPM im vorhergehenden Abschnitt) wäre aber eine Verbindung zwischen Entwicklungsprozess und Produktion wünschenswert.

Der Entwicklungsprozess bis hin zur Planung des Prozesses und das laufende Changemanagement (im Sinne eines Requirement-Prozesses) sind Funktionen des PLM (Product Lifecycle Management, siehe Kapitel 3.5). Die gesamte Produktion (sowohl die Produktion von Mustern/Prototypen als auch die nachfolgende Produktion) wird durch das MES verwaltet. Teile des Changemanagements (die Requirements, die an das PLM System übergeben werden, werden zuerst in der Produktion definiert und teilweise auch erprobt) sind ebenfalls im MES angesiedelt. Das Management der **Produktdefinitionsdaten** („Product Definition Management") ist die Verbindung zwischen beiden Prozessen. Damit wird ein MES zu einem echten **Product Management System (PMS)**, das neben der Produktion auch das „Product Definition Management" übernimmt.

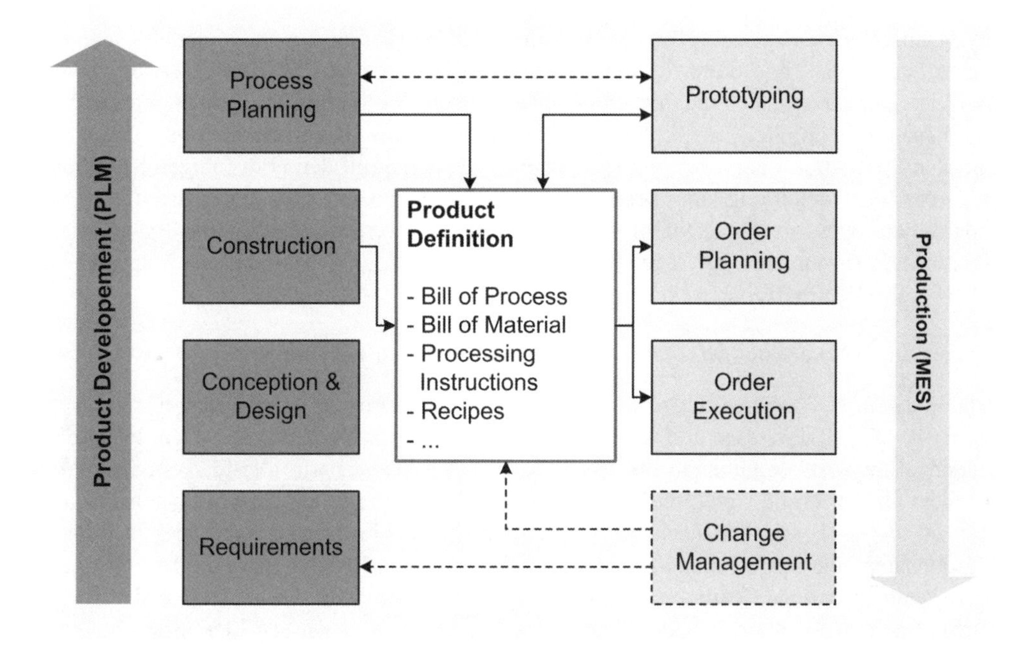

Abbildung 2.5: Product Definition Management als Teilaufgabe des MES.

Ein Produkt wird durch verschiedene Dokumente bzw. Datensätze definiert. Beispiele dafür sind Arbeitspläne, Stücklisten, Rezepturen und Verfahrensanweisungen. Die erste Version dieser Daten, sozusagen ein „Entwurf" des Produktes, entsteht im Zuge des Entwicklungsprozesses. Aber schon für die Produktion eines Prototypen werden diese Daten an den Maschinen und Anlagen der realen Produktion benötigt, und sollten deshalb bereits zu diesem Zeitpunkt durch das MES verwaltet und gepflegt werden.

Über den Lebenszyklus des Produktes ergeben sich möglicherweise Änderungen der ursprünglichen Produktdefinition. Ein qualifiziertes Changemanagement (Definition und Erprobung neuer Produkte und Definition von Requirements für das PLM) als Teil des MES muss diese Änderungen lückenlos dokumentieren und wiederum dem Entwicklungsprozess zur Verfügung stellen. Damit wird auch die Agilität des gesamten Unternehmens verbessert. Die Daten bestehender Produkte oder Bausteine daraus werden der Entwicklung als Basis für Neuentwicklungen zur Verfügung gestellt. Der Zyklus von der Produktplanung bis zur Auslieferung eines neuen Produktes an den Kunden kann wesentlich verkürzt werden.

Damit einhergehend ist die Integration bzw. Harmonisierung unterschiedlichster Datenstrukturen erforderlich. In den heute existierenden Systemlandschaften verfügt jede einzelne Anwendung über eine eigenständige Datenbasis. Dadurch entsteht einerseits Redundanz und andererseits das Risiko der Inkonsistenz.

Das Manufacturing Execution System benötigt für seine Funktionen Daten aus den angrenzenden Systemen. Viele dieser „Stammdaten" werden durch das MES noch erweitert und detailliert. Daraus lässt sich die Forderung ableiten, dass das MES über ein vollständiges und konsistentes Datenmodell verfügen muss. Das MES ist damit die natürliche Datenbasis der gesamten Produktion und versorgt alle anderen IT Systeme mit den notwendigen Stammdaten. Diese Idealvorstellung kann besonders in historisch gewachsenen heterogenen Systemlandschaften nicht mit vertretbarem Aufwand umgesetzt werden. Hier können Systeme zur „Stammdatenharmonisierung", auch bekannt unter dem Begriff Master Data Management (MDM), Abhilfe schaffen.

Stammdatenverwaltung (MDM = Master Data Management)

Stammdaten, z. B. Adressdaten für Kunden und Lieferanten oder Artikeldaten sind die Basis für alle IT-Prozesse und kaufmännischen Belege im Unternehmen. Dem entsprechend wichtig ist die Qualität und Verfügbarkeit dieser Daten für alle IT Systeme. Besonders für dezentrale Unternehmensstrukturen (z. B. Muttergesellschaft mit eigenständigen in- und ausländischen Tochtergesellschaften) ist die Harmonisierung und Pflege der Stammdaten eine echte Herausforderung. In einer solchen Struktur muss die Verwaltung der Stammdaten sehr flexibel organisiert werden. Das bedeutet, dass Anlage und Pflege sowohl zentral als auch von den angeschlossenen Einheiten wie Tochtergesellschaften übernommen werden kann. Es werden globale Stammdatenobjekte und Attribute definiert. Wenn erforderlich, werden diese Datenobjekte um spezifische, prozessrelevante Attribute ergänzt und zentral abgespeichert. Durch einen Verteilungsmechanismus werden diese globalen Daten nach Erfassung oder Pflege an die angeschlossenen Einheiten weitergeleitet. In deren Systemen können je nach Erfordernis weitere Attribute vorhanden sein, die ausschließlich lokal genutzt werden.

Vgl. [ZIMMERMANN 05]

Produktionsdatenintegration
Die im Produktionsprozess entstehenden Daten werden durch das MES erfasst und archiviert. Diese Daten sollen für verschiedene Personengruppen innerhalb und außerhalb des Unternehmens möglichst sofort nach ihrer Entstehung nutzbar sein:

- Daten zum Produktionsstatus
  Der Status der aktuellen Aufträge wird bezüglich Mengen, Terminen und Qualität den Produktionsverantwortlichen und dem Vertrieb (oder direkt dem Kunden) zur Verfügung gestellt.
- Daten der operativen Auftragsplanung
  Z. B. kann der Materialbedarf mit den gewünschten Lieferterminen direkt an die Lieferanten weitergegeben werden. Der Vertrieb (oder direkt der Kunde) erhält Auskunft über geplante Liefertermine.
- Daten zum Anlagen/-Maschinenstatus
  Auch die Erfassung der Anlagen- und Maschinenzustände ist eine Teilaufgabe des MES. Auf Basis dieser Daten werden kurzfristig Störungen behoben und Prozesse zur vorbeugenden Wartung durch die Instandhaltung gesteuert.

2.4.3 Echtzeitdatenmanagement

Einleitung
Beinahe in jeder Publikation zum Thema Produktion ist das Thema „Verkürzung der Reaktionszeiten“ zu finden. Diese Grundhaltung, alle Produkte (und auch Dienstleistungen) in immer kürzerer Zeit verfügbar zu machen, entspricht auch dem Zeitgeist der modernen „Leistungsgesellschaft“. Auf das Produktionsmanagement hat diese Denkweise weitreichende Auswirkungen: Die Termintreue hat neben der Qualität oberste Priorität. Eilaufträge müssen „zwischendurch“ bearbeitet werden. Entscheidungen über alternative Produktionsstrategien oder Notkonzepte müssen auf Grund der vorliegenden Informationen schnell und fundiert getroffen werden. Auch die gesamte Lieferkette für Material und Vorprodukte muss selbstverständlich die geforderte Flexibilität erfüllen, um die Produktion nicht zu blockieren. Nicht zuletzt müssen alle benötigten Anlagen und Maschinen 24 Stunden täglich (und das auch oft am Samstag oder Sonntag) verfügbar sein – das erfordert ein effektives Störmanagement und belastbare Daten für die vorbeugende, vorausschauende oder auch nutzungsabhängige Instandhaltung.

Der Begriff „Echtzeit“ wird in Abhängigkeit der jeweiligen Domäne unterschiedlich verstanden. Während beispielsweise in der Fertigungstechnik bei Echtzeitsystemen Verarbeitungszeiten im Bereich von µs oder ms erwartet werden, kann dies in der Verfahrenstechnik durchaus im Minutenbereich liegen (siehe Kapitel 3.4.3). Ein Echtzeitdatenmanagement in der Produktion muss Reaktionszeiten im Bereich von Sekunden (z. B. für Alarmierungssysteme und Visualisierung des aktuellen Anlagenzustandes) bis ca. eine Stunde (z. B. Aussage über die mögliche Lieferzeit an einen Kunden) ermöglichen.

Ereignismanagement

Sowohl Ereignisse aus dem Produktionsprozess (z. B. Meldungen, die direkt von den Anlagen/Maschinen der Produktion übermittelt werden) als auch Ereignisse, die im MES selbst generiert werden (z. B. Abweichungen zwischen Sollvorgaben und Istwerten – siehe „Frühwarnsysteme" unten) müssen sofort verarbeitet werden. Die Ereignisse sind zu bewerten und müssen im Rahmen des „Eskalationsmanagements" (siehe nächster Abschnitt) an die zuständigen Entscheidungsträger übermittelt werden.

Frühwarnsysteme

Da die Auftragsplanung immer nur einen „Sollrahmen" für die Parameter der Produktion (im wesentlichen Termine, Mengen, Kosten und Qualitäten) liefern kann, muss das MES die im Rahmen der Auftragsbearbeitung entstehenden Istwerte ständig mit diesen Sollwerten vergleichen und bei Abweichungen Warnmeldungen (also ein Ereignis – siehe „Ereignismanagement" oben) generieren. Der Wert der tolerierbaren Abweichung muss dabei flexibel parametriert werden können. Damit verbunden sind automatisch ermittelte Angaben zu den Ursachen der Abweichung. Hier werden in der Zukunft verstärkt Methoden der Multivariaten Statistik eingesetzt.

Multivariate Statistik

Die multivariate Statistik stellt Methoden und Verfahren zur Verfügung, die der Aufbereitung, tabellarischen und grafischen Repräsentation und Auswertung komplexer Datensituationen dienen. Multivariate statistische Verfahren zeichnen sich dadurch aus (im Vergleich zur herkömmlichen Statistik), dass sie die gemeinsame, gleichzeitige Analyse mehrerer Merkmale bzw. deren Ausprägungen erlaubt. Werden an Objekten also die Ausprägungen von mehreren Merkmalen beobachtet, so können alle Beobachtungsdaten mit Hilfe der Multivariaten Statistik gemeinsam ausgewertet werden. Der Vorteil gegenüber einzelnen, univariaten Analysen für jedes Merkmal besteht darin, dass die Abhängigkeiten zwischen den beobachteten Merkmalen berücksichtigt werden.

Vgl. [Elpelt Hartung 07]

Im Idealfall können diese Abweichungen durch Berechnung eines „Trendwertes" schon frühzeitig erkannt werden. Das MES antizipiert also eine Regelverletzung bevor diese tatsächlich eintritt und liefert den Verantwortlichen so die Informationen, um rechtzeitig geeignete Gegenmaßnahmen ergreifen zu können. Ein simples Beispiel für eine solche Trendberechnung ist die Vorhersage der Produktionsmenge zum Schichtende: Bei bekannter Taktzeit kann in einem diskreten Produktionsprozess die Stückzahl zum Schichtende ständig berechnet werden. Diese Information kann sowohl den Werkern (z. B. Visualisierung des Trendwertes über Großanzeigen) als auch an die Produktionsverantwortlichen zur Verfügung gestellt werden. Das Management kann so Gegenmaßnahmen, wie z. B. den Einsatz zusätzlicher Personalressourcen und eine Verkürzung der Taktzeit, frühzeitig einleiten.

Kostenkontrollmanagement
Eine besondere Stellung im Rahmen der Überwachungs- und Frühwarnfunktion (siehe oben) nimmt die Überwachung der Kosten ein. Die Wirtschaftlichkeit des Produktionsprozesses, und zwar für alle Arbeitsgänge, ist ein entscheidender Wettbewerbsfaktor. Zu überwachen sind nicht nur die direkten Kosten, wie Materialeinsatz und Zeitverbrauch des eingesetzten Personals, sondern auch die Gemeinkostenbetrachtung des hergestellten Artikels je Arbeitsgang. Daher werden künftig verstärkt die Methoden des Activity-based Costing eingesetzt werden, um zu einer möglichst exakten Kostenermittlung des Produktes im Produktionsprozess zu kommen. Herkömmliche Kostenkontrollsysteme berücksichtigen dies nicht. Dadurch entsteht häufig ein falsches Bild über die tatsächliche „Ertragslage" von Aufträgen bzw. Produkten.

Activity-based Costing

Bei diesem Ansatz der Kostenrechnung geht man davon aus, dass die Ressourcen des Unternehmens für Aktivitäten zur Leistungserbringung (im Sinne eines MES also zur Produktion) genutzt werden. Die Kosten der Ressourcen werden den Aktivitäten zugeordnet, die diese Ressourcen in Anspruch nehmen. Die Summe der Ressourcenkosten einer Aktivität bilden die Aktivitätskosten. Die Kosten des Produktes ergeben sich schließlich als Summe der Aktivitätskosten. Man bezieht sich dabei auf alle Kostenbestandteile, die nicht als Einzelkosten verrechnet werden können, also auch insbesondere auf die Fertigungsgemeinkosten. Die Produktion wird also beim Einsatz von Activity-based Costing (im Gegensatz zu verschiedenen anderen Ansätzen zur Kostenrechnung) ausdrücklich mit einbezogen.

Vgl. [KRUMP 03, S. 18 ff.]

Eskalationsmanagement
Das Eskalationsmanagement ist eng verknüpft mit dem Ereignismanagement. In ihm wird auf der Basis eines Eskalationsplans ein Ereignis kurzfristig bewertet und die Eskalationsstufen werden nach einer vorgegebenen Hierarchie aktiviert. Eskalationspläne sind so ausgelegt, dass kritische Ereignisse im Rahmen eines definierten Workflows schnell einer Lösung zugeführt werden.

2.4.4 Informationsmanagement

Überblick
Die durch das MES erfassten bzw. erzeugten Daten (siehe vorherige Abschnitte dieses Kapitels) sind nur von Nutzen, wenn die daraus abgeleiteten „Informationen" gezielt an die richtigen Stellen weitergegeben werden. Ein wesentliches Element bei der Gewinnung von Informationen ist die Verdichtung. Informationen für die Führungsebene eines Unternehmens

müssen stark verdichtet sein, um überhaupt aufgenommen zu werden. Im Extremfall werden tausende von Ereignissen oder Einzeldaten zu einer einzigen Kennzahl verdichtet, welche die Leistungsfähigkeit einer Produktion (oder eines Produktionsbereiches) beschreibt.

Erst eine strukturierte Datenhaltung ermöglicht Echtzeitinformationen als Basis schneller Entscheidungen. Außerdem müssen die Daten für Korrelationsbetrachtungen und längerfristige Analysen zur Verfügung stehen.

Kennzahlen

Aussagekräftige Kennzahlen oder KPIs (KPI = Key Performance Indicator) sind ein probates Mittel, die Informationsflut auf ein vernünftiges Maß zu reduzieren. In heute eingesetzten Systemen werden Kennzahlen meist nach Ende definierter Produktionszeiträume (z. B. am Ende der Schicht oder am Ende des Tages) ermittelt. Die Verantwortlichen wissen also immer erst nachher, wie gut oder schlecht es in ihrer Produktion gelaufen ist. Echtzeitkontrollsysteme liefern diese Kennzahlen sofort, sie erzeugen so genannte „**Online KPIs**“ (siehe auch 2.4.3 Echtzeitdatenmanagement), mit deren Hilfe Maßnahmen früher und damit wirkungsvoller eingesteuert werden können.

MES Systeme liefern meist einen Satz von „Standard KPIs“ wie z. B. Verfügbarkeit, Performance, Qualitätsrate und OEE (Overall Equipment Efficiency). Über die Aussagekraft der Kennzahlen, und vor allem über die Frage nach welcher Formel welche Kennzahl gebildet werden soll, herrscht in vielen Unternehmen ein echter Glaubenskrieg. Doch für diese Fragen gibt es keine eindeutigen Antworten. Ob eine Kennzahl oder mehrere Kennzahlen benötigt werden, um das Management zu informieren, oder nach welcher Formel im Einzelfall z. B. eine OEE ermittelt wird, hängt stark von der Art der Produktion (diskrete Fertigung oder kontinuierlicher Prozess, hoher oder geringer Automatisierungsgrad, etc.) ab und auch davon, welche Steuergrößen das Management tatsächlich als wichtig erachtet (welcher Schlüssel bzw. „Key“ ist der richtige, um die Produktion zu beurteilen). Daraus lässt sich folgende Forderung an das MES ableiten: Neben einem Satz standardisierter Kennzahlen muss das MES in der Lage sein, projektspezifisch KPIs nach Anforderung des Anwenders zu berechnen. Die Berechnungsvorschrift für diese KPIs sollte einfach, am Besten durch den Anwender selbst, geändert werden können. Um eine Kontinuität zu gewährleisten, muss das System in der Lage sein, bestehende und bereits genutzte Kennzahlen des Controllings darstellen zu können.

Korrelationssysteme

Bislang wurde die Interdependenz von Daten eher stiefmütterlich behandelt. Dazu wird künftig in verstärktem Maße die Multivariate Statistik (siehe auch Kapitel 2.4.3) herangezogen werden. Dadurch wird die Datenflut auf das Wesentliche reduziert, man erkennt Zusammenhänge und kann auf dieser Basis längerfristig wirkende Entscheidungen treffen.

Informationsverteilung
Bei einem integrierten System ist es möglich, die relevanten Informationen in einem zentralen „Cockpit" darzustellen. Diese Art der Verteilung zwingt allerdings die Nutzer sich an das System zu wenden. Die Nutzer haben die Pflicht, sich regelmäßig und aktiv an das System zu wenden. Wichtige Informationen sollten zusätzlich aktiv und gezielt durch das MES übermittelt werden („proaktive Kommunikation" durch das MES). Die Verdichtung und Übermittlung der Daten erfolgt am Besten je Bereich, z. B. erhält die Produktionsleitung alle verdichteten Informationen des Bereichs, die Geschäftsleitung und das Controlling nur die Kostenabweichungen und der Vertrieb Terminabweichungen.

Als Vehikel zur Verteilung dieser Daten haben sich weitgehend Webtechnologien, insbesondere das Medium E-Mail, durchgesetzt. Dieser Trend wird sich auf Grund der gegebenen Vorteile (hohe Geschwindigkeit, asynchrone Kommunikation, Darstellung auf mobilen Geräten) noch verstärken. Das MES muss also in der Lage sein, Produktionsdaten möglichst flexibel an verschiedene Adressaten verteilen zu können. Um eine ungewollte Datenflut (eine Nachricht vom MES sollte nicht als Belästigung empfunden werden) zu vermeiden, sollte die Verteilung weitgehend durch den Empfänger der Daten gesteuert werden können. Der Vertriebsmitarbeiter legt z. B. fest, zu welcher Tageszeit er einen Report über die aktuelle Auftragsplanung lesen möchte und wie dieser Report aufgebaut sein soll. Bei der automatisierten Kommunikation zwischen IT Systemen (z. B. Abrufbestellung für ein Rohmaterial) wird die Standardisierung der Datenstrukturen weiter voranschreiten. Das MES muss hier in der Lage sein, verschiedene Datenstrukturen und Formate zu unterstützen. Dies kann z. B. auf Basis von Templates für Nachrichten erfolgen.

2.4.5 Compliance Management

Unter „**Compliance**" versteht man ganz allgemein die Einhaltung aller relevanten Gesetze sowie interner und externer Richtlinien im Unternehmen. Die „**Compliance**" ist heute ein zentraler Faktor für den unternehmerischen Erfolg. Zahlreiche aktuelle Beispiele zeigen, dass die Nicht-Einhaltung normativer Rahmenbedingungen mit hohen Haftungsrisiken und enormen Imageschäden verbunden ist. Der Slogan ‚Comply or die" mag zwar marktschreierisch klingen, zeigt aber auch deutlich die Relevanz des Themas.

Für welche Gesetze und Richtlinien muss die Unternehmensleitung nun die geforderte „Compliance" herstellen? Die Anzahl und Inhalte von Richtlinien ändern sich ständig und mit zunehmendem Tempo; deshalb kann diese Frage nicht pauschal beantwortet werden. Die folgende Gliederung der Vorschriften in Gruppen soll den Überblick erleichtern:

- Ethische und Verhaltensrichtlinien
  Z. B. Richtlinien zur Unternehmensführung, zum Verhalten gegenüber Kunden und Lieferanten und zur Kommunikation (z. B. Verhaltenskodex für das Topmanagement), die meist in Form von „Empfehlung" firmenspezifisch erstellt werden.
- Richtlinien für das Finanzwesen und zur Bilanzierung

Die bekanntesten Vorschriften in dieser Richtung sind „Basel II“ in Europa und „Sarbanes Oxley Act“(Sox) in den USA.

- Richtlinien zur Sicherstellung der Qualität
  Diese Vorschriften zielen auf die Sicherstellung einer höchstmöglichen Produktqualität ab und gelten daher im Wirkungsbereich des MES. Insbesondere bei pharmazeutischen Produkten und Lebensmitteln ist sicherzustellen, dass eine Gefährdung des Kunden ausgeschlossen wird. Beispiele für solche Vorschriften sind die DIN EN ISO 9001:2000, die FDA Sicherheitsstandards (FDA = Food and Drug Administration, z. B. die oft zitierte Richtlinie 21 CFR Part 11; siehe Kapitel 3.2.4) sowie die Richtlinien der EU (z. B. müssen im Rahmen der EU Verordnung 178/2002 alle Produktions- und Versandstufen bei Lebens- und Futtermittel lückenlos rückverfolgbar sein) sind solche Vorschriften.
- Richtlinien zum Umweltschutz
  Dieser Bereich erlangt zurzeit besonders durch die aktuelle Diskussion über CO_2-Emissionen steigende Bedeutung.
- Sicherheitsrichtlinien
  In diese Gruppe gehören z. B. die Richtlinien zur Arbeitssicherheit, die meist länder- und auch unternehmensspezifisch stark unterschiedlich sind, sowie Richtlinien zum Datenschutz.

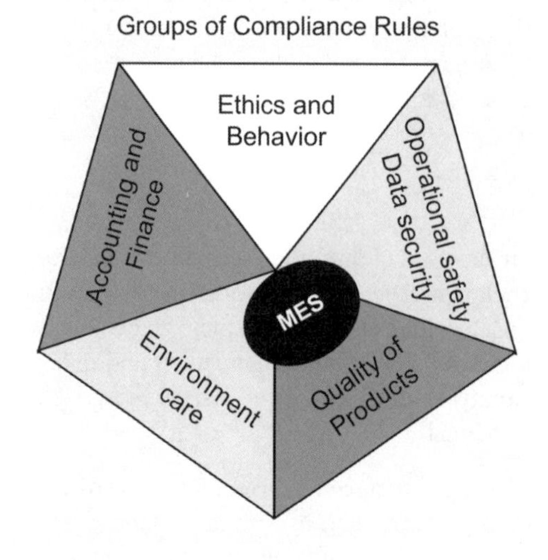

Abbildung 2.6: Gliederung der Compliance-Regeln in Gruppen und Einflussbereich des MES.

Ein Teil dieser Richtlinien (siehe Bild oben – Richtlinien zur Produktqualität) fällt ganz eindeutig in den Wirkungsbereich des MES, d. h. das MES kann die Einhaltung dieser Richtlinien prüfen und dokumentieren. Somit ergeben sich aus Sicht der IT Architektur drei Lösungsmöglichkeiten:

1. Das MES übernimmt nur die Durchsetzung, Überwachung und Dokumentation der Richtlinien zur Produktqualität, also der Richtlinien, die direkt auf die Produktion wirken. Alle anderen Richtlinien werden mit Hilfe von anderen Tools und Methoden bearbeitet.
2. Die Durchsetzung, Überwachung und Dokumentation aller Richtlinien im Unternehmen wird durch ein eigenständiges „Compliance-Tool" gemanagt. In diesem Fall muss das MES die relevanten Daten aus dem Produktionsprozess dem „Compliance-Tool" zur Verfügung stellen.
3. Das MES übernimmt die Durchsetzung, Überwachung und Dokumentation aller Richtlinien im Unternehmen.

2.4.6 Lean-Sigma und MES

Einleitung
Das Schlagwort „Lean-Manufacturing" geht zurück auf die bereits in den 50er-Jahren des letzten Jahrhunderts von Toyota formulierten Maßnahmen zur Effizienzsteigerung der Produktion. Damals gab es praktisch noch keine IT, die Maßnahmen waren weitestgehend auf organisatorische- und Ausbildungsaspekte ausgerichtet. Dieses unter dem Begriff TPS (Toyota Production System) bekannte Konzept beinhaltet prinzipiell:

- Vermeidung bzw. Reduzierung von Verlustquellen
  Reduzierung von Warte-, Lagerzeiten und Transportzeiten, rationelle Gestaltung der Arbeitsplätze, Zusammenlegung von Arbeitsgängen, Vermeidung von indirekten (nicht zur Wertschöpfung erforderlichen) Tätigkeiten.
- Eine Synchronisation von Prozessabläufen
  Die Arbeitschritte der Auftragsprozesse werden im Rahmen einer am Bedarf orientierten Planung („Pull-Prinzip") aufeinander abgestimmt, sie werden synchronisiert.
- Standardisierung der Prozessabläufe
  Prozessabläufe werden nach festgelegten Richtlinien gestaltet. Die Einhaltung wird regelmäßigen Audits unterzogen.
- Vermeidung von Fehlern
  Eliminierung bzw. Reduzierung von Ausschuss und Nacharbeit.
- Verbesserung der Maschinenproduktivität
  Durch präventive bzw. nutzungsabhängige Wartung, Schwachstellenanalysen und daraus abgeleitete KVPs, etc.
- Kontinuierliche Aus- und Weiterbildung der Mitarbeiter

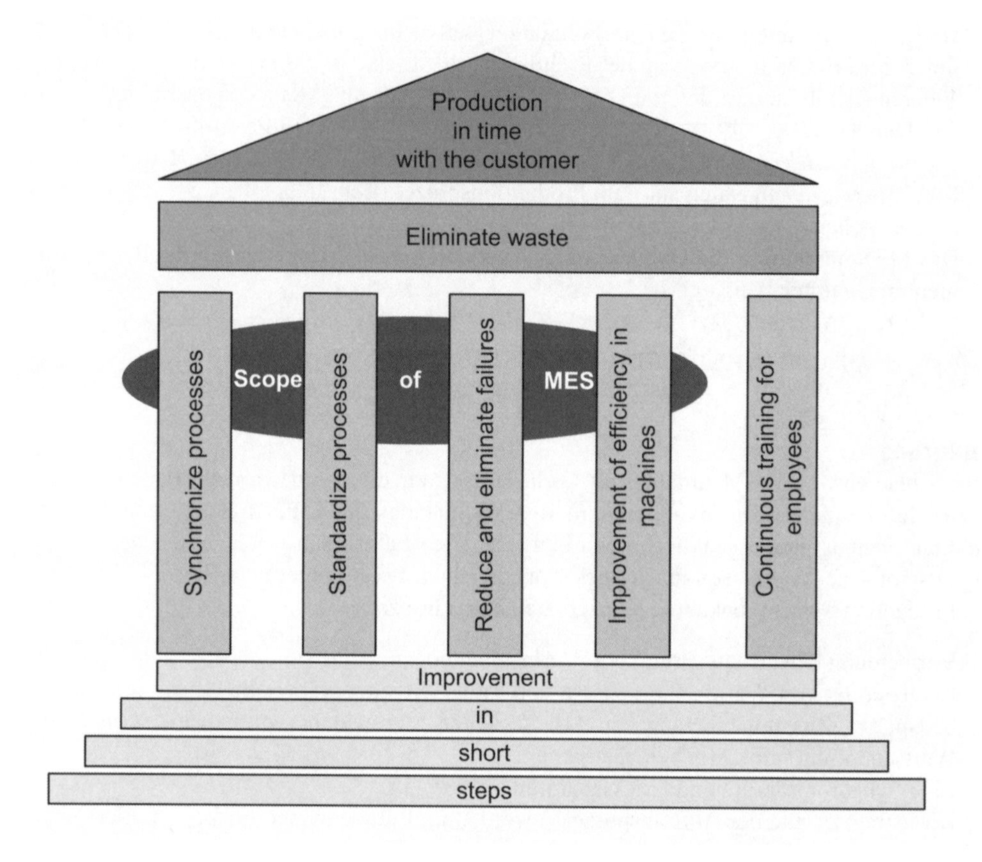

Abbildung 2.7: Konzept und Ziel des Toyota Production Systems mit Einflussbereich eines MES.

„Lean-Sigma" (oder auch „Lean-6Sigma") ist ein neuer Begriff für Konzepte zur Effizienzsteigerung in der Produktion, d. h. ein Weg die Produkte immer schneller, immer besser und möglichst fehlerfrei zu produzieren. Die Kombination aus „Lean-Manufacturing" (auf den Grundlagen des TPS) und den statistischen Methoden des „6Sigma" wird nun unter dem Begriff Lean-Sigma zusammengefasst. Die Methoden des Lean-Sigma sollen dazu beitragen Produkte und Prozesse genauer, schneller und günstigerer zu produzieren bzw. umzusetzen. Viele Berater bieten hierzu ihre Dienstleistungen (organisatorische Maßnahmen, Ausbildung etc.) an.

Lean-Sigma Projekte

Eine Bereicherung hat das TPS Konzept durch die Initiative von Motorola in den 80er-Jahren des letzten Jahrhunderts mit der Methode DMAIC (DMAIC steht für Define, Measure, Analyze, Improve und Control und definiert einen Regelkreis zur Umsetzung von Maßnahmen) für eine Null-Fehler-Produktion gefunden. Ein Lean-6-Sigma-Projekt wird ebenfalls mit dieser DMAIC-Methode gesteuert. Zusätzlich haben hier statistische Methoden und die damit verbundenen Instrumente (SPC/SQC) eine zentrale Bedeutung. Dazu setzen Berater meist Spezialisten ein, die die Ausbildung der Mitarbeiter im Umgang mit dem genannten Instrumentarium übernehmen. Je nach Ausbildungstiefe erhält der Mitarbeiter einen „Titel" (Master Black Belt, Black Belt, Green Belt oder Yellow Belt). Ziel eines Lean-6Sigma-Projekts ist in der Regel die Verbesserung einer Kennzahl, wie z. B. die Reduzierung der Fehlerquote. Die Thematik der Null-Fehler-Produktion ist deshalb so wichtig, weil Fehlerkosten in den Unternehmen oft einen erheblichen Umsatzanteil erreichen. Daher ist es erforderlich, dass die Qualitätslage eines Unternehmens möglichst nahe an ein 6Sigma-Niveau herangeführt wird.

Das MES als Vehikel für Lean-Sigma

Erstaunlicherweise haben die Verfechter und Anbieter von MES erst sehr spät erkannt, dass MES die entscheidenden Instrumentarien zur Umsetzung dieser Konzepte liefert. Man kann durchaus behaupten, dass ein funktionierendes MES eine Voraussetzung für das Erreichen von Zielen und die Umsetzung von Maßnahmen aus dem Konzept Lean-Sigma ist. Ein operatives Planungssystem, der funktionale Kern eines MES, reduziert Warte-, Lager- und Transportzeiten durch Synchronisation der Produktionsabläufe. MES sorgt auch für standardisierte Abläufe, die Mitarbeiter werden mit elektronischen Informationen geführt, was entscheidend zur Produktivitätsverbesserung beiträgt.

Was für den „Durchbruch" dieser Erkenntnisse auf dem breiten Markt fehlt, ist eine enge Zusammenarbeit zwischen Beratern und Anbietern von Produktionsmanagementsystemen. Aus einer solchen Symbiose würden sich Synergieeffekte ergeben, die für alle Beteiligten von Vorteil wären. Die Gründe, die eine solch enge Zusammenarbeit bisher verhindert haben:

- Berater haben meist keine ausreichenden Kenntnisse über Funktionen und Arbeitsabläufe eines MES. Der Umgang mit den Instrumentarien ist ihnen nicht vertraut. Vielmehr beschränkt man sich weitgehend auf organisatorische Dienstleistungen und die Ausbildung von Mitarbeitern.
- Die Anbieter von MES sind meist mit den Problemen der Softwareentwicklung und der technologischen Basis des Systems beschäftigt. Den Produkten fehlt deshalb eine konsequente Ausrichtung auf die Erfordernisse, die zur Umsetzung von Lean-Sigma benötigt werden.

Beide Seiten müssen die Qualität ihrer Leistungen bzw. Produkte steigern. Berater sollten sich mit MES identifizieren können und sich auch das Wissen dazu erarbeiten. Auf der Seite der Produktanbieter fehlt bisher ein allgemeines und durchgängiges Design. Dass es gelingt, bestehende Softwarekomponenten in ein solches Design einzubetten, ist kaum anzunehmen. Konsequenterweise sollten die Produkte neu entwickelt werden um den notwendigen Standard zu erreichen. Die Fabrik der Zukunft benötigt qualifizierte, integrierte Produktionsmanagementsysteme, die von einer ebenso qualifizierten Beratung begleitet sein müssen, um ihre volle Wirkung entfalten zu können.

2.5 Zusammenfassung

Das MES entwickelt sich zu einem strategischen Instrument der flexiblen und vernetzten Produktion. Alle Aufgaben des Produktionsmanagements sind in einer **integrierten Plattform** zusammengefasst. Das MES ist also keine lose Sammlung von Softwarebausteinen (Patchwork), sondern ein integriertes System das die modulare Nutzung von Einzelfunktionen erlaubt und diese Funktionen, z. B. mittels einer serviceorientierten Architektur, anderen Software-Systemen im Unternehmen zur Verfügung stellt.

Als Datenbasis benötigt das MES ein **vollständiges und konsistentes Datenmodell**, das neben einem Abbild der Produktion mit allen Ressourcen auch die **Produktdaten** (oder besser die Daten zur Produktdefinition) beinhaltet. Damit benötigt das MES eine enge Anbindung zum PLM System und arbeitet Hand in Hand mit diesem. Die im MES beheimateten Stammdaten, z. B. zu den produzierten Artikeln, werden durch ein „Master Data Management“ verwaltet und auch anderen IT Systemen zur Verfügung gestellt.

Die Maxime „immer schneller, immer besser, immer kostengünstiger“ stellt auch neue Anforderungen an das Produktionsmanagement. Teilweise kann die Forderung nach immer kürzeren Durchlaufzeiten und hoher Flexibilität nur durch Verlagerung von Teilaufgaben aus der Unternehmensleitebene (Ebene 4 im Modell der ISA) in die Produktionsmanagementebene (Ebene 3 im Modell der ISA) erfüllt werden. Das MES muss also zu einem **Product Management System (PMS)** weiterentwickelt werden. Damit erhält es zu den vorhandenen Kernaufgaben (Verwaltung der Produktionsressourcen und Feinplanung/Steuerung der Produktionsaufträge) einige zusätzliche Aufgaben:

- Vollständige **Planungsfunktion** inkl. Material- und Ressourcenplanung.
- **Echtzeitdatenmanagement** mit „Frühwarnsystemen“ und „Kostenkontrolle (Stichwort Activity-based Costing) als Grundlage schneller Entscheidungen.
- **Informationsmanagement** auf Basis von flexiblen Kennzahlen (KPIs) und Korrelationssystemen (Stichwort Multivariate Statistik). Verteilung der Informationen auch durch „proaktive“ Übermittlung von Daten.
- **Compliance Management** als Antwort auf die schnell wachsende Zahl von Richtlinien und Vorschriften.

Durch die beschriebenen Funktionen wird das MES zum zentralen strategischen Werkzeug zur Umsetzung der Anforderungen an die Fabrik der Zukunft.

3 Konzepte und Technologien

3.1 Berührungspunkte existierender Ansätze mit MES

Bevor ein Lösungsansatz für die in Kapitel 2 identifizierten Anforderungen an die Fabrik der Zukunft entwickelt wird, sollen zunächst existierende Standards und Technologien, die zur Lösung des Problems herangezogen werden können, hinsichtlich ihrer Güte betrachtet werden.

Nach einer Analyse der bestehenden Normen und Richtlinien werden Empfehlungen zum Thema MES näher beschrieben. Aufbauend werden Informationssysteme aus benachbarten Gebieten vorgestellt. Es erfolgt eine Abgrenzung zum MES. Abschließend wird auf das Product Lifecycle Management eingegangen. Berührungspunkte zwischen den beiden Ansätzen werden aufgezeigt.

3.2 Normen und Richtlinien

3.2.1 ISA

Die ISA wurde 1945 in Pittsburgh (Pennsylvania, USA) gegründet. Ursprünglich stand das Namenskürzel der Organisation für: "Instrument Society of America". Die 18 Gründungsmitgliedsfirmen aus dem Bereich der Prozesstechnik hatten dabei das Ziel, die gemeinsamen Interessen national besser vertreten und umsetzen zu können.

Heute steht die Bezeichnung der Organisation für: "The Instrumentation, Systems and Automation Society". Die ISA ist international tätig und hat derzeit mehr als 28.000 Mitglieder aus über 100 Ländern. Zu den Aufgaben und Zielen gehören die Durchführung von Kongressen und Messen genauso wie das Verfassen von Richtlinien rund um das Thema Messtechnik, Steuern und Regeln von Prozessen. Viele Schriften anderer Organisationen basieren auf dem Gedankengut der ISA.

Es wurden u. a. zwei Richtlinien von der ISA verabschiedet, die für produktionsnahe Systeme, wie beispielsweise ein MES, relevant oder auch essentiell sind. Nachfolgende Ausführungen gehen näher auf den Inhalt der beiden Richtlinien ein:

ISA S88

Der erste Teil dieser Richtlinie wurde 1995 verabschiedet und ist von der US-Amerikanischen Institution zur Normung industrieller Verfahrensanweisungen (ANSI – American National Standards Institute) zur nationalen Norm erklärt worden (äquivalent zu DIN) und kann somit als der wesentlichste Teil gesehen werden (siehe hierzu auch Kapitel 3.2.2). In diesem Teil werden Referenzmodelle für Chargen-Steuerungen in der Prozessindustrie definiert. Die Zusammenhänge und Beziehungen zwischen den Modellen und den Abläufen werden erklärt. Den Kern bildet dabei die Rezeptfahrweise, die eine Trennung in Anlagenstruktur und Prozessstruktur vorsieht (siehe Abbildung 3.1).

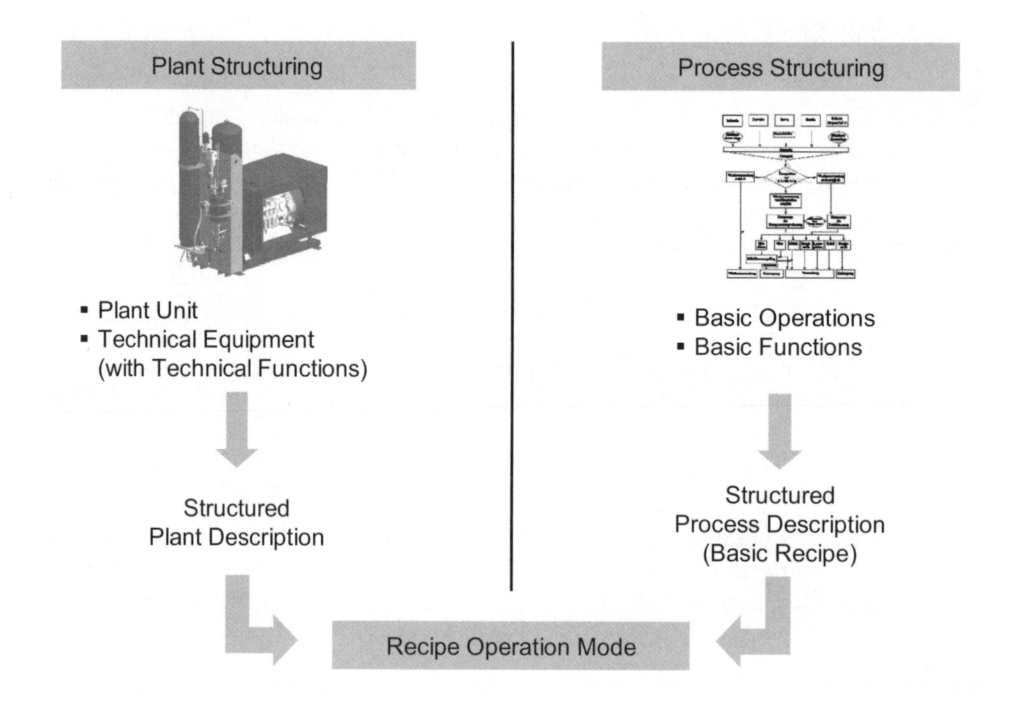

Abbildung 3.1: Rezeptfahrweise nach ISA S88.

Ein Batch-/Chargen-Prozess erzeugt eine definierte Menge eines Produktes, welches aus einem oder mehreren Ausgangsstoffen besteht und nach einer definierten Reihenfolge in einer oder mehreren Apparaturen hergestellt wird. Die Herstellungsvorschriften werden in der (Grund-)Rezeptur abgebildet. Die Rezeptur besteht aus einer geordneten Reihenfolge von Teilprozessen (Operationen) – definiert in Teilrezepten und ablauffähig auf Teilanlagen (z. B.: Reaktor, Dosierstation, Mühle, ..) – welche wiederum aus einer geordneten Reihenfolge von Funktionen (Phasen) – definiert in Teilrezeptschritten (z. B.: Dosieren, Heizen, Rühren,..) – besteht. Jedem Schritt muss eine Parameterliste mitgegeben werden. Art und Umfang der Parameter sind dabei abhängig von der Funktion, welche durch den Schritt aufgerufen wird. (z. B.: Einsatzstoff mit anteiliger Menge, Temperaturregelung mit Sollwert, ..) Da die Grundrezepte anlagenunabhängig erstellt werden, muss der Rezeptkopf des Teilrezeptes eine Liste mit für die Produktion geeigneten Teilanlagen enthalten.

Der zweite Teil dieser Richtlinie wurde 2001 verabschiedet. Dieser definiert Datenmodelle und deren Strukturen für Batch-Steuerungen in der Prozess-Industrie. Hierdurch soll die Standardisierung der Kommunikation innerhalb und zwischen den einzelnen Batch-Steuerungen erleichtert werden.

Der dritte Teil wurde im Jahr 2003 freigegeben. Der Fokus liegt dabei auf den Möglichkeiten zur standardisierten Datenauswertung und geeigneten Darstellung der Ergebnisse.

Der letzte und zugleich jüngste Teil ist aus dem Jahr 2006. Darin wird die Aufzeichnung und Archivierung von Daten im Bereich der Prozesstechnik im Detail spezifiziert. Das Ziel ist, auf Basis eines Referenzmodells die Entwicklung von Anwendungen zur Datensicherung und/oder Datenaustausch zu erleichtern. Zugleich wird angestrebt, dass die Tools mindestens über diese spezifizierten Funktionen zur Wiederherstellung von Daten, Datenanalysen, Reporting-Funktionen etc. verfügen.

ISA S95

In der Produktion haben sich in den vergangenen Jahren getrennte Informationswelten mit unterschiedlichen Denkweisen und Disziplinen entwickelt: Die ERP Systeme des betriebswirtschaftlichen Umfelds, das MES in der Produktion und die eigentliche Automatisierungsebene mit Sensoren, Aktoren, Steuerungen etc.

Heute jedoch brauchen Unternehmen einen durchgängigen Informationsfluss im gesamten Betrieb. Zwar haben die Geschäfts- und Leitsysteme unterschiedliche Fähigkeiten und Zielsetzungen, so braucht die Produktionsebene beispielsweise die Fertigungsdaten in Echtzeit, während die Managementebene eher mittel- und langfristig denkt, aber für die Planung der Produktion, die Auswertung der Produktionsleistung und -kapazität oder für die Projektierung von Wartungsarbeiten benötigen sie dennoch die gleichen Informationen.

Die S95 definiert Terminologie und Modelle, die bei der Integration von Warenwirtschafts-Systemen auf Geschäftsebene mit den Automatisierungssystemen auf Produktionsebene verwendet werden. Dabei gliedert sich die Richtlinie, die äquivalent zur S88 von der ANSI zur nationalen Norm erklärt wurde, in folgende Teile:

Teil 1 wurde im Jahr 2000 veröffentlicht und beinhaltet die grundlegende Terminologie und Modelle, mit denen die Schnittstellen zwischen den Geschäftsprozessen und den Prozess- und Produktionsleitsystemen definiert werden können.

Teil 2 aus dem Jahr 2001 definiert in Verbindung mit dem ersten Teil die Schnittstelleninhalte zwischen den Steuerungsfunktionen in der Produktion und der Unternehmensführung.

Teil 3, erschienen 2005, liefert detaillierte Definitionen der Hauptaktivitäten von Produktion, Wartung, Lagerhaltung und Qualitätskontrolle.

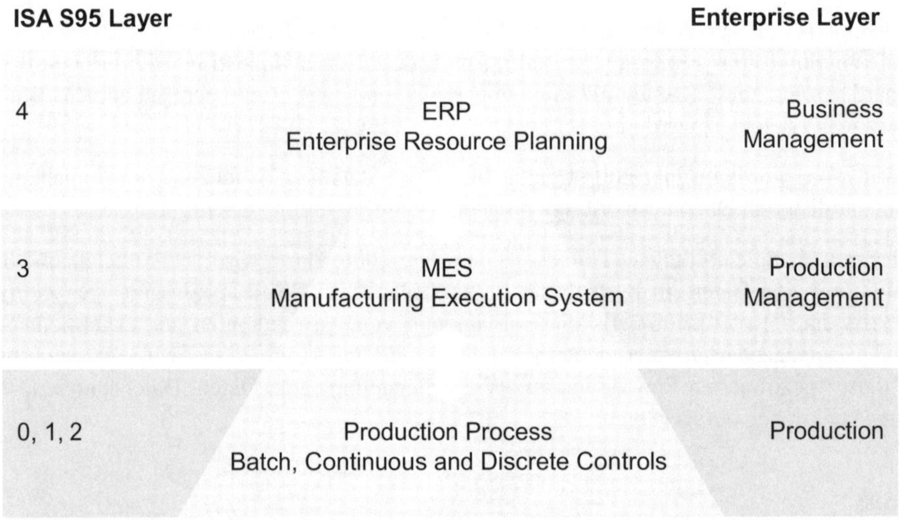

ISA S95 Layer		**Enterprise Layer**
4	ERP Enterprise Resource Planning	Business Management
3	MES Manufacturing Execution System	Production Management
0, 1, 2	Production Process Batch, Continuous and Discrete Controls	Production

Abbildung 3.2: Ebenenmodell nach ISA S95.

Für die folgenden Ausführungen ist die funktionale Trennung zwischen ERP und MES Ebene wichtig. Diese ist im ersten Teil der S95 beschrieben und stellt sich folgendermaßen dar:

Aufgaben der Ebene 4 [ISA S95-1, S. 19f]:

- Verwaltung und Pflege der Rohmaterialien und Ersatzteile. Bereitstellung der Stammdaten für den Einkauf von Rohmaterial und Ersatzteilen.
- Verwalten und Pflegen der Energieressourcen.
- Verwaltung und Pflege der Stammdaten, die für präventive und vorhersehbare Wartungsarbeiten notwendig sind und Verwaltung und Pflege der personenbezogenen Stammdaten für Personalabteilung.
- Festsetzen des Grobplanes für die Produktion und Überarbeitung des Grobplanes bei weiteren Kundenaufträgen auf Basis der verfügbaren Ressourcen und geplanten Wartungsarbeiten.

- Pflege der Lagerstammdaten.
- Ermitteln der optimalen Lagerbestände, Energievorräte, Ersatzteilvorräte und Bestände in der Fertigung. Dies beinhaltet auch die Überprüfung der Materialverfügbarkeit bei Auftragsfreigabe für die Fertigung (MRP Lauf).

Aufgaben der Ebene 3 [ISA S95-1, S. 20]:

- Auswertung produktionsrelevanter Daten inklusive der Ermittlung der realen Produktionskosten.
- Verwaltung und Pflege der Daten aus Produktion, Inventar, Personal, Rohmaterial, Ersatzteile und Energie. Des Weiteren die Verwaltung und Pflege aller personeller Zusatzinformationen/-funktionen wie: Arbeitszeiterfassung, Urlaubskalender, Personalbestandsplanung, Qualifikation der Mitarbeiter etc.).
- Festlegung und Optimierung der Feinplanung für jeden Arbeitsbereich. Dies beinhaltet auch eventuelle Wartungen, Zeiten für Transport und alle weiteren produktionsrelevanten Aufgaben).
- Reservierung der auftragsrelevanten Ressourcen (Anlagen, Personal, Material etc.). Die Erfassung der Veränderungen (z. B. Maschinenausfall) erfolgt zeitnah, sodass bei Veränderungen umgeplant werden kann. Eine Archivierung der Daten hat zu erfolgen. Die Fertigungsaufträge werden durch das System auf die verfügbaren Ressourcen verteilt. Bei eventuellen Störungen erfolgt automatisch eine Umverteilung.
- Allgemeine Funktionen zur Prozessüberwachung (Alarmmanagement, Tracking, Tracing etc.).
- Bereitstellung von Funktionen zum Qualitätsmanagement, zur Kennzahlerfassung, Personalzeiterfassung und Wartungsmanagement.

Zusammenfassend lässt sich feststellen, dass die Spezifikation dem Leser viel Freiraum zur Interpretation bietet. Viele Bereiche sind unzureichend oder gar nicht beschrieben. Alle nicht spezifizierten Punkte werden in der Spezifikation automatisch der Ebene 4 zugeordnet. Dies impliziert auch, dass die Produktdefinition nicht eindeutig einer bestimmten Ebene zuzuordnen ist.

3.2.2 IEC

Die IEC (International Electrotechnical Commission) wurde 1906 in London gegründet. Seit 1948 ist ihr Hauptsitz in Genf. Die IEC war wesentlich daran beteiligt, Normen für Maßeinheiten zu vereinheitlichen. Man schlug auch als erstes ein System von Standards vor, das letztlich zum SI, dem Internationalen Einheitensystem, wurde.

Die IEC Satzung schließt die gesamte Elektrotechnik ein, einschließlich Erzeugung und Verteilung von Energie, Elektronik, Magnetismus und Elektromagnetismus, Elektroakustik,

Multimedia und Telekommunikation. Auch allgemeine Disziplinen wie Fachwortschatz und Symbole, elektromagnetische Verträglichkeit, Messtechnik und Betriebsverhalten, Zuverlässigkeit, Design und Entwicklung, Sicherheit und Umwelt sind darin vertreten.

IEC 61512
Die von der ISA spezifizierte Richtlinie S88 (siehe Kapitel 3.2.1) wurde nicht nur zur nationalen Norm in USA erklärt, sondern ist auch seit dem Jahr 1999 international durch die IEC zur allgemeingültigen Norm erklärt worden [IEC 61512].

IEC 62264
Äquivalent zur S88 ist auch die S95 nicht nur nationale Norm in USA, sondern auch seit dem Jahr 2003 international als IEC Norm gültig [IEC 62264].

3.2.3 VDI

Der Verein Deutscher Ingenieure e. V. (VDI) ist ein technisch-wissenschaftlicher Verein, gegründet 1856 in Alexisbad. Der heutige Hauptsitz ist Düsseldorf. Neben Ingenieuren verschiedener Fachrichtungen zählen zunehmend auch Naturwissenschaftler und Informatiker zu den Mitgliedern.

Der VDI gehört damit zu den größten technisch orientierten Vereinen und Verbänden weltweit. Er hat seit seiner Gründung ein technisches Regelwerk aufgebaut, das heute mit über 1.700 gültigen Richtlinien das breite Feld der Technik weitgehend abdeckt.

VDI 5600
Der VDI hat sich erst vor kurzem dem Themenfeld der Prozesstechnik und insbesondere dem Thema MES gewidmet. In Anlehnung an die Richtlinien der ISA und der MESA ist die derzeit einzige für MES relevante Richtlinie VDI 5600 verfasst worden, sie ist allerdings noch nicht freigegeben.

Die Richtlinie soll herstellerneutral und fachlich fundiert dem potentiellen MES Anwender Hilfestellungen in allen Phasen, von der Auswahl eines geeigneten Systems bis zum Betrieb der Anlage, geben. Es werden die Aufgaben eines MES von der Feinplanung bis zum Personalmanagement grob beschrieben. In einem weiteren Teil wird auf die Bedeutung von MES und Unterstützung verschiedener Unternehmensprozesse näher eingegangen.

Zusammenfassend lässt sich feststellen, dass das Schriftstück größtenteils Reflexion, Ergänzung und Aktualisierung bestehender Konzepte beinhaltet.

3.2.4 FDA

Die Food and Drug Administration (FDA) ist eine öffentliche US-Behörde des Gesundheitsministeriums. Sie ist verantwortlich für den Erlass und die Einhaltung von Sicherheitsbestimmungen und -richtlinien in der gesamten Produktionskette von Lebensmitteln, pharmazeutischen Produkten etc. Sie überwacht Herstellung, Import, Transport, Lagerung und Verkauf dieser Produkte. Die Durchsetzung der Richtlinien soll den Schutz des amerikanischen Verbrauchers sicherstellen. Dabei spielt es keine Rolle, ob das jeweilige Produkt in den USA gefertigt wird. Lediglich der Zielmarkt (USA) ist entscheidend. Demzufolge ist weltweit die Einhaltung der Bestimmungen für alle Hersteller, die ihre Produkte in die USA liefern, essentiell. Die Behörde behält sich das Recht vor, weltweit Audits durchzuführen.

Aber nicht nur für die ursprünglich relevanten Branchen sind die Bestimmungen der FDA interessant (bzw. essentiell). Einige Ansätze sind durchaus auch für andere Branchen wie beispielsweise die Fertigungstechnik anzuwenden.

FDA 21 CFR Part 11
Die FDA 21 CFR Part 11 (Electronic Records Electronic Signatures) definiert Kriterien, bei deren Erfüllung die FDA die Verwendung elektronischer Datenaufzeichnungen und elektronischer Signaturen als gleichwertig zu Datenaufzeichnungen und Unterschriften auf Papier akzeptiert.

Die Richtlinie war das Ergebnis sechsjähriger Bemühungen (unter Einbeziehung von Initiativen der Industrie). Ziel war es, für alle der FDA Aufsicht unterstehenden Unternehmen Anforderungen festzulegen, wie papierlose, elektronische Aufzeichnungssysteme in Übereinstimmung mit den Erfordernissen guter Verfahren (Good Manufacturing Practices) in der Produktion betrieben werden können. Hierzu gehören:

- GMP 21 CFR 110 (Good Manufacturing Practices für Nahrungsmittel),
- GMP 21 CFR 210 (Good Manufacturing Practices für Herstellung, Weiterverarbeitung, Verpackung/Lagerung von Arzneimitteln),
- GMP 21 CFR 211 (Good Manufacturing Practices für pharmazeutische Endprodukte),
- GMP 21 CFR 820 (Good Manufacturing Practices für medizinische Geräte).

Die Richtlinie ist in den USA als gesetzlich bindend anzusehen. Die dort formulierten allgemeinen Anforderungen an ein Qualitätsmanagementsystem und Verfahren sind überwiegend im Einklang mit der DIN EN ISO 9000 ff (Normenreihe zum Thema Qualitätsmanagement). Die beschriebenen Verfahren haben auch Gültigkeit für ein MES.

3.2.5 NAMUR

Allgemeines zur NAMUR

Die NAMUR (Interessensgemeinschaft Automatisierungstechnik in der Prozessindustrie) wurde 1949 in Leverkusen gegründet. Sie ist ein Verband von Anwenderfirmen aus dem Bereich der Prozessleittechnik. Hersteller von Prozessleitsystemen, Hardware oder Software können nicht Mitglied werden. Bei den NAMUR-Empfehlungen (NE) handelt es sich um Erfahrungsberichte und Arbeitsunterlagen, die die NAMUR für ihre Mitglieder aus dem Kreis der Anwender zur fakultativen Benutzung erarbeitet hat. Diese Papiere sind nicht als Normen oder Richtlinien sondern ergänzend zu diesen anzusehen.

NE33

Die Empfehlung NE 33 (Anforderungen an Systeme zur Rezeptfahrweise) soll die in der verfahrenstechnischen Industrie und der zuliefernden Industrie verwendeten Begriffe und Konzepte zum Thema Rezeptfahrweise aufbauend auf der S88 (siehe Kapitel 3.2.1) vereinheitlichen. Besonderer Wert wird in der Empfehlung auf strukturelle Aspekte gelegt. Dagegen wird über die Realisierung der Funktionen wenig bis gar nichts ausgesagt.

Ziel ist, allgemeingültige Vorgehensweisen zur Rezeptfahrweise in ihrem Zusammenhang darzustellen. Die Anforderungen an Systeme zur Rezeptfahrweise werden bezogen auf ein durchgängiges Konzept zum Fahren von Anlagen der Verfahrenstechnik formuliert. Das Konzept gilt nicht nur für diskontinuierlich arbeitende Anlagen, sondern lässt sich auch auf kontinuierlich arbeitende Anlagen übertragen, und zwar insbesondere im Hinblick auf An- und Abfahrvorgänge, Arbeitspunkt, Änderung etc.

In der NE 33 wird das Fahren von kontinuierlich arbeitenden Anlagen nicht weiter behandelt. Das Konzept berücksichtigt den Normalbetrieb sowie das Beherrschen außergewöhnlicher Zustände. Die hier empfohlenen Methoden sind unabhängig vom Grad der Automatisierung anwendbar und schließen den Fall der Arbeitsteilung zwischen Mensch und Automatisierungssystem ein.

NA 94

Im Rahmen der Einführung von Supply-Chain-Management (SCM) Systemen werden die produktionstechnischen und logistischen Abläufe in den Produktionsbetrieben optimiert. Die neuen Abläufe werden zukünftig höhere Anforderungen an die Integration der produktionsnahen Datenverarbeitungssysteme mit den überlagerten Enterprise Resource Planning (ERP) Systemen stellen.

Angelehnt an die ISA S95 Teil 1 wird in der Empfehlung NA 94 (MES: Funktionen und Lösungsbeispiele der Betriebsleitebene) ein Datenmodell entwickelt, in dem die Funktionen eines MES und die abzudeckenden Informationsflüsse beschrieben werden.

3.3 Empfehlungen

3.3.1 MESA

Die Manufacturing Enterprise Solutions Association (MESA) ist ein US amerikanischer Industrieverband mit dem Fokus Geschäftsprozesse im produzierenden Gewerbe durch die Optimierung von bestehenden Anwendungen und die Einführung von innovativen Informationssystemen zu verbessern. Dabei spielt sowohl die vertikale als auch die horizontale Integration von Informationssystemen eine wesentliche Rolle. Nur kurze Zeit vor der ISA (siehe Kapitel 3.2.1) hat sich die MESA als erste Organisation dem Thema MES ausführlich gewidmet.

MESA Richtlinien

Die MESA hält für Fertigungsbetriebe und Solution-Provider eine Reihe von Informationen zu den Themen Fertigungsmanagement, Produktentstehung, Qualitätsmanagement und Produktionsoptimierung bereit. Besondere Bedeutung hat hierbei die Integration von fertigungsnahen Systemen (Durchführungsprozess).

Die 11 Funktionsgruppen eines MES stellen sich nach MESA folgendermaßen dar:

1. Feinplanung der Arbeitsgangfolgen
   Sie sieht eine optimale Reihenfolgeplanung unter Berücksichtigung der relevanten Randbedingungen (Rüstzeit, Durchlaufzeit etc.) auf Basis der verfügbaren Ressourcen vor.

2. Ressourcen-Management mit Statusfesthaltung
   Verwaltung und Überwachung der relevanten Ressourcen (Personal, Maschinen, Werkzeuge etc.)

3. Steuerung der Produktionseinheiten
   Steuerung des Flusses der Produktionseinheiten auf Basis von Aufträgen, Batches etc. Auf Ereignisse während der laufenden Produktion wird sofort reagiert und falls notwendig der Plan angepasst.

4. Steuerung von Informationen
   Alle für den Produktionsprozess relevanten Informationen (CAD, Zeichnungen, Prüfvorschriften, Umweltschutzauflagen, Sicherheitsvorschriften etc.) werden zur richtigen Zeit dem Personal am richtigen Ort zugänglich gemacht. Abweichungen können vom Personal durch das System erfasst werden.

5. Betriebsdatenerfassung
   Automatische oder manuelle Erfassung aller produktionsrelevanter Betriebsdaten, die mit der Produktionseinheit verbunden sind.

6. Personalmanagement
   Aufzeichnung der Personaleinsatzzeiten und Möglichkeit zur Nachbearbeitung bei Fehlzeiten, Urlaub etc.

7. Qualitätsmanagement
   Analyse produktionsrelevanter Messdaten in Echtzeit um Produktqualität sicherzustellen und Probleme und Schwachstellen rechtzeitig identifizieren zu können.

8. Prozessmanagement
   Überwachung des eigentlichen Produktionsprozesses inklusive Funktionen zum Alarm-Management.

9. Wartungsmanagement
   Aufzeichnung des Verbrauchs von Betriebsmitteln und Betriebsstunden um periodische und präventive Wartungsaufgaben einzuleiten. Die Wartungsdurchführung wird ebenfalls vom System unterstützt.

10. Chargen-Rückverfolgung
    Die Aufzeichnung sämtlicher produktionsrelevanter Daten über die gesamte Prozesskette stellt die Rückverfolgbarkeit jedes produzierten Produktes sicher.

11. Leistungsanalyse
    Aus den verarbeiteten Größen zu Ausfallzeiten, Störungen, Stückzählern etc. werden zeitnah, eventuell in Echtzeit, betriebswirtschaftliche Kennzahlen zur einfachen Beurteilung der Produktionseffizienz, Auffinden von Problemen etc. gebildet. Eine Darstellung in verschiedenen Diagrammformen wird dem Bediener zur Verfügung gestellt.

3.3.2 VDA

Dem Verband der Automobilindustrie (VDA) 1901 in Eisenach gegründet gehören Automobilhersteller und ihre Entwicklungspartner, die Zulieferer, an. Darüber hinaus beinhaltet der Dachverband auch die Hersteller von Anhängern, Aufbauten und Containern. Die gemeinsame Organisation von Automobilherstellern und Zulieferern ist international betrachtet einzigartig.

Der VDA fördert national und international die Interessen der gesamten Branche auf allen Gebieten der Kraftverkehrswirtschaft, so z. B. in der Wirtschafts-, Verkehrs- und Umweltpolitik, der technischen Gesetzgebung, der Normung und Qualitätssicherung.

Auch der VDA hat jüngst die Wichtigkeit des Themas MES für die gesamte Branche erkannt und entsprechend mit einem Regelwerk reagiert. Das Dokument [VDA 08] richtet sich an die Automobilzulieferer mit dem Schwerpunkt Qualitätssicherung.

3.3.3 VDMA

Im Jahr 1890 wurde in Düsseldorf mit der Gründung des Vereins Rheinisch-Westfälischer Maschinenbauanstalten der Grundstein für den späteren Verband Maschinen- und Anlagenbau (VDMA) gelegt.

Der VDMA vertritt vorrangig mittelständische Unternehmen der Investitionsgüterindustrie und ist derzeit der größte Industrieverband in Deutschland. In dem Verband ist die gesamte Prozesskette abgebildet – von der Komponente bis zur Anlage, vom Systemlieferanten über den Systemintegrator bis zum Dienstleister. Die Themen des Verbands sind u. a.: Forschung und technische Regelwerke, Umwelt-, Technik- und Energiethemen [VDMA 08].

Der VDMA widmet sich seit dem Jahr 2004 dem Thema MES. Aktuelle Bestrebungen sind, MES in einer internationalen Norm weiter voranzutreiben. Dabei ist die Mitwirkung in den entsprechenden Normungsgremien angedacht, um die Interessen der Branche optimal vertreten zu können. Diese Vorgehensweise soll die verschiedenen Aspekte von der Festlegung in Normen bis zu den unterschiedlichen Anwendungs- und Einsatzszenarien in der Industrie (Maschinenbau, Prozessindustrie, chemische Industrie, verfahrenstechnische Bereiche, etc.) berücksichtigen.

3.3.4 ZVEI

Der Zentralverband Elektrotechnik- und Elektronikindustrie e.V. (ZVEI), gegründet 1918, ist der Interessenverband des Wirtschaftszweigs der Elektroindustrie in Deutschland mit Sitz in Frankfurt am Main. Er vertritt politische und technologische Interessen auf nationaler und internationaler Ebene und unterstützt internationale Normungs- und Standardisierungsvorhaben.

Nach dem VDMA ist der ZVEI der zweitgrößte Industrieverband in Deutschland. Er informiert seine Mitglieder gezielt über die wirtschaftlichen, technischen und rechtlichen Rahmenbedingungen für die Elektroindustrie in Deutschland. Durch Arbeitskreise, auch in Zusammenarbeit mit anderen Verbänden und Vereinen, wird u. a. gezielt auf die Erstellung von Richtlinien, Gestaltung von Normen etc. eingewirkt.

Auch dieser Verband hat jüngst die Bedeutung von MES erkannt und entsprechend reagiert. Neben der gezielten Mitwirkung in Normungsgremien veranstaltet der Verband Seminare und Podiumsdiskussionen zum Thema MES.

3.4 Benachbarte Gebiete

3.4.1 Historische Entwicklung der ERP/PPS Systeme

Die derzeit am Markt befindlichen ERP und PPS (Production Planning and Scheduling) Systeme dienen vorwiegend zur Verwaltung und Abrechnung mit den Kernfunktionen Finanzwesen und Materialwirtschaft. Rückblickend auf die letzten Jahrzehnte lässt sich feststellen, dass diverse elektronische Systeme entwickelt wurden um die Produktionsprozesse in der Industrie effektiver zu gestalten. Den Anfang machte IBM in den 70er-Jahren mit Buchhaltungssystemen auf Großrechnern. Aber nicht jede Idee und Entwicklung in diesem Umfeld hat sich durchgesetzt. Ansätze wie beispielsweise CIM (Computer Integrated Manufacturing) konnten sich nicht etablieren. Zum Teil war dies in Vergangenheit auch darin begründet, dass die zur Verfügung stehende Rechenleistung der Hardware bei weitem noch nicht performant genug war, um die Ansätze softwareseitig in geeigneter Weise umsetzen zu können. Die Ideen waren ihrer Zeit voraus. Heute sind ausreichend performante Systeme zu moderaten Preisen erhältlich, sodass auch komplexe, rechenintensive Vorgänge wirtschaftlich sinnvoll umsetzbar sind.

Neben diesen Ansätzen aus der Management- und Verwaltungsebene heraus hat sich die Automatisierungstechnik in Form von kompakten Steuerungen, CNC Maschinen und Bedien- und Beobachtungskomponenten entwickelt. Jede dieser Ebenen hat spezielle Aufgaben und Anforderungen zu erfüllen. Eine Kooperation und Interaktion ist nicht ohne Weiteres möglich.

MES schließt diese Lücke zwischen der ERP Ebene und der eigentlichen Produktion und agiert somit nicht nur als Bindeglied sondern stellt auch eine Reihe von zusätzlichen, wesentlichen Funktionen zur Verfügung, die von den Systemen der anderen Ebenen nicht erfüllbar sind.

3.4.2 ERP/PPS Systeme

In Kapitel 3.2.1 wurde näher auf die Aufgabenverteilung zwischen der Ebene 4 und der Ebene 3 nach ISA S95-1 eingegangen. Hieraus lassen sich direkt die Aufgaben eines ERP Systems ableiten.

Nicht ganz so transparent lassen sich die Aufgaben von ERP und PPS Systemen unterscheiden. Der Ansatz eines PPS Systems war ursprünglich, den Anwender bei der Produktionsplanung und -steuerung zu unterstützen und die damit verbundene Datenverwaltung zu übernehmen. Das Ziel der PPS Systeme sollte eigentlich nach Definition die Realisierung kurzer Durchlaufzeiten, die Termineinhaltung, optimale Bestandshöhen sowie die wirtschaftliche Nutzung der Betriebsmittel sein. Im Gegensatz hierzu stellen ERP Systeme u. a. Module zur Buchhaltung, wie Personalabrechnung, zur Verfügung.

Die Realität sieht allerdings anders aus. Die Übergänge zwischen den Systemen sind fließend. Viele ERP Systeme stellen heute Funktionen zur Produktionsplanung zur Verfügung. Umgekehrt erweitern auch viele Hersteller von PPS Systemen ihre Software zunehmend mit klassischen ERP Funktionen, wie Buchhaltung oder Einkauf.

Die Aufgaben eines PPS Systems sehen auf den ersten Blick sehr ähnlich zu denen eines MES aus. Allerdings stellen die ERP und PPS Systeme den Mitarbeitern in der Produktion nur in eingeschränktem Maße relevante Informationen zur Verfügung. Überwiegend werden diese auch nicht zeitnah weitergegeben. Eine Regelung der Prozesse in Echtzeit, unter Berücksichtigung der Zielvorgaben, ist damit nicht möglich.

3.4.3 Prozessleitsysteme

Prozessleitsysteme dienen prinzipiell zum Führen von verfahrentechnischen Anlagen. Der Begriff wurde in den 70er-Jahren geprägt, als die ersten proprietären Systeme zum Managen von Raffinerien und Crackern entstanden. Diese Systeme waren sowohl Hardware- als auch Software-seitig gekapselt und auf die speziellen Anforderungen der jeweiligen Applikation zugeschnitten. Ein Datenaustausch fand ausschließlich innerhalb des Systems statt.

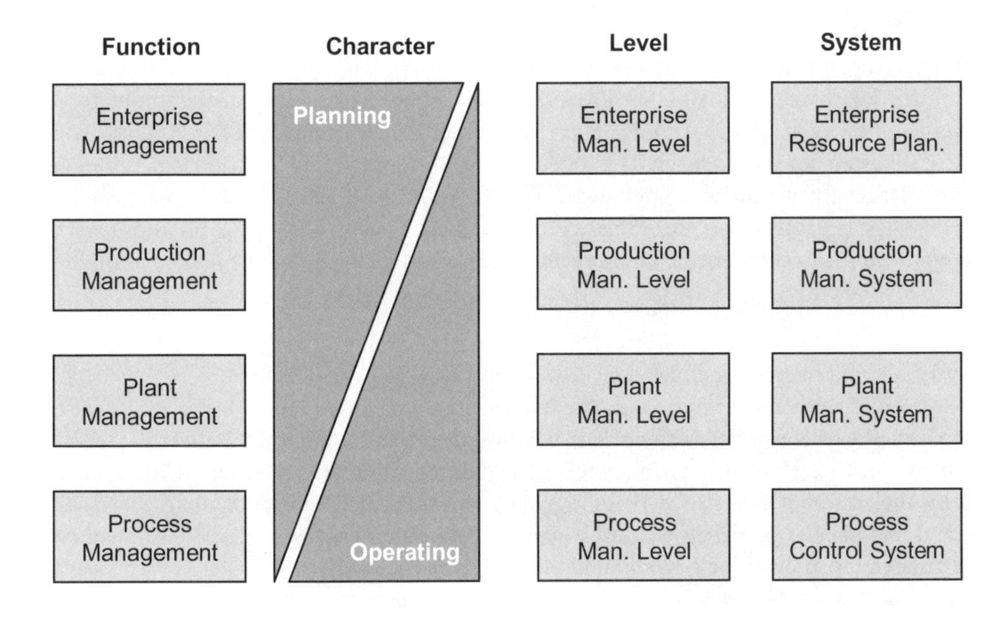

Abbildung 3.3: Hierarchisches Ebenenmodell nach [NE 59].

Bisher war das Ebenenmodell der NAMUR (siehe Abbildung 3.3) das Ordnungsschema für den Bereich der Prozessleittechnik. Das Prozessleitsystem findet sich dabei auf unterster

Ebene der Prozessleitebene wieder. Die Kommunikation zwischen den Ebenen gewinnt dabei zunehmend an Bedeutung. Auch in diesem Bereich wachsen die Systeme immer stärker zusammen. Die Übergänge sind fließend. Auf der Produktionsleitebene sollte als Leitsystem ein MES eingesetzt werden.

Ein Prozessleitsystem zeichnet sich durch folgende Kerneigenschaften aus:

- Echtzeitfähigkeit
  Die Echtzeitfähigkeit eines Systems setzt sich zusammen aus der Rechtzeitigkeit und der Gleichzeitigkeit des Systems. Unter Rechtzeitigkeit versteht man die Eigenschaft eines Prozessrechners, innerhalb einer definierten Zeitspanne im Ablauf eines technischen Prozesses reagieren zu können [DIN 44300]. Hieraus resultiert, dass die Reaktionszeit des Automatisierungssystems kleiner als die reale Prozesszeit sein muss. Unter Gleichzeitigkeit versteht man die quasiparallele Abarbeitung mehrerer Rechenprozesse. Beispielsweise können die Regelintervalle bei einem industriellen Titrationsprozess durchaus im Sekundenbereich liegen, während die Intervalle bei einem Jagdflugzeug im Mikrosekundenbereich liegen müssen. Beide Systeme sind aber bezüglich des speziellen Einsatzbereiches echtzeitfähig.

- Hochverfügbarkeit durch Redundanz
  Bei den komplexen industriellen Prozessen, die durch Prozessleitsysteme automatisiert werden, bewirken Störungen oder auch kurzzeitige Unterbrechungen der Abläufe hohe Ausfallkosten, im schlimmsten Fall sogar Gefahr für Mensch und Umwelt. Zur Erhöhung der Verfügbarkeit müssen zumindest kritische Teile des Systems redundant ausgelegt sein. Dies bedeutet, dass die Funktionen (Feldbus, Sensor, SPS etc.) im Störungsfall durch eine Ersatzkomponente unterbrechungsfrei von Reservekomponenten übernommen werden können.

- Offenheit und Interoperabilität
  Unter Offenheit versteht man, dass die externen Schnittstellen und Systemeigenschaften des jeweiligen Herstellers offengelegt werden, damit es möglich ist, beliebige Anwendungen anderer Hersteller anzukoppeln. Die Interoperabilität gewährleistet, dass unterschiedliche Komponenten (z. B. Feldgeräte) verschiedener Hersteller ohne Zusatzaufwand miteinander betrieben werden können. Beide Eigenschaften sind die Grundvoraussetzungen für eine vertikale Kommunikation im Unternehmen.

- Durchgängigkeit eines Gesamtsystems
  Eine Prozessinformation, die an beliebiger Stelle im System bekannt ist, muss ohne Zusatzaufwand jeder weiteren Komponente zu jeder Zeit zugänglich sein.

Prinzipieller Aufbau eines Prozessleitsystems

Die typische Struktur heutiger dezentraler Prozessleitsysteme ist in Abbildung 3.4 dargestellt:

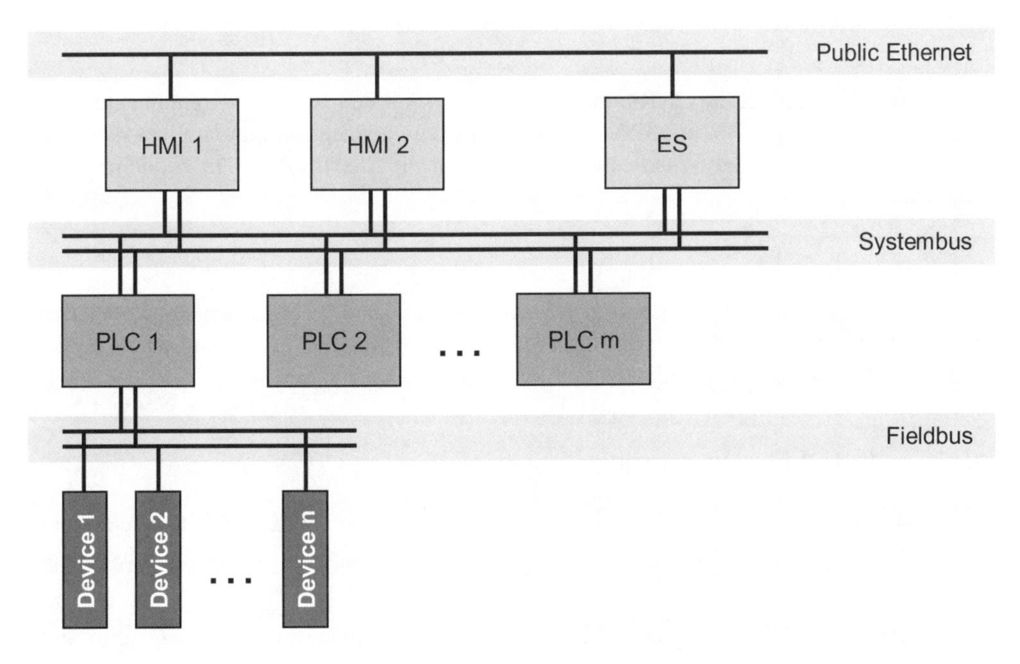

Abbildung 3.4: Prinzipieller Aufbau eines Prozessleitsystems.

Prozessnahe Komponente (PNK, PLC – Programmable Logic Controller)
Eine PNK ist ein Prozessrechner, meist ausgeführt als SPS, auf der die in den Prozess direkt einwirkenden Funktionen (z. B. PID Regler) ablaufen. Des Weiteren sind alle Sensoren und Aktoren daran angeschlossen. Dies kann entweder über eine Punkt-zu-Punkt-Verdrahtung oder über einen Feldbus erfolgen.

Anzeige- und Bedienkomponente (ABK, HMI – Human Machine Interface)
Die ABK stellt die Schnittstelle zwischen dem Leitsystem und dem Anlagenfahrer her. Ein Begriff hierfür ist auch Bedien- und Beobachtungskomponente (BBK), Mensch-Maschine-Schnittstellen (MMS) oder einfach nur Prozessvisualisierung. Neben den Anlagenbildern gibt es auch Ansichten für die Rezepturverwaltung (siehe Kapitel 3.2.1), Alarm-Management etc.

Engineering-Komponente (EK, ES – Engineering Station)
Die EK ermöglicht die Konfiguration der Systemfunktionalität. Dies betrifft sowohl die Konfiguration der PNKs als auch der ABKs.

Systembus
Der Systembus verbindet die PNKs untereinander und mit den weiteren Komponenten des Prozessleitsystems wie ABK und EK. Dieser ist nicht zu verwechseln mit dem unterlagerten Feldbus zur Anbindung der Sensoren und Aktoren an die Steuerungen. Der Systembus ist stets redundant ausgeführt.

Offener Betriebs- oder Werksbus
Dieser Bus ist die offene Schnittstelle des Systems zu den überlagerten Systemen. Der Defacto-Standard hierfür ist Ethernet mit dem TCP/IP Protokoll. Die Ausführung dieses Kommunikationsmediums ist nicht redundant.

3.4.4 SCADA Systeme

Wie schon angedeutet sind die Aufgaben und Funktionen der vorgestellten Konzepte und Technologien ineinander verzahnt bzw. fließend. Die Systeme sind aus unterschiedlichen Ansätzen und Branchen heraus entstanden und über die Jahre gewachsen.

Unter Überwachung, Steuerung und Datenerfassung, in Englisch Supervisory Control and Data Acquisition (SCADA) genannt, wird das Konzept zur Überwachung und Steuerung technischer Prozesse verstanden. Das System beinhaltet eine Mensch-Maschine-Schnittstelle zur Anzeige von Prozessbildern und zur Eingabe von Sollvorgaben etc. (Prozessvisualisierung). Darüber hinaus verfügen heute auch diese Systeme über ein umfangreiches Alarm-Management und Möglichkeiten zur Datenarchivierung. Aufgrund der Einsatzgebiete (Fertigungstechnik, Gebäudeleittechnik etc.) sind diese Systeme im Vergleich zu den Prozessleitsystemen selten redundant ausgeführt.

Einzelne Aufgaben werden heute teilweise von MES übernommen, wie Verwaltung von Sollvorgaben, die auftragsspezifisch den SCADA Systemen übermittelt werden. MES übernimmt aus ihnen wieder komprimierte Ist-Daten zur Auswertung und Archivierung. Wie schon erwähnt sind die Übergänge dabei fließend und werden auch von funktional erweiterten SCADA Systemen übernommen.

3.4.5 Simulationssysteme

Mit Modellbildung und Simulation wird ein Problemlösungsprozess von der Realität auf ein abstrahiertes Abbild verlagert und damit gelöst. Als Basis einer Simulation wird ein Modell der Realität, eines Systems, eines Gegenstandes etc. benötigt. Deswegen ist vorab eine Modellfindung notwendig. Wird ein neues Modell entwickelt, spricht man von einer Modellierung. Ist ein vorhandenes Modell geeignet, um Aussagen über die zu lösende Problemstellung zu machen, müssen lediglich die Parameter des Modells entweder hinsichtlich der Ist-Situation oder einer gewünschten Zielsituation eingestellt und ggf. geeignet variiert werden. Das Modell, respektive die Simulationsergebnisse können dann für Rückschlüsse auf das Problem und seine Lösung genutzt werden (siehe Abbildung 3.5). Daran können sich, sofern stochastische Prozesse simuliert wurden, statistische Auswertungen anschließen.

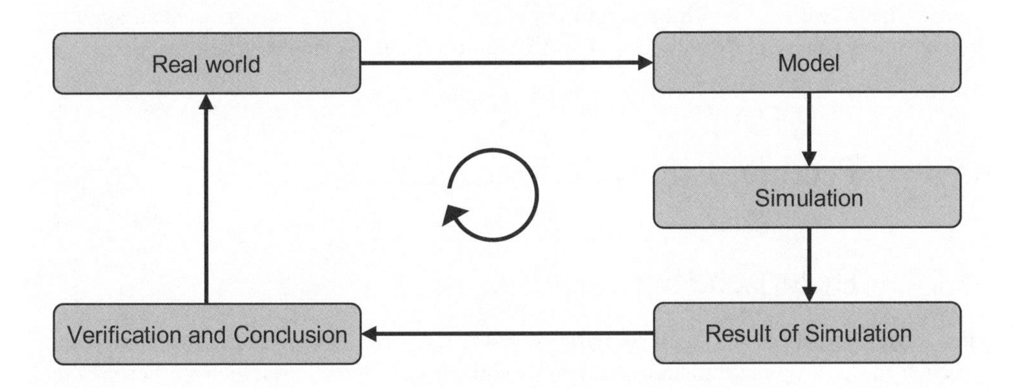

Abbildung 3.5: Geschlossener Kreislauf der Modellbildung und Simulation.

Durch die Simulation können Erkenntnisse über Systeme erlangt werden, die in der Realität nicht oder nur mit wesentlich höherem Aufwand experimentierbar sind. Gründe hierfür sind:

- Systemverhalten zu langsam, zu schnell (z. B. Kernreaktionen, Kontinentaldrift)
- System zu groß, zu klein (z. B. Galaxien, Atome)
- reales System nicht verfügbar (z. B. Fusionsprozess)
- bzw. nicht existent (z. B. zu entwickelndes Produkt)
- reales System würde stark gestört (z. B. Börse) bzw. zerstört werden (z. B. Crashtest)
- reales System zu teuer (z. B. Luft- und Raumfahrttechnik)
- Versuchsdurchführung zu gefährlich (z. B. Gefahr für Mensch und Ökosystem)

Bei der eigentlichen Simulation werden Experimente an einem Modell durchgeführt, um Erkenntnisse über das reale System zu gewinnen, respektive diese Simulationsergebnisse wieder anschließend auf den realen Sachverhalt zu übertragen.

Im Zusammenhang mit Simulation spricht man von dem zu simulierenden System und von einem Simulator als Implementierung oder Realisierung eines Simulationsmodells. Letzteres stellt eine Abstraktion des zu simulierenden Systems dar.

Auch in der Automatisierungstechnik gewinnt die Simulation zunehmend an Bedeutung. Wie in Kapitel 4 bis 6 noch gezeigt wird, spielt diese bei der Planung und Steuerung der Fertigung eine wesentliche Rolle. Beispielsweise können die Auswirkungen erheblich sein, wenn eine bestehende Fertigungsplanung durch einen sog. "Chefauftrag" (neuer Auftrag mit hoher Priorität) kurzfristig abgeändert wird. In einem solchen Fall ist es für die Produktionsverantwortlichen hilfreich, wenn ein MES nicht nur in der Lage ist, einen optimalen Fertigungsplan zu errechnen, sondern auch Szenarien und deren Auswirkungen zu simulieren. So können die Auswirkungen (welcher Auftrag verschiebt sich, Veränderungen der Durchlaufzeit etc.) durch beispielsweise das Einschieben eines Chefauftrages im Vorfeld beurteilt werden.

3.5 Product Lifecycle Management

3.5.1 Historische Entwicklung

In den letzten 15 Jahren hat die Informationstechnik nicht nur Einzug in die Produktion sondern auch in den Entwicklungsprozess von Produkten gehalten. So hat sich in diesem Zeitraum die Produktentwicklung enorm verändert. Noch vor 20 Jahren wurde ausschließlich am Zeichenbrett konstruiert und entwickelt. Der Grundstein von IT gestützter Entwicklung erfolgte in den 80er-Jahren durch die ersten 2D CAD Systeme. Diese waren allerdings bezüglich der Funktionalität und Möglichkeiten ein reines Pendant zum Zeichenbrett. Die Arbeitsmethodik beim Konstruieren blieb unverändert. Die Vorteile dieser Neuerung lagen hinsichtlich Änderungen, Kopieren von Teilkonstruktionen und der Handhabbarkeit der Zeichnungen klar auf der Hand. Hieraus resultierte auch der schnelle Durchbruch dieser Innovation.

Die wirklichen Änderungen bezüglich der Arbeitsmethodik beim Konstruieren kamen erst durch die Verfügbarkeit von leistungsfähigen Rechnern und damit verbunden Möglichkeit zum Konstruieren im dreidimensionalem Raum mit 3D CAD Systemen. Dabei werden die Produkte nicht mehr in verschiedenen Rissen zweidimensional konstruiert sondern direkt als 3D Modell entwickelt. So enthalten sie wesentlich mehr Informationen als herkömmliche Zeichnungen. Beispielsweise werden unerwünschte Verschneidungen zwischen den Zahnrädern und dem Gehäuse bei einer Getriebekonstruktion direkt in der Entwicklungsphase erkannt. Des Weiteren bieten 3D Modelle eine Vielzahl weiterer Möglichkeiten bei Simulation und Fertigung.

Während es in den 80er-Jahren durchaus noch üblich war, die mit CAD erstellten Konstruktionszeichnungen wie bisher auf Papier zu archivieren, war mit der Einführung vom 3D CAD bezüglich der Methoden zur Archivierung ein Paradigmenwechsel erforderlich. 3D Modelle können sinnvoll nur digital verwaltet werden. Um in diesen virtuellen Archiven allerdings noch den Überblick wahren zu können, haben sich in den 90er-Jahren Software-Ansätze zur Archivierung und Managen der Modelle entwickelt. Diese Produktdaten-

Management-Systeme (PDM) haben inzwischen ganzheitlich beim Product-Lifecycle-Management (PLM) Anwendung gefunden und sind somit fester Bestandteil entsprechender Systeme.

Von der Idee über die Entwicklung bis zur Abkündigung eines Produktes entstehen große Mengen an Daten und Dokumenten. Die hierzu erforderlichen Softwaretools zur Generierung und Verwaltung der Informationen haben sich im Laufe der letzten Jahre stark weiterentwickelt. PLM ist ein ganzheitliches Konzept zur IT gestützten Organisation aller Daten des Produkts und Entstehungsprozesses über den gesamten Lebenszyklus hinweg.

3.5.2 Produktmodell

Um die Ansätze des PLM verwirklichen zu können, ist ein integriertes Produktmodell essentiell. Dieses beinhaltet die formale Beschreibung aller Informationen zu einem Produkt über alle Phasen des Produktlebenszyklusses hinweg in einem Modell [VDI 2219]. Hieraus resultiert, dass das PLM Produktmodell als zentrale Drehscheibe alle relevanten Daten des Produktes bereitstellen muss. Zu diesen Daten gehören allerdings zur Abdeckung des Informationsbedürfnisses aller am Lebenszyklus beteiligter Abteilungen und Mitarbeiter nicht nur technische, sondern auch organisatorische Daten. Ein Modell besteht dabei aus verschiedenen Partialmodellen. Diese können einzelne Produktsegmente abbilden oder auch verschiedene Technologien, wie beispielsweise Pneumatik und Hydraulik, beinhalten. Das integrierte Produktmodell führt diese Partialmodelle zu einem gesamten Produktmodell zusammen. Ergänzt wird das Modell dann noch durch globale Struktur- und Stammdaten. Die formale Beschreibung ist notwendig, da alle gängigen PDM Systeme und standardisierten Austauschformate, wie z. B. STEP (Standard for the Exchange of Product Data, [ISO 10303]), auf diesem Konzept aufsetzen.

Kern des Produktmodells ist die Produktstruktur, die in Form einer Baumstruktur mit erweiterten Eigenschaften abgebildet ist. Ein Produkt wird dabei über Baugruppen und Einzelteile aufgeschlüsselt. Die Struktur endet an Teilen, die aus technischer Sicht nicht weiter zerlegbar sind. Unterschiedliche Ausprägungen eines Produktes, die sich nur im Detail unterscheiden, führen nicht zu einer vollständigen Kopie der Struktur. Durch dynamisches Einbinden der relevanten Elemente an die gemeinsamen überlagerten Strukturelemente werden die unterschiedlichen Ausprägungen aus einer Struktur generiert. Die Versionisierung und Varianten werden im Modell als Zusatzinformation mit abgebildet.

3.5.3 Prozessmodell

Der Grundgedanke des PLM beinhaltet nicht nur die globale Verwaltung und das zur Verfügung stellen aller produktrelevanten Daten. Der richtige Umgang mit den Daten ist ein weiterer wesentlicher Bestandteile. Typische produktbezogene Prozesse sind beispielsweise Freigabe- und Änderungsprozesse. Um eine IT basierte Prozesssteuerung zu ermöglichen, müssen alle Vorgehensweisen in einem entsprechenden Prozessmodell formal, unter Berücksichtigung des Informationsflusses und der Verantwortlichen, festgelegt werden.

Betrachtet man die grundsätzliche Struktur eines prozessorientierten Qualitätsmanagement-Systems nach DIN EN ISO 9001:2000 [ISO 9001], so ist die Parallelität der Grundgedanken beider Ansätze signifikant. Bei PLM ist, wie schon erwähnt, der gesamte Prozess von der Produktidee bis zur Abkündigung eines Produktes modelliert, während sich ein QM System nach DIN EN ISO 9001:2000 teilweise nur auf die wichtigsten Prozesse der Herstellung bezieht.

Jedoch kann nicht nur die Realisierung von PLM im Unternehmen vom Qualitätsmanagement profitieren, sondern auch umgekehrt. Eine Zertifizierung nach DIN ISO 9001:2000 ist prozessorientiert aufgebaut und verlang nach formal beschriebenen Prozessen. PLM kann maßgeblich zur Erfüllung dieser Anforderungen im Unternehmen beitragen.

3.5.4 Einführungsstrategien

Bezüglich der Einführungen von PLM Systemen bei Unternehmen findet man ähnliche Berichte in der Fachpresse wie in den 90er-Jahren bei den Einführungen von ERP Systemen. So ist es nicht verwunderlich, dass hauptsächlich Artikel über gescheiterte und überteuerte PLM Einführungen in der Fachpresse zu finden sind. Positive Schlagzeilen über erfolgreiche Einführungen von PLM Systemen sind nur selten zu lesen.

Sowohl Bestrebungen seitens der Software-Hersteller als auch der Universitäten versuchen dem durch geeignete Vorgehensmodelle zur Einführung entgegenzuwirken [ARNOLD ET. AL. 05]. Es lässt sich feststellen, dass es sich bei der Einführung einer PLM Strategie im Unternehmen prinzipiell um ein internes Projekt handelt. Es bietet alle Rahmenbedingungen, die den Projektstatus rechtfertigen. Folgende Faktoren spielen dabei eine Rolle:

- Es sind viele, wenn nicht sogar alle Abteilungen betroffen, deren vielschichtige Anforderungen berücksichtigt werden müssen.
- Das interne Projektteam setzt sich aus Mitarbeitern verschiedener Bereiche zusammen.
- Externe Zulieferer und Dienstleister sind einzubinden.
- Es werden nicht unerhebliche interne Ressourcen an Zeit und Kapital benötigt. Diese sind im Vorfeld rechtzeitig einzuplanen und die Mitarbeiter vorab über das Vorhaben zu informieren.

Um in diesen Rahmenbedingungen erfolgreich zu arbeiten und die gestellte Aufgabe erfolgreich zum Abschluss zu bringen, sind zumindest die grundlegenden Methoden des Projektmanagements zu beachten. Hierzu zählen:

- Es gibt einen offiziell eingesetzten Projektleiter.
- Die Mitglieder des Projektteams werden für diese Aufgabe offiziell freigestellt.

- Es wird im Team aufgrund der Anforderungen und Ziele ein Projektstrukturplan und ein Phasenplan erstellt.

Selbst nur die Einführung eines PDM Systems erfüllt in der Regel die Rahmenbedingungen eines Projektes und sollte daher auch so gehandhabt werden. Ein pragmatischer Ansatz, in dem trotz Erfüllung der Rahmenbedingungen „einfach angefangen wird", führt fast zwangsweise zu einem deutlich verzögerten Abschluss und erheblichen Mehrkosten wenn nicht sogar zum Scheitern der Einführung.

Allgemein hilfreich für IT Einführungsprojekte, die sich auf die internen Strukturen beziehen, ist ein Projektmentor aus der Geschäftsleitung. Seine Präsenz bei Treffen des Projektteams und bei Projektpräsentationen unterstreicht die Wertigkeit des Projektes.

3.5.5 Berührungspunkte mit MES

Wie in den folgenden Kapiteln noch zu sehen ist, sind die Ansätze, der Grundgedanke und die Bestrebungen bei PLM und MES sehr ähnlich. Ausgangspunkt beider Systeme ist ein gemeinsames Datenmodell, das zum einen alle relevanten Bestandteile abbildet und zum anderen im gesamten System zur Verfügung steht. So kann der PDM Ansatz als essentielle Basis gesehen werden, die sowohl ein PLM System als auch ein MES erst ermöglicht.

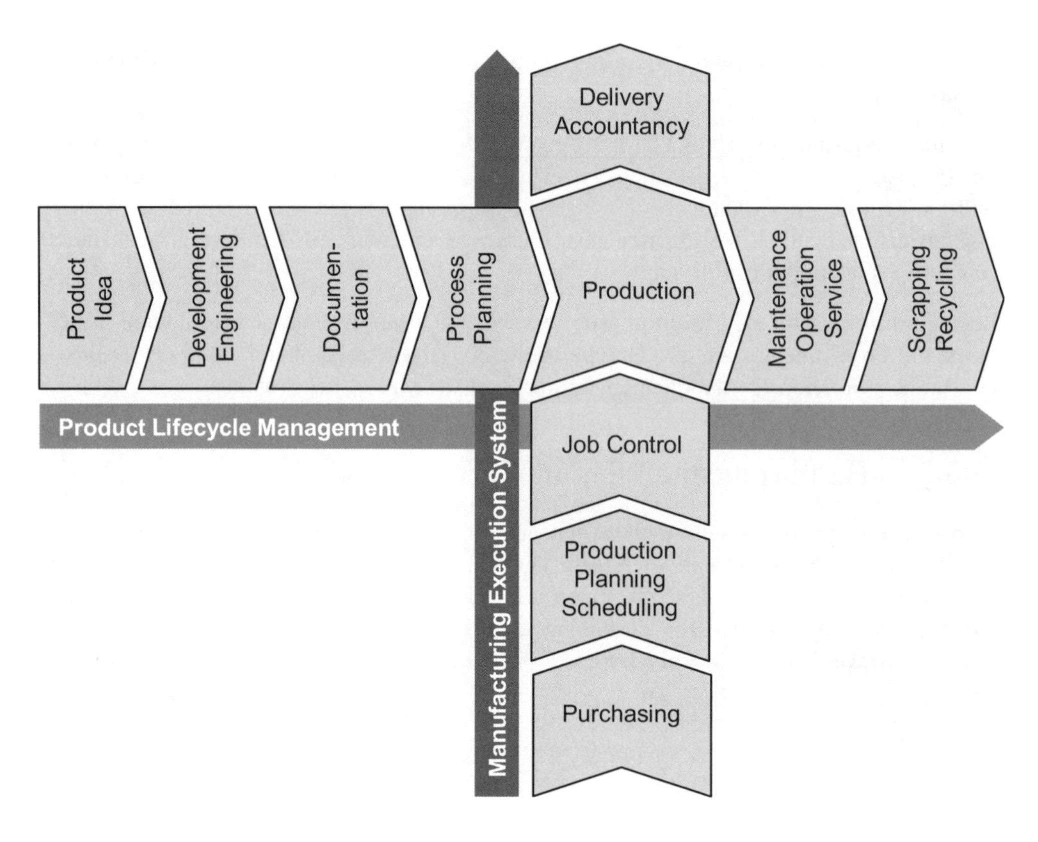

Abbildung 3.6: Konzept des Product Lifecycle Managements [ARNOLD ET. AL. 05].

In Abbildung 3.6 ist horizontal der gesamte Lebenszyklus eines Produktes von der Idee bis zur Verschrottung abgebildet. Wie in den vorhergehenden Kapiteln detailliert gezeigt wurde, beinhaltet der PLM Ansatz alle diese Phasen. Orthogonal dazu ist der Workflow eines MES angedeutet. Aufgrund der Komplexität wurde auf eine Darstellung aller Bausteine verzichtet.

Wie zu sehen ist, gibt es in der Phase der Produktion eine Überschneidung beider Systeme. Folgendes Beispiel soll dies anschaulich verdeutlichen:

Auf Basis eines oder mehrerer Kundenaufträge, die in das ERP System durch den Vertrieb eingegeben wurden, wird durch das MES ein Fertigungsauftrag mit Losgröße, Start- und Enddatum etc. geplant. Beim Einrichten der Maschine stellt der Arbeiter fest, dass aufgrund Toleranzabweichungen zur Fertigung des Produktes Änderungen am NC Programm notwendig sind. Diese werden aber im Normalfall auf Basis eines CAM Modells generiert, das wiederum aus einer CAD Zeichnung abgeleitet ist. Um sicherzustellen, dass die Änderungen dauerhaft Berücksichtigung finden, ist nicht nur die Anpassung des NC Programms beim Auftrag notwendig, sondern auch eine Einspeisung der Information in die Konstruktionsabteilung. Dieser Workflow wiederum wird durch das PLM abgebildet.

Wie anhand des Beispiels gezeigt wurde, gibt es nicht nur Berührungspunkte zwischen PLM und MES sondern auch Überschneidungen beider Systeme. Inwieweit diese durch einen gemeinsamen Systemansatz lösbar sind, wird im Kapitel 11 Visionen näher betrachtet.

3.6 Zusammenfassung

Die Analyse der relevanten Normen und Richtlinien zeigt, dass einige Ansätze zum Themengebiet MES vorhanden sind. Allerdings hat eine nähere Betrachtung auch ergeben, dass alle Werke zu einem erheblichen Teil auf ISA S88 und S95 beruhen. Die Empfehlungen der aufgeführten Interessengruppierung vermitteln auch wenig neuen Inhalt. Kern sind hier die Empfehlungen der MESA mit ihren 11 Bausteinen, die durch ISA entsprechend verfeinert spezifiziert wurden.

Die Betrachtung der benachbarten Gebiete hat ergeben, dass Überschneidungen der Systeme vorliegen. Ansätze, wie beispielsweise zur Simulation, spielen auch im Umfeld der Fertigungs- und Prozesstechnik eine wichtige Rolle und sollen daher auch bei MES Berücksichtigung finden.

Zum Abschluss des Kapitels 3 wurde näher auf das PLM Konzept eingegangen. Die Ansätze, wie beispielsweise eine gemeinsame Datenbasis, und teilweise auch die Funktionen sind dabei ähnlich zum MES. Eine Überschneidung beider Systeme im Bereich der Produktion ist gegeben.

4 Kernfunktion – produktionsflussorientiertes Design

4.1 Systemübergreifende Zusammenhänge

4.1.1 Einordnung im Gesamtsystem

Im Kapitel 2 wurde bereits die Aufteilung der MES Funktionen in drei Kernprozesse wie folgt vorgeschlagen:

- Manufacturing Flow Design
  Datentechnisches Abbild der Produkte (**Produktdefinition**) mit den Produktionsflüssen (**Arbeitspläne**) sowie aller zur Produktion benötigten Ressourcen.
- Manufacturing Flow Planning
  Planung des Produktionsablaufs in Form von Produktionsaufträgen (im Folgenden einheitlich „Auftrag" genannt) und Planung der benötigten Ressourcen.
- Manufacturing Flow Execution
  Durchführung (Steuerung) der geplanten Aufträge und Erfassen/Archivieren der entstehenden Daten.

Die drei Kernprozesse sind in diesem (Design) und in den folgenden Kapiteln (Kapitel 5 - Planung, Kapitel 6 - Durchführung) näher beschrieben. Das Produktionsdatenmodell beinhaltet eine vollständige Beschreibung des Produktes, also die eigentliche **Produktdefinition**, und davon ausgehend die benötigten Ressourcen und eine Beschreibung der Produktionsumgebung (im Wesentlichen Maschinen und Anlagen). Der Detaillierungsgrad des Datenmodells ergibt sich auch aus den Anforderungen an den Planungs- bzw. Durchführungsprozess. Z. B. kann eine „Rüstzeitoptimierung" im Planungsprozess nur durchgeführt werden, wenn auch die Rüstzeiten für alle Maschinen und Anlagen je Artikel in der Datenbank hinterlegt sind; eine effektive Kostenkontrolle kann nur stattfinden, wenn für alle benötigten Ressourcen Planungskosten und im Arbeitsplan die Belegungszeiten dieser Ressourcen vorhanden sind.

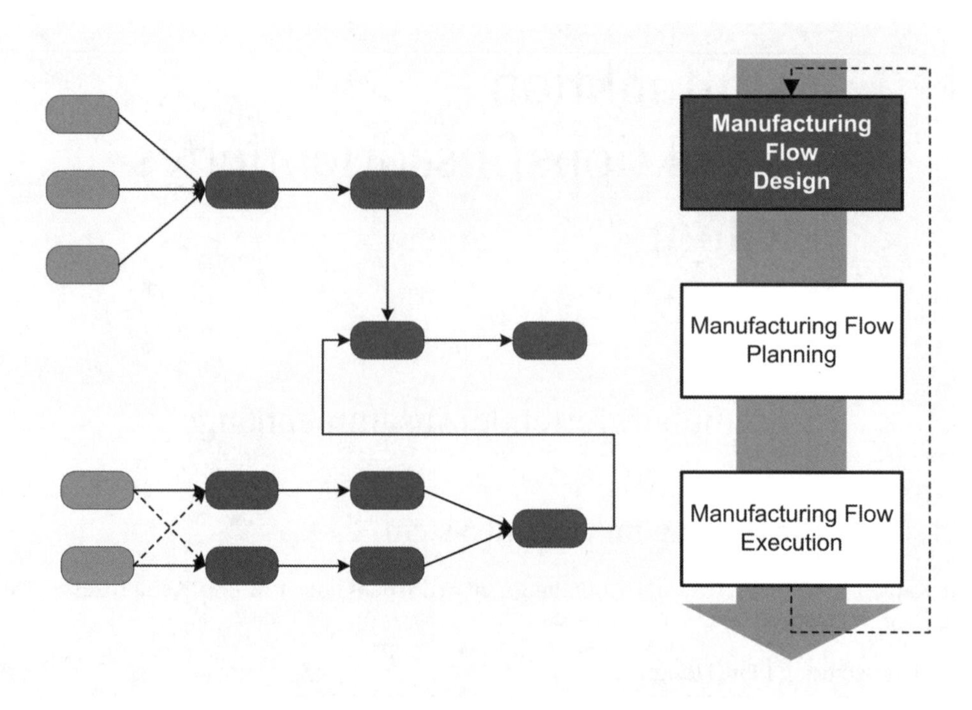

Abbildung 4.1: Einordnung der Kernfunktion „Design" in die drei Hauptprozesse des MES.

4.1.2 Allgemeines und vollständiges Datenmodell

Für ein allgemeingültiges und einheitliches Produktionsdatenmodell gibt es wenige normative Grundlagen oder standardisierte Vorbilder. ISA [ISA 95-1, Seite 23] definiert z. B. eine „Equipment hierarchy" für die hierarchische Einbindung von Arbeitsplätzen/Maschinen in Produktionslinien etc. Doch die physikalische und organisatorische Struktur der Produktionseinrichtung ist nur ein kleiner Teil des angestrebten Produktionsdatenmodells. Nachfolgend wird in diesem Kapitel ein Vorschlag für ein vollständiges Datenmodell, das alle Belange der Produktion berücksichtigt, dargestellt.

Folgende Aspekte müssen durch adäquate Objekte in der Datenbasis von MES abgebildet werden:

- **Daten zur Produktdefinition** mit dem **Arbeitsplan** als zentralen Kern.

Im **Arbeitsplan** wird festgelegt „Was“ und „Wie“ produziert werden soll. Außerdem werden die benötigten Ressourcen – also „Womit“ soll produziert werden – zugeordnet.

- Beschreibung der Produktionsumgebung und Ressourcen („Womit“ wird produziert)
  - Maschinen, Anlagen, und Arbeitsplätze
  - Personalressourcen
  - Betriebsmittel, wie z. B. Werkzeuge, Transportmittel
  - Material und Vorprodukte
  - Dokumente und Daten zur Produktbeschreibung bzw. Produktionssteuerung
- System- und Hilfsdaten, wie z. B. Mengeneinheiten
- Daten zum Durchführungsprozess (was ist das „Ergebnis“ der Produktion)
  - Auftragsdaten
  - Produktionsdaten
  - Betriebs- und Maschinendaten
  - Leistungsdaten

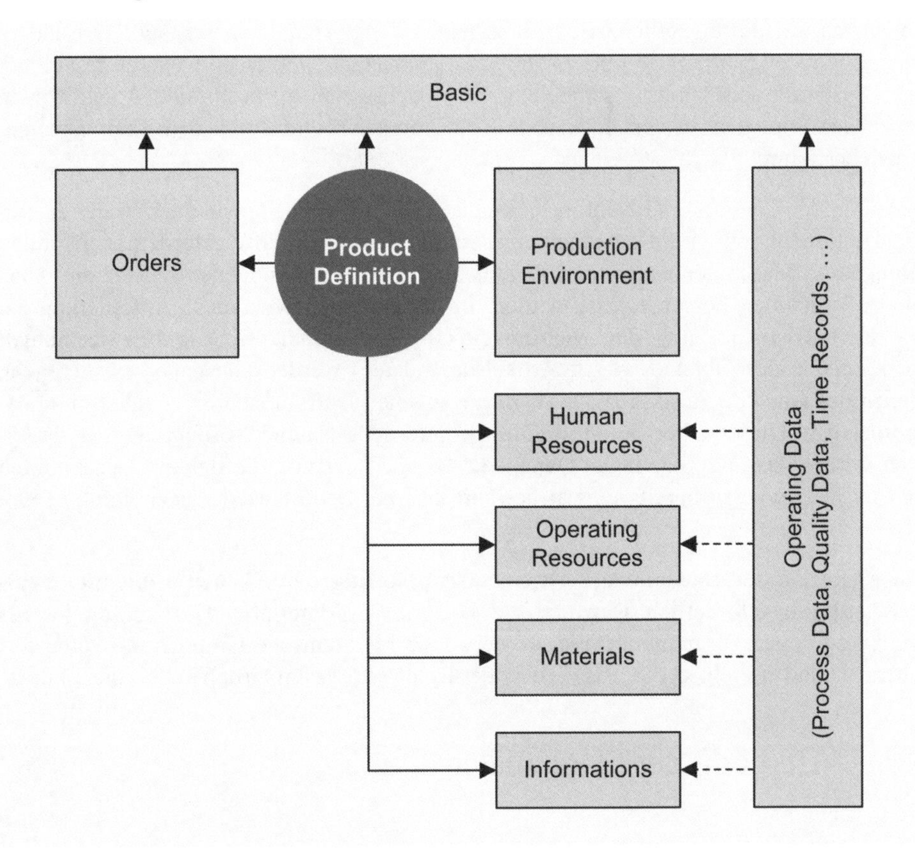

Abbildung 4.2: Grobstruktur eines allgemeinen Datenmodells für MES.

Auch ein ausgereiftes und durchdachtes Datenmodell kann nicht alle denkbaren Aspekte und Eigenschaften der verschiedensten Produktionsumgebungen berücksichtigen. Die Basisstruktur mit den Grundobjekten muss deshalb um **zusätzliche Eigenschaften** erweitert werden können. Diese **erweiterten Eigenschaften** sollten durch Parametrierung im Projekt zugefügt und damit wie andere projektspezifische Systemparameter in der Datenbank gespeichert werden können. Durch dieses Konzept erhält MES die geforderte Flexibilität und behält trotzdem den Charakter eines updatefähigen „Standardprodukts". Das hier skizzierte Konzept der **erweiterten Eigenschaften** betrifft nicht nur die Datenbank. Die zusätzlichen Eigenschaften müssen auch in der Bedienoberfläche des Systems erscheinen – und zwar ohne aufwendige Programmier- und Anpassungsarbeiten.

Ein weiterer wichtiger Aspekt des Datenmodells ist die Berücksichtigung von **mehrsprachigen Anwendungen**. Einerseits sollte das Basissystem bereits mehrere Sprachen unterstützen – andererseits müssen auch alle Objekte und Elemente, die als Systemparameter zugefügt werden, im Sprachkonzept berücksichtigt sein. Die Anforderung „Mehrsprachigkeit" wirkt sich nicht nur auf die eigentliche Bedienoberfläche des Systems sondern auch auf andere Benutzerschnittstellen wie SMS oder E-Mail aus. Unabhängig von einer eventuell fest eingestellten „Systemsprache" muss es möglich sein, Nachrichten an bestimmte Adressaten in verschiedenen Sprachen zu verschicken, d. h. die Sprache wird durch den Empfänger der Nachricht bestimmt.

Besonders in der Chemie- und Nahrungsmittelindustrie aber zunehmend auch in der diskreten Stückgutproduktion wird die **Aufzeichnung aller Bedieneingriffe** gefordert. Z. B. sollen Änderungen an Maschinenparametern, Rezepten oder Artikelstammdaten mit Datum, Uhrzeit und der änderten Person erfasst werden. Im Datenmodell wird diese Anforderung am Besten durch **Historisierung der wichtigsten Objekte** erreicht. D. h. neben der aktuell gültigen Version des Objektes (z. B. Artikelstammdaten) werden alle davor existierenden Versionen des Objektes (also z. B. die vorangegangenen Definitionen der Artikelstammdaten) gespeichert. Diese Historisierung erfüllt die geforderte Nachweispflicht und hat zusätzlich den Vorteil, dass alte Stände der Objekte (z. B. eine Rezeptur, die sich unter bestimmten Umgebungsbedingungen bereits einmal bewährt hat) bei Bedarf wieder „aktiviert" werden können.

Für viele Objekte des Datenmodells ist eine **Gruppierung der Elemente mit hierarchischer Gliederung** erforderlich. Das betrifft z. B. Personal, Material und Artikel, die jeweils in Ordnungsgruppen zusammengefasst werden. Eine hierarchische Gruppierung verbessert die Übersicht und erleichtert die Auswertung der Daten mittels auf Gruppen bezogene Filter.

4.1.3 Herkunft der Stammdaten

Import von Stammdaten
Die Grundparametrierung des Systems enthält in jedem Fall einige Stammdaten, wie z. B. Struktur und Bezeichnungen der Produktionsanlagen oder Artikelstammdaten, die eventuell

aus anderen Systemen oder einem MDM importiert werden können. Dafür ist eine flexible Importschnittstelle erforderlich. Der Import sollte manuell durch den Anwender getriggert werden können oder einstellbar zyklisch erfolgen. Die importierten Basisdaten werden meist durch MES interne Definitionen erweitert. Deshalb muss die Importfunktion sicherstellen, dass bereits importierte und im MES ergänzte Datensätze nicht beim nächsten Import überschrieben werden. Eine weitere Anforderung an das Importkonzept ist, dass nicht nur Daten aus definierten Quellen auf Zielfelder 1:1 abgebildet sondern durch Kombination und Auswertung der importierten Daten auch neue Daten erzeugt werden können. Ein einfaches Beispiel dazu ist der Import von Textlisten für ein Alarmsystem. Für diese Importfunktion ist es hilfreich, aus bestimmten Textbestandteilen (z. B. Text enthält „*Not“) eine „Störklasse“ (z. B. Klasse „Not-Aus“) ableiten zu können.

Dynamisches Anlegen von Stammdaten

Dieses Konzept ist eng mit der oben beschriebenen Importfunktion verbunden. Die Stammdatensätze werden „on demand“, also beim ersten Bedarf erzeugt. Der Import erfolgt damit nicht in einem definierten Job, der eine bestimmte Anzahl von Datensätzen anlegt, sondern jeweils einzeln Datensatz für Datensatz. Bezogen auf das oben erwähnte Beispiel „Alarmsystem“ muss der Text und die Störklasse einer „Alarmmeldung“ (also die Konfiguration dieser Meldung) angelegt werden, wenn die Meldung das erste Mal auftritt. Damit parametriert sich das System selbstständig und der Pflegeaufwand wird minimiert. Voraussetzung dafür ist allerdings, dass die Datenquelle, also der Teilnehmer der das Objekt grundsätzlich verwaltet, die geforderten Informationen an das MES übergibt. Im obigen Beispiel muss also ein aussagekräftiger Alarmtext an das System übergeben werden.

Manuelle Pflege der Stammdaten

Unabhängig von den zuvor beschriebenen automatisierten Möglichkeiten des Imports wird in jedem Fall eine manuelle Pflege der Daten benötigt. Alle Stammdatensätze müssen erzeugt, geändert und gelöscht werden können.

4.2 Datenmodell zur Produktdefinition

4.2.1 Relevante Begriffe

Das Ziel der Produktion ist die zeitgerechte und kostengünstige Herstellung der **Artikel** mit höchster Qualität – **damit wird die Produktdefinition zum Kernthema von MES**. Die Stammdaten der Artikel werden, sofern ein ERP oder PLM System vorhanden ist, in diesen Systemen angelegt und verwaltet. Nach Import der Artikelstammdaten in das MES werden die Produktdefinitionsdaten für die Belange des MES erweitert. Insbesondere wird im MES ein detaillierter **Arbeitsplan** für jeden Artikel benötigt. Im **Arbeitsplan** wird festgelegt

„Was“ und „Wie“ produziert werden soll. Außerdem werden die benötigten Ressourcen – also „Womit“ soll produziert werden – angegeben. Die wichtigsten Begriffe in diesem Zusammenhang sind im Folgenden nochmals kurz definiert:

- **Artikel/Artikelgruppen**
  Der Artikel ist das Produkt, das im Arbeitsplan der Produktion mit dem Einsatz von verschiedenen Ressourcen erzeugt wird. In einer Produktion können unterschiedliche Artikel in verschiedenen Varianten gefertigt werden. Die Artikel können in hierarchische Artikelgruppen gegliedert werden.
- **Variante**
  Varianten (oder Typen) von Artikeln werden mit dem gleichen Arbeitsplan und den gleichen Ressourcen wie der "Stammartikel" gefertigt, d. h. die Arbeitsgänge und der Arbeitsplan können gemeinsam genutzt werden. Unterschiede bestehen lediglich in Details der Arbeitsgänge. Hier können für Varianten z. B. unterschiedliche Materialien, andere Farbe, unterschiedliche Mengen oder unterschiedliche Arbeitsanweisungen angegeben werden.
- **Arbeitsgang**
  Ein Arbeitsgang ist ein definierter Teil des Produktionsprozesses, der als Teil des artikelbezogenen Arbeitsplans mit einer Maschine/Anlage (Arbeitsgang-Maschinen-Kombination) verknüpft wird.
- **Arbeitsplan**
  Im Arbeitsplan ist eine Folge von Arbeitsgängen und deren Verknüpfung mit Maschinen festgelegt. Diese Folge kann auch Alternativzweige und bedingte Schleifen enthalten. Der tatsächliche Weg der Produktionseinheit (welcher Alternativzweig gewählt wird) wird erst in der Feinplanung des Auftrages festgelegt. Der Arbeitsplan wird je Artikel definiert und gilt auch für dessen Varianten.
- **Stückliste**
  Eine Stückliste enthält die definierbaren Einzelteile eines Artikels in Form einer hierarchischen Liste. Diese Einzelteile können Rohmaterialien oder Vorprodukte sein. Intern gefertigte Vorprodukte werden ebenfalls als Artikel im MES abgebildet. Extern gefertigte Vorprodukte („Kaufteile“) werden wie ein Rohmaterial behandelt.

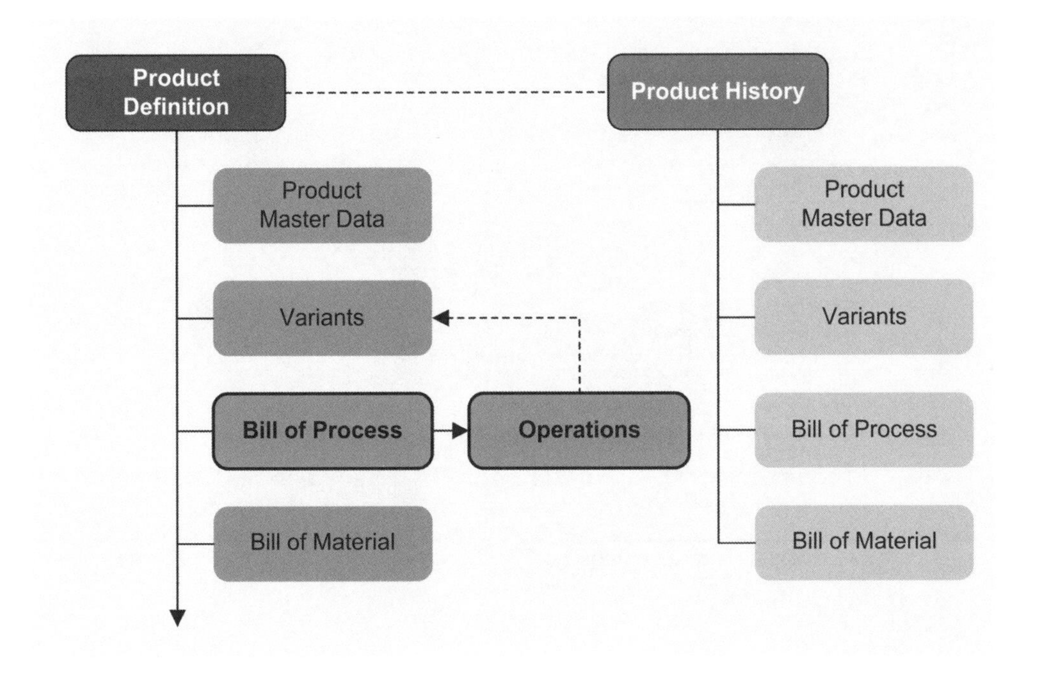

Abbildung 4.3: Die Hauptobjekte zur Produktdefinition.

4.2.2 Der Arbeitsgang

Überblick

Der Arbeitsgang ist eine Tätigkeit bzw. ein Prozess und stellt einen definierten Teil im Entstehungsprozess des Produktes dar. Beispiele dafür sind Erhitzen, Mischen, Ziehen, Walzen, Bohren, Drehen, Polieren, Transportieren oder Prüfen. Ein Arbeitsgang ist dabei unabhängig von einem Ort, also einer Maschine, Anlage oder einem Handarbeitsplatz. Die Verknüpfung zwischen Arbeitsgängen und Maschinen, Anlagen oder Stationen (siehe Kapitel 4.3.1 Beschreibung der Produktionsumgebung) erfolgt erst im **Arbeitsplan**. Man spricht bei dieser Verknüpfung von einer „Arbeitsgang-Maschinen-Kombination“ bzw. von einer **Arbeitsfolge**. Im allgemeinen Sprachgebrauch wird eine Arbeitsfolge, also eine Arbeitsgang-Maschinen-Kombination, oft ebenfalls als Arbeitsgang bezeichnet.

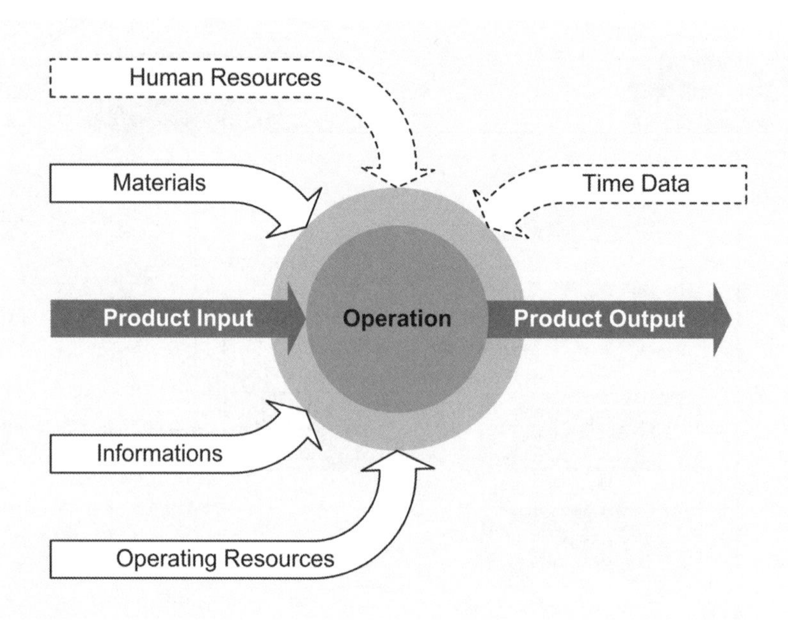

Abbildung 4.4: Der Arbeitsgang als definierter Teil des Produktionsprozesses und die zugeordneten Daten/Ressourcen.

Im Arbeitsgang wird, wie oben dargestellt, unter Einsatz von **Material**, **Betriebsmitteln** und **Informationen** ein Produktionsschritt ausgeführt. **Zeitdaten** und die benötigten **Personalressourcen** sind auch abhängig von den im Arbeitsplan zugewiesenen Maschinen, Anlagen oder Arbeitsplätzen. Deshalb können diese im Arbeitsgang definierten Daten noch bei der Bearbeitung des Arbeitsplans, in der Arbeitsfolge (Kombination aus Maschine/Arbeitsplatz und Arbeitsgang) geändert werden.

Basisdaten des Arbeitsgangs

Im Arbeitsgang wird ein Schritt des Produktionsprozesses vollzogen, d. h. aus einem definierten Input wird durch eine Tätigkeit oder einen Prozess ein definierter Output erzeugt. Dieser Prozess kann auch die Produktionseinheit beeinflussen. Die Produktionseinheit vor dem Arbeitsgang (z. B. x Meter einer Rollenware) kann durch den Arbeitsgang (z. B. „Schneiden") geändert werden (z. B. y Stück des Artikels). Diese **„Transformation" der Produktionseinheit** (und damit der Mengeneinheit) muss abgebildet werden können. Ein Arbeitsgang wird durch folgende Basisparameter bestimmt:

- Name, Beschreibung
- Tätigkeit/Prozess mit Bezug auf eine allgemeine Liste von vorkommenden Tätigkeiten/Prozessen. Die Wahl einer Tätigkeit/eines Prozesses kann sich auf die restlichen Parameter des Arbeitsgangs auswirken.

- Menge **Input**, Mengeneinheit Input
  Sonderformen findet man hier z. B. bei Mischprozessen, in denen eine so genannte „Ansatzmenge“ durch das mögliche Volumen des Mischers bestimmt wird oder bei der Bearbeitung von Rollenmaterial.
- **Transformation** durch Arbeitsgang mit Berücksichtigung von „Toleranzen“ (z. B. Änderungen des Volumens durch Entzug von Feuchtigkeit) und „Schwund“ (z. B. Verschnitt).
- Menge **Output**, Mengeneinheit Output
- Kennung „Durchmischung“. Dies bedeutet, das eingesetzte Materialien als Input vom vorhergehenden Arbeitsgang nicht mehr unterscheidbar sind (z. B. Mischprozess). Danach können nur noch Aussagen über die prozentuale Zusammensetzung gemacht werden.
- Parameter zur Kostenbetrachtung
  Geht der Artikel nach dem Arbeitsgang in ein Produktionslager (das Lager kann auch als Arbeitsgang abgebildet werden), entstehen spezifische **Lagerkosten**. Die Angabe der Lagerkosten erfolgt bezogen auf die Menge und Zeit (z. B.: Kosten je Stück und Stunde). Im Sinne des Gedankens „Activity-based Costing” (siehe Kapitel 2) werden die **Gemeinkosten** der Produktion auf Aktivitäten also auf Arbeitsgänge verteilt. Der Anteil an den Gemeinkosten des Produkts kann als Verhältnis zwischen der Anzahl der Aktivitäten im Arbeitsgang zur Gesamtanzahl der Aktivitäten definiert werden. Z. B. können die **Materialgemeinkosten** aus der Anzahl der eingesetzten Materialien abgeleitet werden: Sind im Produkt z. B. insgesamt fünf gleichwertige Materialien enthalten und eines dieser Materialien wird im Arbeitsgang eingesetzt, so beträgt der Materialgemeinkostenanteil 20%. Nach dem gleichen Prinzip kann die Ermittlung von **Qualitätsgemeinkosten** (über die Zahl der Prüfmerkmale), **Servicegemeinkosten** (über die Zahl der Betriebsmittel) und anderer Gemeinkostenarten erfolgen.

Zeitdaten zum Arbeitsgang

Der Verband REFA (REFA Bundesverband e.V. Verband für Arbeitsgestaltung, Betriebsorganisation und Unternehmensentwicklung) definiert im Rahmen der Betriebsorganisation verschiedene „Zeitarten“ und die zugehörigen Ermittlungsmethoden. Diese Betrachtungsweise wurde in viele MDE und ERP Systeme übernommen und damit de facto zum Standard. Für die Belange eines MES sind vor allem folgende Zeitarten von Bedeutung:

- **t_e = Fertigungszeit** (auch als „Zeit je Einheit“ oder „Vorgabezeit“ bezeichnet). Es wird unterschieden zwischen einer mengenunabhängigen und mengenabhängigen Fertigungszeit (auch beide Typen in einem Arbeitsgang sind möglich). Wird ein Arbeitsgang für eine Transporttätigkeit definiert entspricht die Fertigungszeit der „Transportzeit“.
- **t_r = Rüstzeit** – in verfahrenstechnischen Prozessen ist der Begriff „Rüstzeit“ nicht gebräuchlich. Hier spricht man z. B. von „Reinigungszeit“ oder Vorbereitungszeit. Die Rüstzeit ist unabhängig von der produzierten Menge.
- **t_a = Auftragszeit** = $t_r + t_e$ x· Menge

Unter Umständen sind noch die Angaben zur „Maschinentaktzeit" und „Personalzeit" als Ergänzung zur Fertigungszeit (t_e) sinnvoll.

Bei Produkten mit chemischen Reaktionen oder Trocknungsvorgängen kommt es vor, dass Arbeitsgänge eine **Mindestzeit** besitzen. Erst nach Ablauf dieser Mindestzeit darf der nächste Arbeitsgang starten. Ein Beispiel dafür ist die „Reifezeit" bei Molkereiprodukten.

Einsatz von Personal
Der Personalbedarf wird im Arbeitsgang nur grob festgelegt, d. h. es wird eine **Anzahl** von Mitarbeitern für jede Zeitart (Rüsten und Fertigen) angegeben, die bezogen auf die Zeitdaten erforderlich ist. Zusätzlich wird noch die benötigte Qualifikation (Skill) des Personals und eine Lohnart (Wage group) spezifiziert. Welches und wie viel Personal tatsächlich eingesetzt wird, kann im Arbeitsplan (im Zuge der Verknüpfung des Arbeitsgangs mit einer Maschine) und laufend im Rahmen der operativen Auftragsplanung, unter Berücksichtigung der tatsächlich verfügbaren Personalressourcen, ermittelt bzw. festgelegt werden.

Einsatz von Material
Die Definition des Materialeinsatzes erfolgt mit Bezug auf die Basismengeneinheit des Artikels (z. B. 1 Stück, 1 kg, 100 Liter, …) im Arbeitsgang. Im Durchführungsprozess hängt dann die tatsächlich eingesetzte Menge von der Größe der Produktionseinheit (z. B. 1 Stück, 150 kg, 2500 Liter, …) ab. Es wird zwischen folgenden Materialtypen unterschieden:

- Rohmaterial/Kaufteile (extern produzierte Artikel)
  In jedem Arbeitsgang kann eine Liste von eingesetzten Materialien mit Angabe einer Menge bezogen auf die Basismengeneinheit definiert werden. Das Material wird über die Materialnummer und einen Namen gewählt (Verweis auf die bereits über das Materialmanagement definierten Materialien). In verfahrenstechnischen Prozessen ist diese Liste meist ein Teil einer Rezeptur. D. h. anstelle einer Liste von einzelnen Materialien wird ein **Rezept** (Materialien inklusive Prozessbeschreibung in Form eines Ablaufplans) am Arbeitsgang definiert. Die operative Auftragsplanung muss den vorhandenen Materialbestand prüfen und bei der Planung berücksichtigen.

- Vorprodukte (intern produzierte Artikel)
  Wenn eigengefertigte Artikel als „Material" im Arbeitsgang benötigt werden, kann ebenfalls eine Liste von eingesetzten Artikeln mit Angabe der Menge bezogen auf die Basismengeneinheit definiert werden. Der Artikel wird über die Artikelnummer und einen Namen gewählt (Verweis auf die Artikelstammdaten). Der Planungsprozess (operative Auftragsplanung) muss diese „Prozesskette" auflösen, eigengefertigte Artikel erkennen und für diese Artikel getrennte Produktionsaufträge eröffnen bzw. planen.

Der Einsatz von bestimmten Materialien bzw. Artikeln kann zeitlich begrenzt sein. Diese zeitliche Beschränkung kann über zwei Datumsangaben „Einsatz möglich von...“/„Einsatz möglich bis…“ angegeben werden.

Einsatz von Betriebsmitteln

Wie beim Material erfolgt der Einsatz von Betriebsmitteln bezogen auf die Basismengeneinheit des Arbeitsgangs. Es können ebenfalls mehrere Betriebsmittel je Typ in Form einer Liste mit Verweis auf die Stammdaten des Ressourcenmanagements angegeben werden:

- Werkzeuge
  Für den Einbau oder Ausbau von Werkzeugen ist es oft erforderlich, Wartungs- oder Bedienungsanleitungen zu verknüpfen.
- Transportmittel
  Durch die operative Auftragsplanung wird die Kapazität der Transportmittel über die Basismengeneinheit mit der Menge der Produktionseinheit (definiert im Auftrag) in Beziehung gesetzt und verknüpft. Damit kann der Planungsprozess den Bedarf an Transportmitteln eruieren.
- Verpackungen
  Vorgehen in der operativen Auftragsplanung wie beim Transportmittel
- Messmittel
  Für den Einsatz von Messmitteln sind oft Bedienungsanleitungen erforderlich.

Zuordnung von Informationen und Dokumenten

Arbeitsanweisungen, Verfahrensanweisungen und Prüfpläne (siehe Kapitel 4.3.5 Informationen und Dokumente) können mit dem Arbeitsgang verknüpft werden. Für jedes Dokument ist zu unterscheiden, wie die Informationen verwendet werden sollen:

- Informativer Charakter
  Informationen und Hinweise für den Werker werden im Durchführungsprozess nur wahlweise visualisiert. Der Werker erhält einen Hinweis auf die Information, ist aber nicht gezwungen diese zu lesen, sofern er mit dem Inhalt vertraut ist.
- Quittierpflichtige Information
  Die Informationen werden im Durchführungsprozess immer zur Anzeige gebracht. Der Werker muss die Information quittieren.
- Ausführung einer Tätigkeit und Quittung
  Die Informationen werden im Durchführungsprozess immer zur Anzeige gebracht. Der Werker muss die Instruktionen ausführen und danach quittieren. Prüfpläne oder Nacharbeitsprotokolle gehören immer zu dieser Gruppe.

Erzeugen von Varianten im Arbeitsgang

Die möglichen Varianten des betrachteten Arbeitsgangs werden mit Verweis auf die Variantenliste des Artikels (Teil der Artikelstammdaten) angegeben. Dies sind in der Regel Varianten beim Materialeinsatz, wie z. B. Farbvarianten eines Artikels oder Rohmaterialien von verschiedenen Lieferanten. Die Varianten können sich somit auch auf Betriebsmittel und Dokumente auswirken.

4.2.3 Der Arbeitsplan

Überblick

Der Arbeitsplan (Bill of Process) ist das zentrale Steuerungsinstrument der Produktion. In ihm werden die einzelnen Schritte des Produktionsablaufs je Artikel in Form von „Arbeitsgang-Maschinen-Kombinationen", nachfolgend als **Arbeitsfolge** bezeichnet, definiert. Folgende Angaben definieren eine Arbeitsfolge:

- Folgenummer
  Mit der Folgenummer werden die Arbeitsfolgen innerhalb eines Arbeitsplans eindeutig gekennzeichnet. Die Verwendung von Hunderter-Abständen (Folgenummer 100, 200, 300, etc.) ist in vielen Systemen vorhanden und hat den Vorteil, dass alternative oder parallele Arbeitsfolgen leicht in das Nummernschema eingeordnet werden können.
- Arbeitsgang
  Mit dem Arbeitsgang wird die „**Tätigkeit**" bzw. der **„Prozess"** (also **was** wird im Produktionsschritt ausgeführt) und alle zugeordneten Ressourcen und Betriebsmittel (also **wie** wird der Produktionsschritt ausgeführt) definiert. Die Arbeitsgänge sind entweder schon vor der Erstellung des Arbeitsplanes definiert worden oder können im Zuge der Arbeitsplanerstellung angelegt werden.
- Maschine/Anlage/Arbeitsplatz
  Die Verknüpfung mit einer Maschine, einer Anlage oder einem Handarbeitsplatz (folgend einheitlich als Maschine bezeichnet) definiert den **Ort des Arbeitsgangs**, also **wo** der Produktionsschritt ausgeführt wird. Arbeitsgänge können **alternativ** auf mehreren Maschinen (z. B. entweder Maschine A oder B als Notstrategie) oder auch **parallel** auf mehreren Maschinen (Maschine A und B zur Erhöhung des Durchsatzes) ausgeführt werden. Diese alternative oder parallele Bearbeitung wird im Arbeitplan als eigens gekennzeichnete Arbeitsfolge abgebildet. Die Wahl der jeweiligen alternativen oder parallelen Maschine erfolgt im operativen Planungssystem oder erst im Durchführungsprozess, abhängig von den aktuellen Gegebenheiten.
- Angabe von Vorgänger- bzw. Nachfolgebeziehungen
  Zur Abbildung des Produktionsflusses werden noch Angaben über die Reihenfolge der Arbeitsfolgen benötigt. Eine einfache Methode zur Abbildung der Reihenfolge ist die Angabe des jeweiligen „Vorgängers".

AFO	Arbeitsgang	Maschine	P	A	von AFO
100	Schneiden Teil A	Bandsäge			
200	Fräsen Teil A	Bearbeitungszentrum 1	P		100
210	Fräsen Teil A	Bearbeitungszentrum 2	P		100
300	Bohren Teil A	Bearbeitungszentrum 3			200
310	Bohren Teil A	Bearbeitungszentrum 4			210
400	Schleifen/Polieren Teil A	Bearbeitungszentrum 5			300
500	Vormontage 1 Teil B	Montageplatz 1			
600	Vormontage 2 Teil B	Montageplatz 2			500
700	Montage Teil A + Teil B	Montageplatz 5			600
800	Prüfen	Kontrollplatz 1		A	700
810	Prüfen	Kontrollplatz 2		A	700

Tabelle 4.1: Beispiel für einen Arbeitsplan mit den grundlegenden Elementen in tabellarischer Darstellung.

Detailangaben zur Arbeitfolge

Neben den oben beschriebenen grundsätzlichen Eigenschaften werden noch einige Details benötigt, die den Arbeitsplan vervollständigen. Diese Eigenschaften sind stark von den Erfordernissen der jeweiligen Produktionsumgebung abhängig und sollten deshalb konfigurierbar sein. Es folgen einige häufig benötigte Angaben:

- Einsatz von Personal
  Der Personalbedarf je Zeitart, also für „Rüsten“ und „Fertigen“, kann schon im Arbeitsgang grob festgelegt worden sein. Durch die Verknüpfung mit einer realen Maschine müssen diese Angaben nun in der Arbeitsfolge präzisiert werden.
- Mengenverhältnis zur nächsten Folge
  Im Normalfall ist die Input-Menge gleich der Output-Menge, das Mengenverhältnis also 1:1. Durch mechanische oder chemische Prozesse bzw. „Schwund“ können sich jedoch auch Änderungen im Mengenverhältnis ergeben. Die Output-Menge wird in diesem Fall z. B. mit 0,95 (also 5% geringer) angegeben.
- Startmenge
  Mit der Startmenge wird angegeben, wann eine Arbeitsfolge bezogen auf den Vorgänger beginnen kann. Diese Angabe ist wichtig für die operative Planung und zur Ermittlung der gesamten Bearbeitungszeit. Z. B. kann in einer Stückgutfertigung die nächste Arbeitsfolge starten, wenn ein Transportbehälter mit Teilen von der Vorgängerfolge angeliefert wurde. Die Startmenge wäre in diesem Fall also gleich der Kapazität des Transportbehälters in Stück. Durch „überlappende“ Bearbeitung der Arbeitsgänge können Durchlaufzeiten entscheidend reduziert werden.

Plankosten

Nach Erstellung des Arbeitsplans stehen die Plankosten für den Artikel fest. Durch Addition aller **Ressourcenkosten** (Personal-, Maschinen-, Material- und Betriebsmittelkosten) und der **Gemeinkosten** (entsprechend den Regeln des „Activity-based Costing”) der Arbeitsfolgen können die gesamten Plankosten ermittelt werden. Diese Plankosten können in den Artikelstammdaten hinterlegt und zusätzlich als detaillierter Report ausgegeben werden.

Werkzeuge zur Erstellung des Arbeitsplans
Die Definition der Arbeitsgänge mit der Zuordnung aller notwendigen Ressourcen und Informationen sowie die Erstellung des eigentlichen Arbeitsplans ist eine komplexe Parametrieraufgabe. Um diese Aufgabe möglichst benutzerfreundlich zu gestalten, sollte hier eine ausgereifte Bedienerführung (zur Definition der Arbeitsgänge) bzw. bevorzugt grafische Editoren (für die Erstellung des Arbeitsplans) eingesetzt werden, zumindest sollte der erstellte Arbeitsplan in grafischer Form dargestellt werden können:

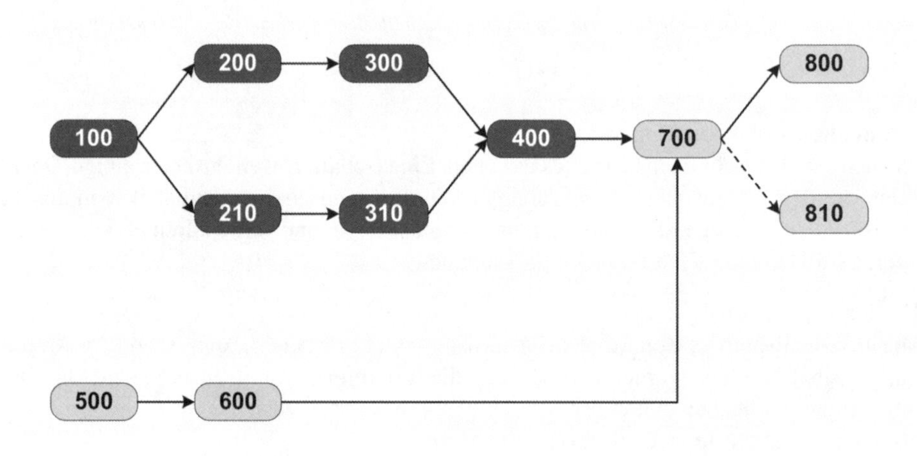

Abbildung 4.5: Grafische Darstellung eines Arbeitsplans (mit Bezug auf das oben in Tabelle 4.1 dargestellte Beispiel).

4.2.4 Die Stückliste

Die Stückliste als hierarchische Gliederung des Produktes in Einzelbestandteile (Rohmaterialien und Vorprodukte) kann aus dem Arbeitsplan abgeleitet werden. In den einzelnen Arbeitsgängen wird, wie oben beschrieben, der gesamte Produktionsprozess und die erforderlichen Materialressourcen definiert. Die Stückliste ergibt sich damit aus der Summe der eingesetzten Materialien und Vorprodukte. Die Hierarchie dieser Materialien ergibt sich aus dem im Arbeitsplan abgebildeten Produktionsfluss. D. h. die Stückliste muss nicht zwingend als eigenständiges Objekt im Datenmodell gepflegt werden, sondern kann z. B. auch als „Report“ online erstellt werden.

4.2.5 Änderungsmanagement und Produkthistorie

Der Artikel unterliegt im Zuge des Lebenszyklus Änderungen. In Zusammenarbeit mit einem eventuell vorhandenen PLM müssen diese **Änderungen** auch in der **Produktdefinition** abgebildet werden.

Normalerweise bleibt die Grobstruktur eines Produktes mit dem Arbeitsplan über den Lebenszyklus weitgehend erhalten (bei größeren Änderungen entsteht de facto ein neuer Artikel). Änderungen ergeben sich viel mehr in den Details der Arbeitsgänge, z. B. in den eingesetzten Materialien oder den angewendeten Verfahrensanweisungen. Das Änderungsmanagement muss vor allem Änderungen in den Arbeitsgangdefinitionen erfassen und alle vorhergehenden Versionen archivieren. Ein Zugriff auf alte Versionen muss möglich sein. Dies ist nicht nur für die Rückverfolgung und Produkthaftung notwendig sondern ermöglicht auch, auf „ältere" Versionen des Artikels zurückgreifen und diese produzieren zu können.

4.3 Datenmodell für das Ressourcenmanagement

4.3.1 Beschreibung der Produktionsumgebung

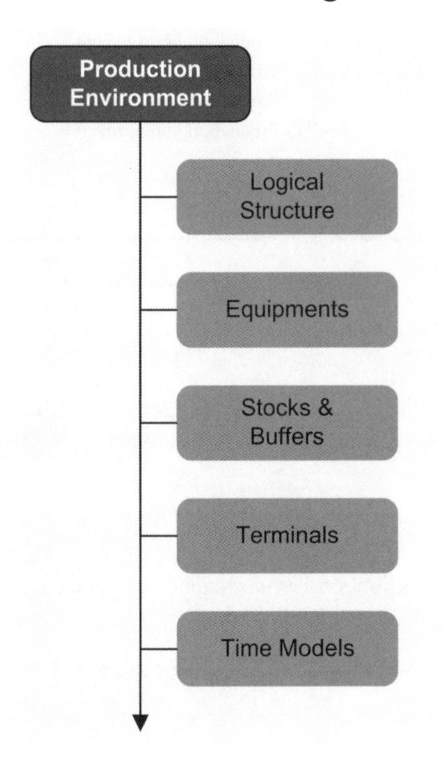

Abbildung 4.6: Die Beschreibung der Produktionsumgebung als logische Struktur mit den Hauptobjekten Maschinen/Anlagen, Zwischenlager/Puffer, Terminals und Zeitmodelle.

Die logische Struktur der Fertigung

ISA definiert eine „Equipment hierarchy" mit Elementen als hierarchische Struktur. Dabei wird nicht nur eine Hierarchie der Produktion sondern auch eine Zuordnung zum Ebenenmodell (Unternehmensleitebene oder Produktionsmanagementebene) festgelegt.

Diese Sichtweise ist einerseits problematisch, weil in verschiedenen Produktionsumgebungen (z. B. diskrete Fertigung/kontinuierlicher Prozess) verschiedene Bezeichnungen und Hierarchiestufen verwendet werden, andererseits nur eine Sicht (logisch bzw. geografisch) auf das Unternehmen oft nicht ausreichend ist. D. h. eine Anlehnung an das von ISA vorgegebene Schema ist zwar empfehlenswert aber die Festlegung von Anzahl und Benennung der Hierarchiestufen sollte flexibel erfolgen können. Neben einer „logischen"/„geografischen" Sicht sollten auch andere Blickwinkel abgebildet werden können. Maschinen und Anlagen sollen also nicht nur nach Fabriken und Fertigungsbereichen sondern z. B. nach „Instandhaltungsbereichen" gegliedert werden können. Damit erhalten die Mitarbeiter der Instandhaltung einen eigenen Blickwinkel auf die Produktion, der für ihre Arbeit am besten geeignet ist.

Hierarchie-Stufe	Bezeichnung der ISA	Bezug zum Ebenenmodell
0	Enterprise	Level 4 - Enterprise Management
1	Site	Level 4 - Enterprise Management
2	Area	Level 4 - Enterprise Management
3	Process cell	Level 3 - Production Management
3	Production unit*	Level 3 - Production Management
3	Production line	Level 3 - Production Management
4	Unit	Level 3 - Production Management
4	Work cell	Level 3 - Production Management
5	Lower level equipment used in batch operations	
5	Lower level equipment used in continuous operations	
5	Lower level equipment used in discrete operations	

*Tabelle 4.2: Die Equipment-Hierarchie lt. ISA mit den empfohlenen Systemen zum Management der Ebenen [ISA 95-1, Seite 23]; * Die „Production unit" als Teil der Fertigungsstruktur ist nicht zu verwechseln mit dem Begriff „Produktionseinheit" (in engl. ebenfalls „Production unit") der vorne stehend in diesem Kapitel definiert wurde.*

Die im Folgenden beschriebenen „Maschinen und Anlagen", „Produktionslager und Puffer" sowie „Zeitmodelle" sind eigenständige Objekte des Datenmodells, deren Elemente mit der logischen Struktur verknüpft werden können.

Maschinen, Anlagen, Arbeitsplätze

Die Maschinen, Anlagen und Arbeitsplätze der Produktion sind grundlegende Objekte. Die beschreibenden Eigenschaften ergeben sich aus verschiedenen Blickwinkeln:

- **Basisdaten** wie Name, Beschreibung, Hersteller, Seriennummer, Inventarnummer, Kostenstelle und Darstellung als Bild.

- Daten zur **Beschreibung der Produktionseigenschaften** wie maximale Kapazität, Maschinenstundensatz, Vorlaufzeit bis zur Betriebsbereitschaft, durchschnittliche Rüstzeit, etc.
- Daten für die **Instandhaltung** wie Ende der Gewährleistungsfrist, Wartungszyklus, Messwert für zustandsabhängige Wartung oder Energieverbrauch/Anschlussleistung.

Den Maschinen und Anlagen unterlagert ist die so genannte Rüstmatrix. In dieser Struktur wird hinterlegt, wie lange die Summe der Zeiten des „Abrüstvorgangs" (von einem definierten, produzierten Artikel) und des „Aufrüstvorgangs" (als Vorbereitung zur Produktion des nächsten Artikels) ist. Diese Zeit wird allgemein als Rüstzeit bezeichnet und ist in vielen Produktionsumgebungen ein wichtiger Parameter für die Feinplanung und Reihenfolgeoptimierung.

Rüsten von/nach	Default	Artikel A	Artikel B	Artikel C	Artikel D	Artikel E	Artikel F	Artikel G	Artikel H
Default	---	600	660	660	x	x	x	x	x
Artikel A	600	---	600	x	x	x	x	x	x
Artikel B	660	660	---		x	x	x	x	x
Artikel C	540	540	x	---	x	x	x	x	x
Artikel D	X	x	x	x	---	x	x	x	x
Artikel E	X	x	x	x	x	---	x	x	x
Artikel F	X	x	x	x	x	x	---	x	x
Artikel G	X	x	x	x	x	x	x	---	x
Artikel H	X	x	x	x	x	x	x	x	---

Tabelle 4.3: Schema einer Rüstmatrix mit Beispielwerten in Sekunden.

Wenn die Rüstzeit keinen besonderen Schwankungen aufgrund der verschiedenen Artikel unterliegt, kann ein Durchschnittswert direkt in den Stammdaten der Maschine/Anlage hinterlegt werden.

Transportstrecken, Produktionslager und Puffer

Die in den Produktionsfluss integrierten Transportstrecken, Zwischenlager und Puffer (im folgenden Text als „Produktionslager" bezeichnet) müssen im MES als Voraussetzung für eine funktionierende Feinplanung bekannt sein. Nur durch die Einbeziehung der Produktionslager kann eine echte Zeit und Ressourcenplanung durchgeführt werden, sie können zur Entkopplung von verschiedenen Fertigungsbereichen oder auch als Zwischenlager für Teilprodukte verwendet werden. In beiden Fällen müssen die Reihenfolge der Artikel (d. h. welche Artikel in welcher Menge), der Maximal- und Minimalbestand (um ein „abreißen" der Produktion unter normalen Bedingungen zu vermeiden), sowie die Transportzeiten bekannt sein.

Terminals

Als Terminal ist hier nicht ein „Standardclient" des MES (z. B. als Webclient), sondern ein Vor-Ort-Terminal (an der Maschine/Anlage meist in Form eines Rich-Client) bezeichnet. Diese Terminals verfügen meist über Funktionen, die stark auf die Gegebenheiten vor Ort abgestimmt sind. D. h. Terminal A und B haben unterschiedliche Bedienfunktionen. Die benötigten Funktionen der Terminals werden mit der Bezeichnung der zugehörigen Maschine/Anlage und einer eindeutigen Referenz in der Datenbank gespeichert. Nach einem Hardwaretausch kann dann die ursprüngliche Funktion sofort wieder hergestellt werden. Als Referenz kann z. B. der Rechnername dienen (IP Adressen sind als Referenz weniger geeignet).

Zeitmodelle

Zeitmodelle ermöglichen die Gliederung der Gesamtzeit in **Produktionszeit** und produktionsfreie Zeit, z. B. mittels „Schichtmodellen". Ein Produktionstag kann von einem Kalendertag abweichend sein, also z. B. von 06:00 Uhr bis 01:30 des folgenden Tages dauern und wird durch eine beliebige Anzahl und Reihenfolge von „Schichten", d. h. durch ein Schichtmodell" definiert. Die Schichten können wiederum beliebige „Pausen" enthalten. Für die Planung der Produktion wird eine Folge von Produktionstagen in einem Wochen- oder Monatsschema im Voraus festgelegt. Feste und bewegliche Feiertage müssen durch das System länderspezifisch erkannt werden.

In der flexibilisierten Arbeitswelt müssen auch Zeitmodelle sehr flexibel eingesetzt werden können. Im Extremfall können sogar auf der Ebene „Production unit" (siehe Tabelle 4.1 – Logische Struktur der Fertigung), für jede Maschine eigene Zeitmodelle existieren. Eine Verknüpfung zwischen Zeitmodell und logischer Einheit aus der Fertigungsstruktur legt die **Produktionszeit** für diese Einheit fest.

Die Festlegung der **Produktionszeit** hat weitreichende Auswirkung für die Auftragsplanung (wann stehen welche Ressourcen zur Verfügung), für die Zeiterfassung im allgemeinen und auch für die Leistungsermittlung von Maschinen und Anlagen (z. B. „Technische Verfügbarkeit" und OEE). Deshalb ist die exakte Pflege des Zeitmodells von großer Bedeutung für die gesamte Datenqualität des MES. Änderungen im Zeitmodell sind immer möglich und müssen auch kurzfristig, im Extremfall auch für die schon laufende Schicht, eingebracht werden können. Wird z. B. eine „Betriebsversammlung" als zusätzliche Pause im System definiert, ändern sich davon abhängig die Zielvorgaben (geringere Mengen) und auch die Basis zur Berechnung von KPIs, die von der „Netto-**Produktionszeit**" abhängen.

Die Abbildung von firmenspezifischen Zeitdefinitionen wie z. B. ein vom Kalenderjahr abweichendes „Geschäftsjahr" und als Folge davon „Lieferwochen" anstelle der üblichen Kalenderwochen sollte möglich sein.

4.3.2 Produktionspersonal

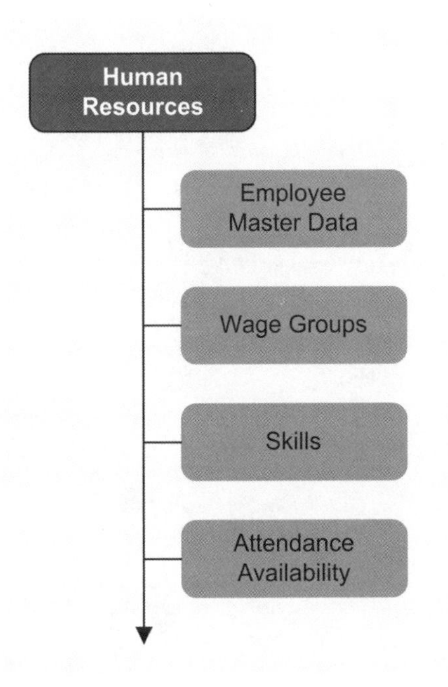

Abbildung 4.7: Grundlegende Elemente für das Human-Resource-Management.

Der Stammdatensatz eines Mitarbeiters enthält mindestens folgende Daten:

- Vorname, Name, Geburtsdaten, Eintritt in Firma
- Personalnummer, ID für automatische Identifikation

Dieser Stammdatensatz kann meist aus dem ERP System oder einem speziellen Modul für das Human-Resource-Management übernommen werden. Im MES werden zusätzliche Daten für die Ermittlung der Leistungslohndaten und zur Personaleinsatzplanung benötigt. Diese Daten werden in getrennten Tabellen verwaltet und mit den Mitarbeiterstammdatensätzen verknüpft.

Über Lohngruppen werden die Modalitäten und Sätze zur Leistungslohnermittlung (z. B. Akkord, Gruppen-Akkord) abgebildet. Eine Liste mit Fähigkeiten ermöglicht in Zusammenhang mit der Personaleinsatzplanung die Feinplanung der Aufträge unter Berücksichtigung der verfügbaren Personalressourcen. Zwischen Mitarbeitern und Fähigkeiten besteht eine n:n-Beziehung, d. h. jeder Mitarbeiter kann über mehrer Fähigkeiten verfügen. Die Mitarbeiterverfügbarkeit kann in einem eigenen Planungsinstrument (so genannte Personaleinsatzplanung) abgebildet werden. Die Anwesenheiten werden hier unter Berücksichtigung von Urlaub und Krankheit geplant.

4.3.3 Betriebsmittel

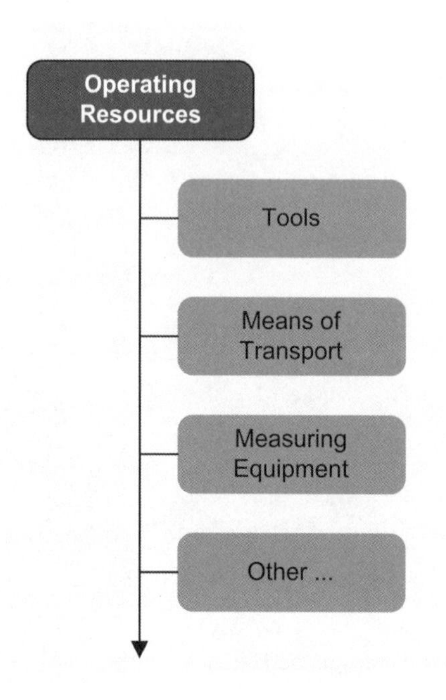

Abbildung 4.8: Häufig benötigte Betriebsmittel.

Alle Betriebsmittel, die als Voraussetzung für Planung und Durchführung der Aufträge durch MES verwaltet werden sollen, müssen abgebildet werden. Betriebsmittel werden meist durch einen Typ (z. B. Transportmittel „Gitterbox“) und eine verfügbare Anzahl (z. B. 100 „Gitterboxen“ im Umlauf) definiert. Bei wichtigen Betriebsmitteln, die im Zuge der Produktionsdatenerfassung auch eindeutig identifiziert werden sollen, müssen zusätzlich die IDs für jedes Einzelstück verwaltet werden. Die Verknüpfung eines Betriebsmittels mit einem Artikel erfolgt im **Arbeitsplan**. Dort wird festgelegt, welche Betriebsmittel in welcher Menge zur Produktion in einem **Arbeitsgang** benötigt werden.

Folgende Betriebsmittel werden häufig benötigt und sollten daher im Standardumfang des Produktes abgebildet sein. Zusätzlich ist die Definition beliebiger anderer Betriebsmittel möglich.

- Werkzeuge
  Bei komplexen Werkzeugen wie z. B. Schraubspindeln ist zu beachten, dass ein bestimmtes Werkzeug in verschiedenen Stationen zum Einsatz kommen kann (z. B. wird

die Schraubspindel nach erfolgter Wartung in eine andere Station eingebaut). D. h. die Zuordnung zwischen Station und Werkzeug muss gespeichert und der Betriebsstundenzähler der Station auf das Werkzeug „gelinkt“ werden.

- Transportmittel
  Bei den Transportmitteln muss die Kapazität (welche Menge eines Artikels kann geladen werden) als Stammdatum je „Transportmittelart“ und die aktuelle Belegung hinterlegt werden. Damit kann das Betriebsmittel in der Auftragsplanung Berücksichtigung finden.
- Messmittel
  Die aktuelle Verwendung und Verfügbarkeit der Messmittel muss je „Messmitteltyp“ im MES geführt werden.

4.3.4 Material und Vorprodukte

Sowohl extern produzierte Vorprodukte (so genannte „Kaufteile“) als auch „Rohmaterialien“, werden nachfolgend unter dem Begriff **Material** zusammengefasst.

Das bei der Produktion benötigte **Material** ist je Produktionsstandort zu verwalten. Jedes Material muss eindeutig durch eine **Materialnummer** oder einen Materialcode gekennzeichnet sein. Außerdem sollten folgende Stammdaten zum Material geführt werden:

- Name, Kurzbezeichnung, Beschreibung
- Zugehörigkeit zu einer Materialgruppe
- Lieferant, Mengeneinheit, kalkulierte Kosten und Lagerbindungskosten je Mengeneinheit

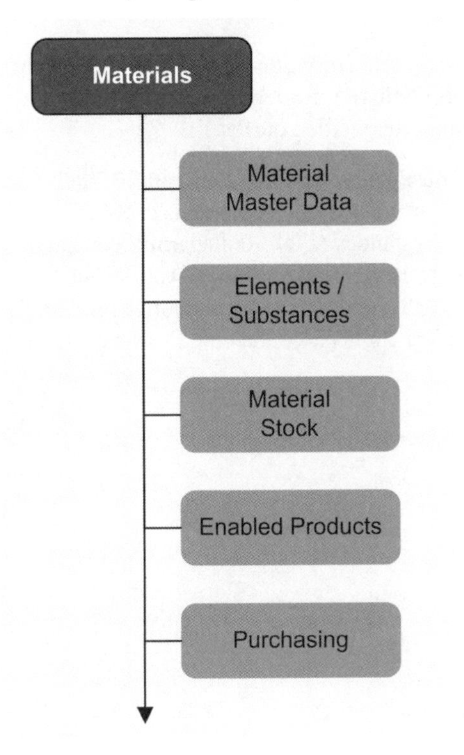

Abbildung 4.9: Datenmodell zum Betriebsmittelmanagement im MES.

Bei **Materialien**, die in der Lebensmittel- oder Pharmaindustrie eingesetzt werden, ist es zwingend erforderlich, dass sämtliche Inhaltsstoffe (die im Material enthaltenen Substanzen) mit den vom Lieferanten angegebenen Anteilen im MES dokumentiert werden. Diese „Materialzusammensetzung" kann für Erstellung von Rezepturen, zur Erreichung der geforderten Produktqualität und für die Produktdokumentation (Aufzeichnung der Produktdaten) wichtig sein. Zwischen **Material** und Inhaltsstoffen ist eine n:n - Beziehung mit Angaben in Prozent aufzubauen. D. h. jedes **Material** kann aus n Inhaltsstoffen zusammengesetzt sein.

Da **Material** die einzige Ressource ist, die einem laufenden Verbrauch unterliegt, sind aktuelle Informationen über den Bestand erforderlich, um jederzeit einen Überblick zu verfügbarem, reserviertem und in Bestellung befindlichem **Material** zu erhalten. D. h. der Lagerbestand des **Materials** muss durch das MES verwaltet werden. Hier müssen auch neben dem Lagerort die vorhandenen Verpackungseinheiten, Abmessungen und Gewicht, Angaben zur Haltbarkeit, und ein Mindestbestand verwaltet werden. Die „Abbuchung" aus dem Lager erfolgt über den **Materialeinsatz** in einem **Arbeitsgang** der Produktion. Die „Zubuchung" neuen **Materials** erfolgt über die Funktion Wareneingang. Über den aktuellen Bestand und die Lagerbindungskosten des **Materials** können die gesamten Lagerbindungskosten durch MES ermittelt bzw. optimiert werden.

Eine Sonderform von „Material" sind **Verpackungen**. Bei den Verpackungen muss die Kapazität (welche Menge eines Artikels kann verpackt werden) als Stammdatum je „Verpackungsart" und die aktuelle Verfügbarkeit (wie viele Verpackungen sind noch im Lager) hinterlegt werden. Damit kann man dieses Betriebsmittel in der Auftragsplanung berücksichtigen.

Nicht jedes **Material** aus einer Materialgruppe ist unter Umständen zur Produktion jedes Artikels geeignet. Deshalb kann eine **Materialfreigabeliste** erforderlich sein, in der hinterlegt ist, welche Materialien in welchen Artikeln eingesetzt werden dürfen.

Die **Materialbeschaffung** (siehe auch Kapitel 5) muss zumindest in Form von „Bestellvorschlägen", die an ein ERP oder Warenwirtschaftssystem übergeben werden, im MES implementiert sein. Nur so kann eine Optimierung des Bestandes (Ziel: Reduzierung der Lagerbindungskosten; siehe Kapitel 8) und termingerechte Bestellabwicklung gewährleistet werden. Soll die Bestellabwicklung insgesamt durch MES erledigt werden, benötigt man noch Daten zu Lieferanten (beste Lieferfähigkeit, günstigster Preis etc.), und eine Preishistorie mit dem aktuellen Preis.

4.3.5 Informationen und Dokumente

Überblick

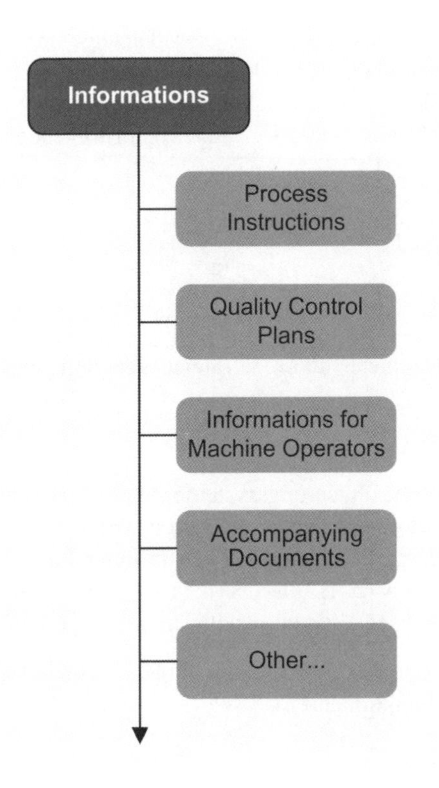

Abbildung 4.10: Datenmodell zum Informationsmanagement im MES.

Das MES muss alle Informationen, die im Produktionsfluss benötigt werden, zeitgerecht an Menschen (in der Hauptsache Werker) und Maschinen/Anlagen weitergeben. Dies sind in der Hauptsache „Verfahrensanweisungen“ und „Arbeitsanweisungen“. Außerdem müssen Dokumente, die den Produktionsfluss steuern oder begleiten (z. B. „Warenbegleitschein“) erstellt und verwaltet werden.

Da diese Informationen in der Regel qualitätsrelevant sind, müssen die zugehörigen Dokumente oder Datensätze auch mit Versionen versehen und Änderungen mit Datum/Uhrzeit und dem zugehörigen Benutzer in einem Änderungsprotokoll festgehalten werden.

Arbeitsanweisungen/Werkerinformationen
Arbeitsanweisungen richten sich an die Werker und geben diesen Hinweise und Vorschriften zur Ausführung eines bestimmten Arbeitsschrittes. Die Anweisungen sind einerseits auf den aktuell produzierten Artikel bezogen und andererseits betreffen sie meist einen definierten Arbeitsgang. MES muss die Information also artikelabhängig am richtigen Arbeitsgang (Maschine oder Anlage) bereitstellen. Die Anzeige der Informationen erfolgt entweder über ein Terminal des MES direkt an der Maschine über eine fest installierte „Großanzeige“ oder auch über portable Geräte. Die Anweisungen können als Grafik oder Text dargestellt werden. Für komplexere Arbeitsanweisungen sind auch interaktive Dokumente sinnvoll, z. B. kann der Werker nach Bearbeitung eines Arbeitsschrittes die Anweisungen zum folgenden Schritt anfordern.

Arbeitsanweisungen beschreiben z. B. folgende Tätigkeiten/Prozesse:

- Montagearbeiten
- Manuelle Einstellung von Maschinenparametern
- Manuelle Einstellung zu Rezepturen
- Überwachungsfunktionen z. B. für Maschinenparameter durch Vergleich von Soll- und Ist-Werten oder Vorgaben für eine SPC

Verfahrensanweisungen
Verfahrensanweisungen werden direkt an automatische Steuerungssysteme der Produktion übergeben. Wie Arbeitsanweisungen sind auch sie auf den aktuell produzierten Artikel bezogen und betreffen meist einen definierten Arbeitsgang. Die Daten müssen in einer für die „Produktionssteuerung“ verständlichen Form vorliegen (z. B. als CSV , TXT oder XML Datei). Zusätzlich können die Daten zur Kontrolle für den Werker visualisiert werden (siehe Arbeitsanweisung).

Verfahrensanweisungen beschreiben z. B. folgende Funktionen/Prozesse:

- Automatische Einstellung von Maschinenparametern
- Automatische Einstellung zu Rezepturen
- Überwachungsfunktionen z. B. für Maschinenparameter durch Vergleich von Soll- und Ist-Werten oder Vorgaben für eine automatisch ablaufende SPC.
- Steuerungsprogramme wie z. B. NC Programme, Roboterprogramme oder Rezept-/Batchprogramme, im Folgenden einheitlich als „Programme“ bezeichnet. Die Programme werden in externen Systemen (z. B. als Ergebnis eines Simulationsprozesses mit CAD Tools) oder durch direkte Programmierung vor Ort erzeugt, sollen aber dann durch MES verwaltet und als Verfahrensanweisung an die „Produktionssteuerungen“ übergeben werden. Diese Programme müssen also zuerst in das MES übertragen werden. Dies geschieht entweder durch einen „Teach-In-Prozess“ (MES übernimmt ein „erprobtes“ Programm über die vorhandene Schnittstelle von der „Produktionssteuerung“) oder durch Transfer via Datenträger.

Prüfpläne
Prüfpläne sind eine Sonderform von Arbeits- bzw. Verfahrensanweisungen. Ein Prüfplan enthält eine variable Anzahl von Merkmalen, die einer „Merkmalsklasse" angehören und denen eine Maßeinheit fest zugeordnet ist. Es wird unterschieden zwischen „messbaren Merkmalen" und „attributiven Merkmalen". Die Messwerte zu messbaren Merkmalen werden im Rahmen eines SQC (Statistical Quality Control) erfasst und kontrolliert. Das gilt auch für attributive Merkmale, für die eine Beurteilung in Form einer Note, eines Textes oder einer aufgetreten Fehlerart abgegeben wird.

Zur automatischen Überprüfung des Merkmals hinsichtlich seiner „Fähigkeit" im Prozess sind folgende Angaben wichtig:

- Toleranzgrenzen
  Diese Grenzen werden durch den Produktionsleiter/Qualitätsleiter festgelegt und müssen zwingen eingehalten werden.
- Angaben zur erwarteten Verteilungsform
- Größe der Stichprobe
- Eingriffsgrenzen
  Bei Verletzung von Eingriffsgrenzen müssen Maßnahmen zur Stabilisierung des Prozesses ergriffen werden.
- Angaben zur Prüffrequenz
  Angaben wie „jede Stunde", „jede 10. Rolle", „4 mal je Schicht"
- Verweis auf das verwendete Messmittel/Prüfmittel (siehe 4.2.4 – Betriebsmittel)
- Angabe zu Maßnahmen bei Grenzverletzungen
  Die Maßnahmen können in getrennten Datensätzen/Dateien gespeichert werden, in der die einzelnen Maßnahmen mit ihren Abarbeitungsschritten hinterlegt sind.
- Optionale Angaben zu Warngrenzen und zur Standardabweichung
- Optionale Angaben zur Dokumentationsart

Begleitende Dokumente
Dokumente die den Produktionsfluss begleiten sind z. B. „Warenbegleitscheine" (begleitet eine Produktionseinheit) oder interne „Lieferscheine". Diese Dokumente haben meist nur eine begrenzte Gültigkeit innerhalb eines Produktionsbereichs. MES muss diese Dokumente mit der Freigabe eines Auftrags erzeugen und ausdrucken. Bei Verlust muss das betreffende Dokument auf Anforderung jederzeit neu erstellt werden können. In einer (anzustrebenden) „papierlosen Produktion" werden diese Dokumente durch internen Datenfluss im MES und bedarfsgerechte Visualisierung vor Ort ersetzt. Die papierlose Produktionssteuerung erfordert allerdings, dass die Artikel jederzeit im Produktionsfluss identifiziert werden können. Technische Hilfsmittel dazu sind z. B. Barcodes oder RFID (siehe Kapitel 6.3.2 – Steuerung und Verfolgung der Produktionseinheiten).

4.4 System- und Hilfsdaten

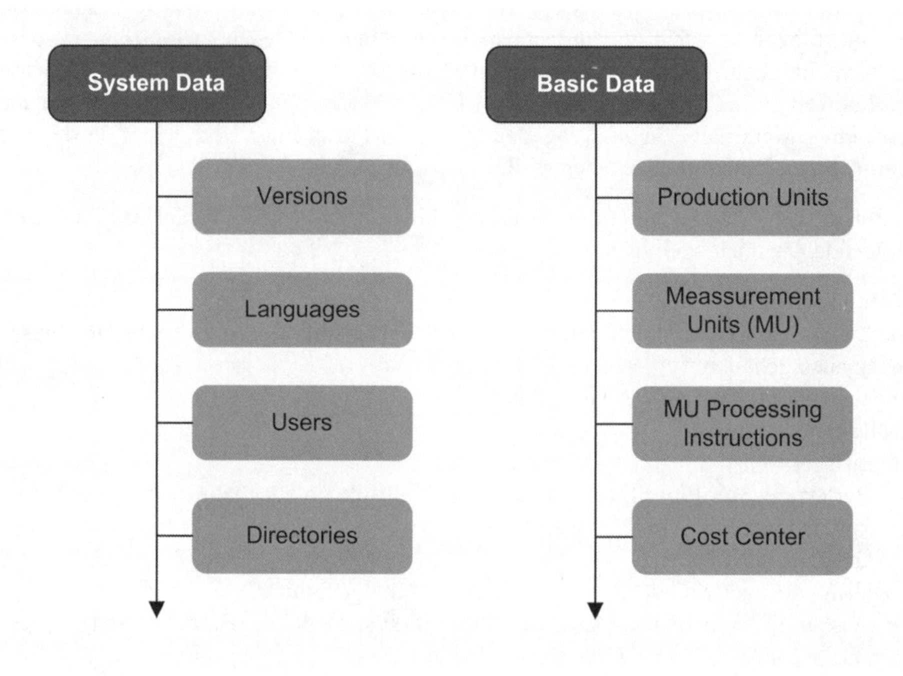

Abbildung 4.11: System- und Basisdaten des MES.

Unter den **Systemdaten** ist besonders die Benutzerverwaltung hervorzuheben. Für alle Systembenutzer ist eine detaillierte Vergabe von Rechten erforderlich. Die Authentifizierung der Benutzer mit Überprüfung des Passwortes kann auch in Verbindung mit einem externen System (z. B. Active Directory, LDAP Server) erfolgen.

Die **Basisdaten** beschreiben die grundsätzlichen Eigenschaften und Parameter des Systems, z. B. welche **Produktionseinheiten** vorhanden sind und welche Maßeinheiten benötigt werden. Es wird zwischen einfachen (z. B. m, kg) und komplexen Maßeinheiten (z. B. m/min, kg/m^3) unterschieden. Ein besondere Rolle unter den Maßeinheiten hat die so genannte **Basismengeneinheit**.

Produktionseinheit

Die Produktionseinheit ist eine vom eigentlichen Auftrag unabhängige definierte Menge eines Artikels. Beispiele dafür sind ein Los (in der Serienfertigung) oder ein Batch bzw. Ansatz (in verfahrenstechnischen Prozessen).

Die Begründung zur Produktion in Losen oder Chargen liegt entweder in verfahrenstechnischen Anforderungen (z. B. wenn ein Prozess auf die Größe eines Reaktionsgefäßes optimiert wurde) oder auch in wirtschaftlichen Aspekten (z. B. die Reduzierung von Rüstzeiten). Eine Produktionseinheit kann somit mehrere Aufträge beinhalten; aber ein Auftrag kann sich auch über mehrere Produktionseinheiten erstrecken.

Die Produktionseinheit erhält eine vom Auftrag unabhängige Identifikation (z. B. Losnummer, Seriennummer, Chargennummer oder eindeutige ID eines Artikels) die mit dem daraus abgeleiteten Auftrag/den Aufträgen verknüpft wird. Damit dient sie vor allem als Basis für die Produktverfolgung und Aufzeichnung aller produktionsspezifischen Daten. Ist die Basismengeneinheit „ein Stück" (diskrete Einzelfertigung), entspricht die Produktionseinheit einem bestimmten Artikel der in der Regel auch über alle Arbeitsgänge eindeutig identifizierbar ist.

Basismengeneinheit

Diese Mengeneinheit bezieht sich auf den zu produzierenden Artikel und wird als Bezugsgröße für alle Angaben und Berechnungen in den Arbeitgängen verwendet. Z. B. beziehen sich die Zeitangaben, die Anzahl von verwendeten Vorprodukten oder die benötigte Menge von Rohstoffen immer auf diese Basismengeneinheit. In der diskreten Fertigung ist die Basismengeneinheit ein Stück. In verfahrenstechnischen Prozessen kann diese Einheit z. B. „10 kg" oder „100 Liter" sein.

In komplexen Prozessen kann sich die Basismengeneinheit in den einzelnen Arbeitsgängen ändern. So kann z. B. in einem Extruder eine Mischung von x kg in ein Zwischenprodukt in Form einer Rollenware mit x Meter transformiert werden. Im weiteren Verlauf ist dann eine Wandlung in einzelne Teile (Stücke) denkbar. Somit muss die Basismengeneinheit bzw. eine Transformation dieser Einheit auch für jeden Arbeitsgang definiert werden können.

4.5 Daten der Auftragsdurchführung

4.5.1 Aufträge

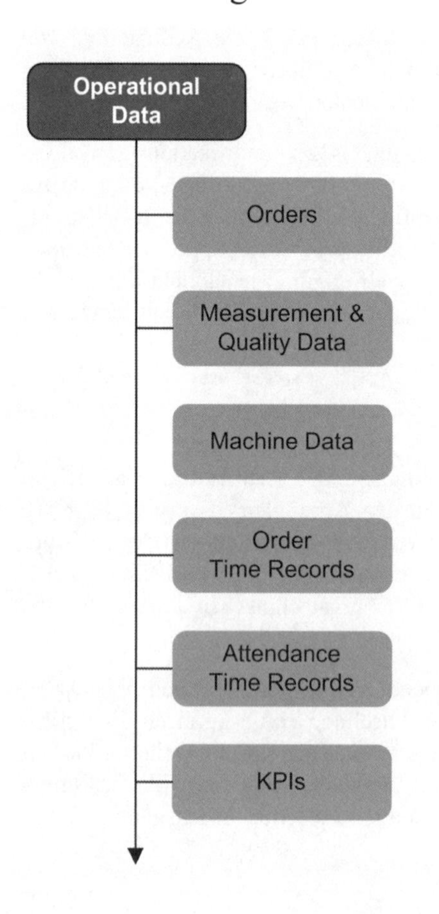

Abbildung 4.12: Das Datenmodell zur Auftragsdurchführung beinhaltet die Auftragsdaten, die Daten aus der Produktionsdatenerfassung sowie daraus abgeleitete Leistungsdaten.

Die Kundenaufträge werden meist in einem ERP oder Warenwirtschaftssystem abgebildet. Daraus abgeleitet entstehen die Produktionsaufträge, die in diesem Buch allgemein als „Aufträge“ bezeichnet werden. Ein Kundenauftrag kann zu mehreren Produktionsaufträgen führen. Des Weiteren kann ein Produktionsauftrag mehrere Kundenaufträge (oder Positionen aus diesen Kundenaufträgen) enthalten. Ist kein ERP oder Warenwirtschaftssystem vorhanden, muss die Beziehung zwischen Kunden- und Produktionsaufträgen durch das MES verwaltet werden.

Ein Auftrag wird im Wesentlichen durch einen **Artikel** (was soll produziert werden), der zugehörigen **Menge** (wie viel soll produziert werden) und einem **Lieferdatum** (bis wann muss produziert werden) definiert. Um eine einfache Zuordnung von Aufträge zu Anlagen/Maschinen (Arbeitsfolgen) zu ermöglichen, können die Aufträge zusätzlich mit Bezug zu Arbeitsfolgen abgebildet werden.

4.5.2 Produktionsdaten, Betriebsdaten und Maschinendaten

Während des Durchführungsprozesses entstehen Daten, die den Aufträgen zugeordnet und archiviert werden müssen. Folgende Daten können unterschieden werden:

- Auftragsdaten
  Im Zuge der Auftragsbearbeitung müssen vor allem die aktuell produzierten Mengen erfasst und den Sollmengen aus den Aufträgen gegenübergestellt werden. Die Erfassung und Rückmeldung der Daten erfolgt je Arbeitsfolge, also mit Bezug zu einem Arbeitsgang. Die tatsächliche Dauer der Arbeitsschritte mit Belegung der einzelnen Personal- und Maschinenressourcen zählt ebenfalls zu den Auftragsdaten. Die Personal- und Maschinenauslastung kann dadurch je Auftrag (bzw. bezogen auf Artikel) ausgewertet werden.
- Materialeinsatz
  Die Identität und Menge der verbrauchten Materialien und Vorprodukte muss lückenlos erfasst und mit dem Artikel verknüpft werden Eine Rückverfolgung dieser Daten kann auf Basis einer eindeutigen Kennung (z. B. Seriennummer des Artikels) oder über das Produktionsdatum erfolgen.
- Messwerte und Qualitätsdaten
  Verschiedene Messwerte, die Auskunft über die Qualität des Produktes geben, müssen ebenfalls erfasst und archiviert werden. Die Rückverfolgung erfolgt wie beim Materialeinsatz über eine eindeutige Kennung des Artikels oder einen Zeitstempel.
- Maschinendaten
  Einstellwerte von Maschinen werden, sofern sie für den Produktionsprozess relevant sind, wie „Messwerte/Qualitätsdaten“ behandelt. Außerdem liefern Maschinen Daten für das Alarmmanagement und die vorbeugende Wartung.
- Personalzeit
  Über eine Personalzeiterfassung werden einerseits die Anwesenheiten der Mitarbeiter erfasst und andererseits die tatsächlichen Tätigkeiten (an welcher Maschine/Anlage hat der Mitarbeiter wie lange an welchem Auftrag gearbeitet) aufgezeichnet.

4.5.3 Abgeleitete Leistungsdaten und Kennzahlen

Aus den unter 4.5.3 beschriebenen Daten ermittelt das System Kennzahlen zur Beurteilung der Leistung, so genannte KPIs. Es ist zwischen online berechneten Werten (Kennzahlen, die ständig errechnet und den aktuellen Status der Produktion wiedergeben) und Archivwerten zu unterscheiden. Die archivierten Kennzahlen werden zum Ende einer definierten Periode (z. B. für eine Schicht oder einen Tag) ermittelt und danach archiviert. Der Gesamtzustand der Produktion wird in Kennzahlen „verdichtet“ festgehalten. Einzelne Werte, die zu diesen Kennzahlen führen, können nach einstellbarer Zeit aus dem System entfernt werden. Z. B. müssen einzelne Störereignisse einer Schicht nicht für eine längere Zeitspanne gespeichert werden, da eine Verdichtung in Form einer „Stördauer“ und „Störanzahl“ je Schicht erfolgte.

4.6 Zusammenfassung

MES als Instrument der Produktionsmanagementebene (Ebene 3 aus dem ISA Ebenenmodell) benötigt für seine Aufgabe eine vollständige **Produktdefinition**, ERP (Unternehmensleitebene – Ebene 4 aus dem ISA Modell) benötigt nur Teile daraus. Die logische Schlussfolgerung lautet, dass die gesamte Verwaltung der Produktdaten dem MES zugeordnet werden kann. Durch transparente Strukturen und geeignete Softwaretechnologien müssen die **Produktdefinitionsdaten** von MES allen anderen Anwendungen zur Verfügung stehen.

Im Kern des Datenmodells steht der **Arbeitsplan**, der den Produktionsprozess eines Artikels als Folge von Tätigkeiten/Prozessen mit allen benötigten Ressourcen beschreibt.

Da zwischen verschiedenen Produkten technologisch und strukturell große Unterschiede bestehen, muss ein allgemeingültiges Datenmodell flexibel und erweiterbar aufgebaut sein. Insbesondere müssen Aspekte einer „Mischfertigung“ mit verfahrenstechnischen und diskreten Produktionsschritten und damit einhergehend verschiedenen „Mengeneinheiten“ berücksichtigt werden.

5 Kernfunktion - produktionsflussorientierte Planung

5.1 Einordnung in den Gesamtprozess

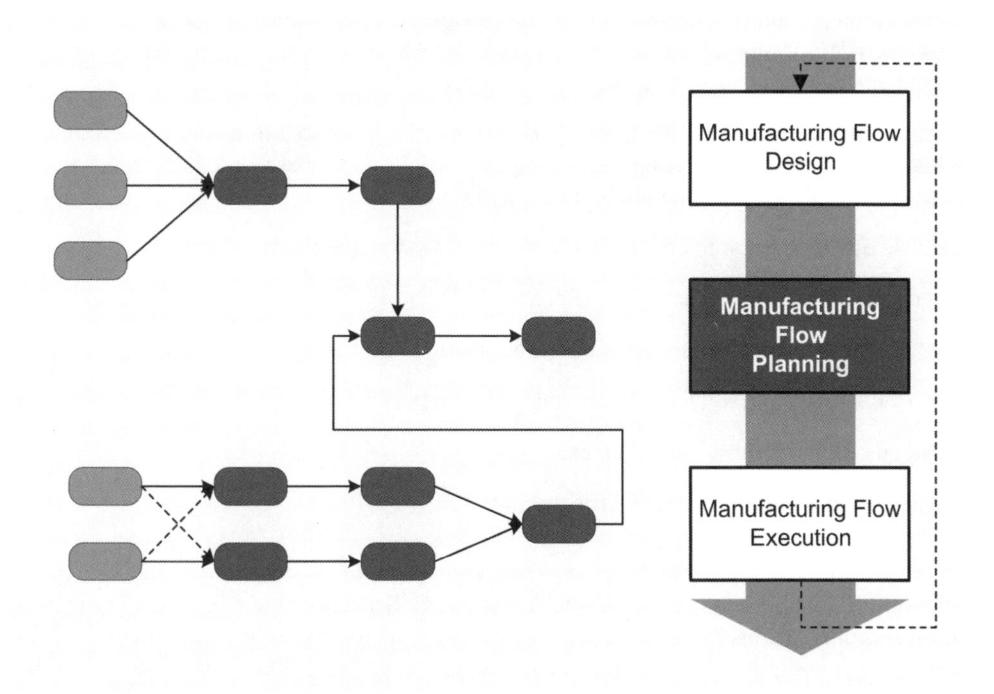

Abbildung 5.1: Kernelement 2 „Manufacturing Flow Planning“.

Im vorhergehenden Kapitel wurde detailliert auf das Produktdatenmodell eingegangen. Aufbauend auf diesem vollständigen und konsistenten Datenmodell, das sowohl den zu produzierenden Artikel mit dem dazugehörenden Arbeitsplan als auch die zur Verfügung stehenden Ressourcen (Arbeitskräfte, Maschinen, Material) beschreibt, erfolgt die **operative und produktionsflussorientierte Planung** (Manufacturing Flow Planning).

Die für den Planungsprozess relevanten Stammdaten werden heute in einem vorgelagerten ERP System meist rudimentär gepflegt und müssen daher im MES ergänzt werden. Nachdem das mehrfache Abbilden von Daten grundsätzlich zu vermeiden ist, sollte es künftig Aufgabe von MES sein, die Stammdaten in vollem Umfang zu verwalten. Dieser Ansatz würde dann auch im Einklang mit der ISA Richtlinie sein (siehe Kapitel 3.2.1).

5.2 Auftragsdatenmanagement

Auch bei den Auftragsdaten muss der Grundsatz „Pflege und Datenhaltung nur in einem System" gelten. Doppelte Datenhaltung oder manuelle Übernahmen führen zu Mehrkosten und Fehlern. In der Regel werden die Auftragsdaten über das ERP System erfasst und von dort mit einem zeitlichen Vorlauf an MES übergeben.

Die Schnittstelle zwischen ERP System und MES hängt in erster Linie von der Leistungsfähigkeit und Nutzung der eingesetzten Systeme ab. Mindestens aber werden im MES nachfolgende Daten benötigt, um eine produktionsflussorientierte Planung durchführen zu können.

Folgende Stammdaten werden gewöhnlich im ERP System gepflegt:

- Artikel (mit den kaufmännischen Daten)
- Maschinen (mit eingeschränkten Informationen)
- Personal (eventuell mit Qualifikation der Mitarbeiter)
- Arbeitspläne (in meist rudimentärer Form)
- Stücklisten (häufig neben den Arbeitsplänen)

Auf Basis der Kundenaufträge, die im ERP System gepflegt werden, erstellt MES Fertigungsaufträge. Dabei besteht die Möglichkeit mehrere Kundenaufträge in einem Fertigungsauftrag zusammenzufassen. Bei größeren Kundenaufträgen kann es aber sein, dass ein Kundenauftrag in mehreren Fertigungsaufträgen abgearbeitet wird. Die Entscheidung darüber erfolgt im MES. Dementsprechend ist es erforderlich, die Kundenaufträge an MES zu übergeben. Dabei werden mindestens folgende Auftragsdaten benötigt:

- Eindeutige Kundenauftragsnummer,
- eindeutige Artikelkennung,

- Menge mit Einheit (z. B. Stück, Liter, kg),
- Termin (der frühest mögliche Fertigungstermin in Abhängigkeit der Materialverfügbarkeit oder auch der geplante Liefertermin).

Beim Liefertermin ist eine Unterscheidung zwischen dem frühest möglichen Termin, einem Wunschtermin und einem spätesten Termin von Vorteil. Die Kenntnis dieser Details erhöht die Flexibilität der Feinplanung. Auch Kundendaten (z. B. Kundennummer, Name, Lieferadresse) sollten aus dem ERP System übernommen werden. Sie versetzen das MES in die Lage, eventuell erforderliche Kennzeichnungen für Verpackungseinheiten zu erstellen.

Die **Kernaufgabe** von MES ist es, die vom ERP System übergebenen Aufträge in eine **optimale Reihenfolge** zu bringen. Dafür gibt es viele unterschiedliche Ansätze, von der einfachen manuellen Planung über eine „Plantafel" bis hin zur vollautomatischen Planung auf Basis definierter Kriterien wie z. B. Planung zur Minimierung der Rüstzeiten. Liegen mehrere Aufträge zum selben Artikel vor, sollte die Möglichkeit zu Sammelaufträgen bestehen und der zeitraumbezogene Mengenbedarf über Glättungsverfahren (z. B. Heijunka) ermittelt werden.

Heijunka

Begriff aus der japanischen Produktion: Harmonisierung des Produktionsflusses durch mengenmäßigen Produktionsausgleich, der Warteschlangen vermeidet (Liege- und Transportzeiten). An die Stelle der Werkstatt- tritt die Fließfertigung (Continuous Flow Manufacturing) mit kurzen Transportwegen und Komplettbearbeitung. Dies ist vor allem angesichts einer komplexen, mehrstufigen Produktion von hoher Bedeutung. Jeweils der Engpasssektor wirkt hier limitierend auf den Unternehmenserfolg (Ausgleichsgesetz der Planung) und erzeugt zugleich bei allen anderen Teilen Verschwendung (im Sinne von: Verzögerungen, Lagerbestände etc.). [SYSKA 06]

Mittels Simulation sollte ein MES verschiedene Szenarien bezüglich Varianten, Mengen und Terminen durchspielen. Das folgende Bild zeigt eine Gesamtübersicht der funktionalen Abfolge der einzelnen Tätigkeiten (CRM - Customer Relationship Management, PDM - Product Data Management, APS - Advanced Planning and Scheduling).

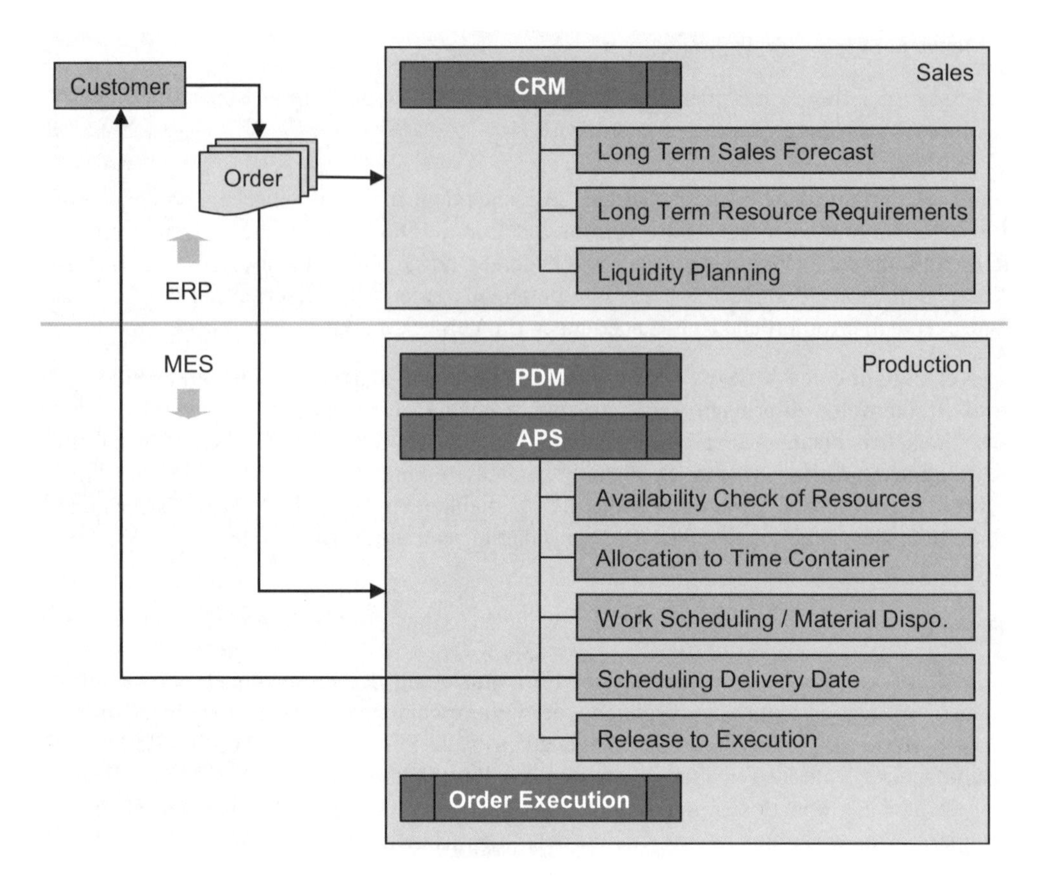

Abbildung 5.2: Funktionale Abfolge vom Kundenauftrag bis zur Fertigungsfreigabe.

5.3 Beschaffungsmanagement innerhalb MES

5.3.1 Bedarfsplanung

Die zentrale Aufgabe der Materialbedarfsplanung ist, im Rahmen des Beschaffungsmanagements die Materialverfügbarkeit sicherzustellen. Dies bedeutet, innerbetrieblich und für den Verkauf die erforderlichen Bedarfsmengen termingerecht zu beschaffen.

Dazu gehört die Überwachung der Bestände und insbesondere die Erstellung von Beschaffungsvorschlägen für den Einkauf. Dabei bemüht sich die Bedarfsplanung um den optimalen Weg zwischen:

- bestmöglicher Lieferbereitschaft und
- Minimierung der Kosten und der Kapitalbindung.

5.3.2 Materialbedarfsermittlung

In einem ersten Schritt wird mit Hilfe einer operativen Planungsvorschau der Planbedarf an Ressourcen ermittelt und mit der Bestands- und Verfügbarkeitssituation abgestimmt. Auf dieser Grundlage werden Entscheidungen für eine Reservierung, für Bestellungen etc. getroffen.

Wenn man entsprechend der ISA die Datenverteilung vornimmt (siehe Kapitel 3.2.1), sind Arbeitspläne und damit Stücklisten Inhalt von MES. Um direkt aus dem Beschaffungsmanagement auf die Lagerbestände sämtlicher Lagertypen zugreifen zu können ist es erforderlich, die Bestände im MES zu führen.

5.3.3 Materialdisposition in MES oder ERP

In heutigen Systemen findet die Materialdisposition im Regelfall auf der Ebene 4 statt. In künftigen Produktionsmanagementsystemen disponiert die Produktion kurzfristig auf der Basis einer realen Situation. Durch das operative Planungsinstrumentarium können sehr schnell neue Auftragssituationen durchgerechnet werden.

Sind kurzfristig Bestellungen erforderlich, wird idealerweise der Bestellabruf per E-Mail an den Lieferanten gesendet oder steht diesem über eine B2B Plattform direkt im Internet zur Verfügung. Auf demselben Weg übergibt der Lieferant Auftragsbestätigung und Liefertermine. Da in künftigen Systemen das Produktdatensystem in Ebene 3 verwaltet wird, stehen der Planung immer die aktuellen Daten für Arbeitspläne mit ihren Stücklisten zur Verfügung.

Bei der Materialbedarfsermittlung müssen auch benötigte **Vorprodukte (Artikel) aus Eigenfertigung** ermittelt und deren Produktion geplant werden. Ausgehend vom eigentlichen Produktionsauftrag können „Unteraufträge" zur Produktion der Vorprodukte automatisch durch MES generiert und in die Reihenfolgeplanung aufgenommen werden.

5.3.4 Wareneingang

In der Wareneingangsfunktion wird mit Bezug auf eine offene Bestellung automatisch eine Wareneingangsnummer vergeben. Danach werden die einzelnen Bestellpositionen geprüft. Da bei der mengenmäßigen Überprüfung der Lieferpositionen Abweichungen auftreten können, sind die realen Eingangsmengen zu erfassen, die der Bestellmenge gegenübergestellt werden. Ist eine Bestellung auf der Basis von Verpackungseinheiten erfolgt, sollte jede Liefereinheit erfasst und bestandsmäßig verwaltet werden.

Überschneidungen kann es eventuell beim Qualitätsmanagement im Rahmen der Eingangsprüfung geben. In diesem Fall kann eine Materialzubuchung über MES erfolgen. Für jede erfasste Liefereinheit, die in ein Lager gebracht wird, ist ein Warenbegleitschein zu erstellen, der die Identifizierung der Waren ermöglicht.

Ist für das Material eine Eingangsprüfung im Sinne einer Qualitätskontrolle erforderlich, muss dies durch das MES visualisiert werden. Für das Material kann entweder eine Direktprüfung vor Ort vorgenommen oder automatisch ein Laborauftrag generiert werden. Eine Freigabe des Materials für die Produktion erfolgt erst nach positiver Prüfung. Für den Ablauf der Prüfung wird auf den Prüfablauf in der Produktion verwiesen, der mit dem im Wareneingang weitgehend übereinstimmt.

Nach der mengenmäßigen Prüfung und den Qualitätsprüfungen muss die Materialbuchung auch an die Buchhaltung übergeben werden. Hier ist unter Umständen noch ergänzend die Angabe einer Kostenstelle und eines Kostenträgers erforderlich.

5.3.5 Interaktion von ERP und MES

Wie gezeigt wurde bestehen bei der Materialwirtschaft diverse Überschneidungen der Aufgaben zwischen ERP und MES. Hierzu bestehen unterschiedliche Ansätze, diese Aufgaben zu verteilen:

1. Als beste Möglichkeit ist eine Service-orientierte Architektur (SOA) zu nennen. Hierbei verwendet das eine Tool, beispielsweise ein MES, als Dienst die Materialzubuchung des anderen Tools, in diesem Fall des ERP Systems. Dabei gibt es definierte Schnittstellen und Austauschformate. Der Dienst wird gestartet durch Übergabe einer ID mit entsprechendem Rückgabewert.

2. Eine weitere geeignete Lösung ist die Speicherung der Daten über ein Data-Warehouse. Dieses ermöglicht eine globale Sicht auf heterogene und verteilte Datenbestände, indem die für die globale Sicht relevanten Daten aus den Datenquellen zu einem gemeinsamen konsistenten Datenbestand zusammengeführt werden. Somit entsteht der Inhalt eines Data-Warehouse durch Kopieren und Aufbereiten von Daten aus unterschiedlichen Quellen, in diesem Fall aus einem ERP System und einem MES.

3. Als letzte Möglichkeit werden die Aufgaben in zwei getrennten Tools ausgeführt. Dies hat zur Folge, dass die Daten teilweise doppelt gespeichert werden und somit auch ein erhöhter Pflegeaufwand entsteht. Fehler in der Datenhaltung sind unumgänglich.

5.3.6 Lagerbindungskosten des Materials

Über den Lagerbindungskostensatz ist die eingelagerte Menge (Bestände) bezüglich der aufgelaufenen Lagerzeiten zu bewerten. Die sich ergebenden Lagerbindungskosten sind anzuzeigen. Diese müssen dem MES zur detaillierten Planung und Optimierung zur Verfügung stehen. Zu den Beständen zählen: Lagerbestände (Rohmaterial), Lagerbestände (Halberzeugnisse) und Bestände in der Produktion, auch als WIP (Work in Process) bezeichnet.

5.4 Der Planungsprozess

5.4.1 Zielsetzung der Planung

Aufgabe eines MES ist es, die vom ERP übergebenen Aufträge (in der Regel ein Pool von Aufträgen für einen definierten Zeitbereich mit festem Vorlauf) durch geeignete Algorithmen in eine **optimale Reihenfolge** zu bringen. Die Frage, was die optimale Reihenfolge ist, hängt von vielen Faktoren ab und kann sich sogar innerhalb einer Produktionsstätte beispielsweise durch Anpassungen der Firmenpolitik häufig ändern. Zwei Sichtweisen sind aber hervorzuheben, die in jeder Produktion mit unterschiedlicher Gewichtung zur Reihenfolgeplanung herangezogen werden:

- Die Kundensicht, bei der die Einhaltung von Lieferterminen und Qualität im Vordergrund steht. Die Priorität der einzelnen Kundenaufträge wird hier in der Regel durch den Produktionsplaner (Auftragsvorbereitung) vorgegeben. Ein Regelwerk kann im MES hinterlegt werden.
- Die kostenorientierte Sicht (z. B. Rüstkostenoptimierung, Ressourcenoptimierung, Lagerbindungskostenoptimierung oder eine Mischung verschiedener Faktoren) zur Minimierung der Produktionskosten. Hier wird die optimale Reihenfolge der Aufträge nach einem internen Regelwerk durch MES ermittelt.

Durch Simulation sollte ein MES verschiedene Szenarien bezüglich Varianten, Mengen und Terminen berechnen und zur Anzeige bringen. Für Produktionsprozesse mit nur wenigen Randbedingungen und klaren Regeln ist auch eine vollautomatische Reihenfolgeplanung möglich. Die Entscheidung über die tatsächlich auszuführende Variante bei komplexeren Planvorgängen wird von der Arbeitsvorbereitung (AV) auf Basis von Vorschlägen getroffen.

5.4.2 Der „gepflegte“ Arbeitsplan - Voraussetzung für eine optimierende Planung

Langjährige Erfahrung bei der Analyse von Arbeitsplänen hat ergeben, dass ein Großteil der Vorgaben (in der Hauptsache Planzeiten für Produktionsschritte, Rüsten, Reinigen, etc.) signifikant von der Realität abweichen. Der Grund hierfür ist, dass diese Vorgaben zu einem bestimmten Zeitpunkt vor Start der Produktion, z. B. auf Basis von Schätzungen und Zeitstudien, festgelegt, aber im Laufe der tatsächlichen Produktion nicht mehr auf Richtigkeit überprüft werden. Durch kontinuierliche Verbesserungsprozesse verändern sich die tatsächlichen Produktionszeiten aber oft entscheidend.

Daraus kann eine wichtige Anforderung an die Planungsfunktion von MES abgeleitet werden: MES sollte über ein Instrument verfügen, das die Zeitvorgaben aus dem Arbeitsplan mit den tatsächlichen Zeiten vergleicht und damit zur Anpassung der Vorgabezeiten führt. Der Arbeitsplan kann somit durch einen automatischen Regelkreis an die Realität angepasst werden und führt somit wiederum zu einer verlässlicheren und genaueren Reihenfolgeplanung.

Die Erfassung der Ist-Zeiten kann einfach und kostengünstig über ein BDE System erfolgen, das oft bereits vorhanden ist oder als Modul des MES vorhanden sein sollte. In diesen Systemen werden auftrags- und damit artikelbezogen Ist-Zeiten aufgezeichnet. Die mit statistischen Methoden berechneten Mittelwerte dieser Zeiten können dann den Vorgabezeiten gegenübergestellt und Abweichungen analysiert werden.

5.4.3 Die Reihenfolgeplanung (Work Scheduling)

In den heute vorhandenen Planungssystemen wird häufig der Fehler begangen, sämtliche Aufträge in einem Auftragspool zu bearbeiten mit dem Ergebnis, dass bei einer großen Anzahl von Aufträgen nicht akzeptable Berechnungszeiten entstehen. Gerade beim Einschieben von z. B. "Chefaufträgen" kann dies im Betrieb zu erheblichen Problemen führen, da es dann nicht mehr möglich ist, in einer akzeptablen Zeit umzuplanen und somit einen durchführbaren Plan für die laufende Schicht zur Verfügung zu haben.

Ein geeigneter Ansatz vor der eigentlichen Planung ist die Summe der Aufträge auf definierte Zeiträume (z. B. einen Tag oder eine Kalenderwoche), so genannte Zeitcontainer, aufgeteilt werden. Diese Vorgehensweise führt zu mehr Übersicht und verkürzt die Berechnungszeiten der Planung. Die Verteilung der Aufträge auf die „Zeitcontainer“ kann im einfachsten Fall manuell durch die Auftragsvorbereitung erfolgen.

Die Problemstellung der Reihenfolgeplanung tritt immer dann auf, wenn mehrere Aufträge um knappe Produktionsressourcen konkurrieren. Sie ist somit sowohl bei der auftragsorientierten Einzelfertigung als auch bei der Sorten- und Serienfertigung relevant. Lediglich bei der Massenfertigung ist mit ihren stark spezialisierten, auf eine bestimmte Produktart ausgerichteten Fertigungsanlagen selten eine operative Reihenfolgeplanung erforderlich. Die Komplexität der Aufgabenstellung erschließt sich durch Betrachtung der verschiedenen Randbedingungen. Diese sind vielschichtig und oft auch gegenläufig in Bezug auf das Ziel der Planung. Hier ein Überblick über häufig anzutreffende Einflussfaktoren

- mit Bezug auf den Kundenauftrag:
  - Liefertermin
  - Lieferqualität
- mit Bezug auf das Produkt:
  - alternative Arbeitspläne
  - alternative Stücklisten
  - von der Reihenfolge abhängige Rüstkosten

- mit Bezug auf den Produktionsprozess:
  - minimale oder maximale Zeitabstände zwischen den Prozessschritten
  - Transportzeiten
  - Wartezeiten (z. B. Abkühl- oder Reifeprozess)
- mit Bezug auf die Produktionsressourcen:
  - die aktuelle Ressourcenbelegung
  - die Verfügbarkeit von Transportmitteln und anderen Betriebsmitteln
  - Reinigungs- und Wartungszeiten
  - die Verfügbarkeit von Ressourcen zur Qualitätssicherung (Prüfplätze, Laborkapazitäten etc.)

Für die Auswahl (und nachfolgend für die Parametrierung) eines MES ist es deshalb wichtig, sich Klarheit über diese Einflussfaktoren zu verschaffen. Nur wenn diese Faktoren und deren Priorität klar bekannt sind kann eine effektive Reihenfolgeplanung erfolgen, die in der Folge zu einer Verbesserung des gesamten Produktionssystems führt.

Bei der Reihenfolgeplanung für einen größeren Auftragspool mit der Zielsetzung, **alle Liefertermine der Kundenaufträge zu erfüllen** (der Liefertermin hat im Vergleich zu allen anderen oben genannten Randbedingungen eine herausragende Bedeutung und ist deshalb für die meisten Produktionsumgebungen als relevant einzustufen), muss durch MES folgendes sichergestellt werden:

- Synchronisation der Prozesskette anhand der Parameter im Arbeitsplan zur Minimierung der Durchlaufzeit. D. h. unter anderem Vermeidung von Liege- und Wartezeiten (Minimierung der Lagerkosten für das Produktionslager) unter simultaner Berücksichtigung des Ressourcenbedarfs.
- Kollisionsfreie Verplanung eines Auftragspools im betrachteten Zeitcontainer unter Berücksichtigung von vorgegebenen Prioritäten und Regeln bei der Reihenfolgeoptimierung.

5.4.4 Strategien zur Reihenfolgeplanung und Planungsalgorithmen

Neben den bisher in diesem Kapitel aufgezeigten Anforderungen sind die verwendeten Algorithmen zur Reihenfolgeplanung der entscheidende Faktor. Zur Vereinfachung wird in diesem Zusammenhang von einem „Algorithmus“ gesprochen, obwohl sich hinter dem Planungssystem auch ein komplexes Regelwerk, ein Simulationssystem oder auch ein „Expertensystem“ mit selbstlernenden Softwarekomponenten verbergen kann.

Die Nutzung von **Simulationswerkzeugen** ist für eine optimale Planung essentiell. Die Gründe dafür liegen auf der Hand – bereits für die Fabrikplanung werden die Simulationswerkzeuge zur Auslegung von Maschinen, Anlagen und Logistikprozessen eingesetzt. Damit sind die wichtigsten Randbedingungen in diesen Systemen abgebildet. Die Simulationswerkzeuge bei der Planung eines Auftragspools unterscheiden sich von denen der Fabrikplanung und der Produktentwicklung. Bei letzterer stehen folgende Parameter im Vordergrund: Menge, Termin, Kalender, Schichtmodell, alternative Maschinen, Varianten.

Die einfachste Variante einer „Planung" ist der **interaktive Leitstand.** Hierbei erfolgt die Planung wie bei einer klassischen Plantafel. Die aus dem ERP System übergebenen Plandaten werden übernommen, grafisch visualisiert und bei Kapazitätsüberlastung einzelner Maschinen oder Anlagen wird durch manuelles Verschieben der Aufträge eine „Kapazitätsglättung" vorgenommen. Es existiert also kein eigenständiger Planungsalgorithmus im MES, sondern der Mensch übernimmt die Planung mit allen Vor- und Nachteilen. Besonders die bereits erwähnte Planung für Vorprodukte aus Eigenfertigung ist hier schwierig, da die gesamte Prozesskette (und Stückliste) nicht durch MES aufgelöst wird.

Um diese „Notlösung durch manuelles Verschieben" zu vermeiden, muss ein Planungsalgorithmus komplexe Prozessketten auflösen, diese synchronisieren und einen Zeitcontainer mit einer Vielzahl von Aufträgen unter Berücksichtigung der Ressourcenverfügbarkeit kollisionsfrei verplanen können. Änderungen von Mengen, Terminen oder Schichtmodellen werden manuell vorgegeben. Der Algorithmus legt den Rest fest. Die Darstellung des Planungsergebnisses erfolgt beispielsweise in einem Gantt-Diagramm. Dieser Planung werden in der Folge die Ist-Daten der Produktion gegenübergestellt.

Gantt-Diagramm

Ein Gantt-Diagramm oder Balkenplan ist ein nach dem Berater Henry L. Gantt (1861–1919) benanntes Instrument des Projektmanagements, das die zeitliche Abfolge von Aktivitäten grafisch in Form von Balken auf einer Zeitachse darstellt.

Im Unterschied zum Netzplan ist die Dauer der Aktivitäten im Gantt-Diagramm deutlich sichtbar. Ein Nachteil des Gantt-Diagramms ist, dass die Abhängigkeiten zwischen Aktivitäten nur eingeschränkt darstellbar sind. Dies ist wiederum die Stärke des Netzplans. [SYSKA 06]

5.4.5 Vorwärtsplanung/Rückwärtsplanung/Engpassplanung

Zur optimierungsbasierten Einplanung von Aufträgen bestehen verschiedene Strategien, die im Folgenden kurz beschrieben werden. Je nach Ausgangssituation und Rahmenbedingungen ist die passende Strategie zu wählen (siehe Abbildung 5.3). Die einzelnen Fertigungsaufträge bestehen dabei aus den Teilerzeugnissen A1 und A2 bzw. B1 und B2. Die schraffierten Flächen beziehen sich auf Rüstvorgänge der jeweiligen Fertigungsschritte.

Im Regelfall kommt die Strategie der Rückwärtsterminierung zum Einsatz. Geht bei der Auflösung eines Auftrags die Prozesskette in die Vergangenheit, muss ein Planungssystem automatisch auf die Vorwärtsterminierung umschalten.

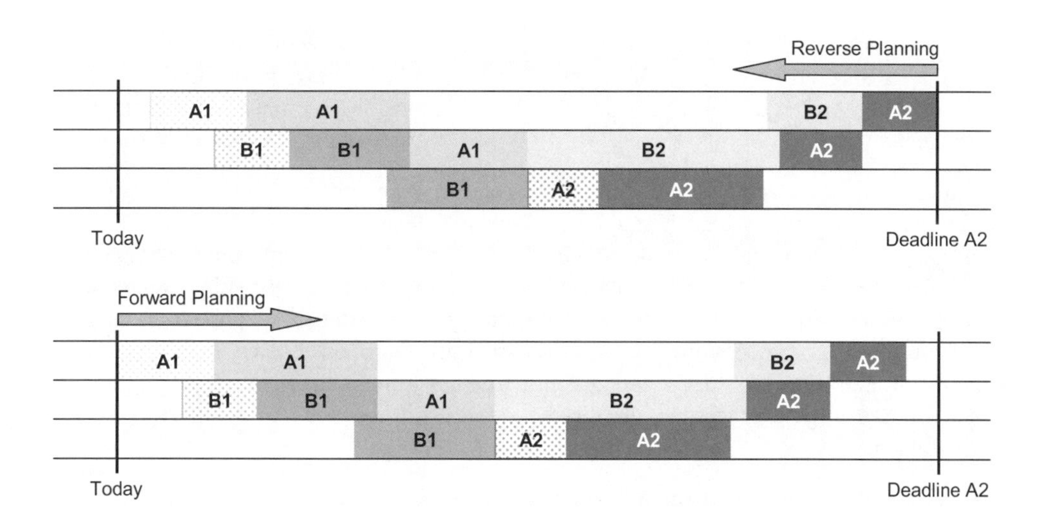

Abbildung 5.3: Rückwärts- und Vorwärtsplanung.

Bei der Vorwärtsplanung wird auf Basis des MRP Laufs (Prüfung der Materialverfügbarkeit) dem MES der frühest mögliche Produktionsstart genannt. Ausgehend von diesem Termin und beginnend mit der untersten Fertigungsstufe (Sekundärbedarf) erfolgt die Planung. Alle notwendigen Produktionsschritte werden zeitlich vorwärts terminiert eingeplant. Dies ist allerdings nicht immer der geeignete Weg. Wird das Enderzeugnis zu früh fertig, entstehen durch die vollzogene Wertschöpfung zum einen erhöhte Lagerkosten des Endproduktes und zum anderen kann es sein, dass verwendetes Rohmaterial für einen zeitkritischen Auftrag benötigt worden wäre.

Ist dem Kunden ein Liefertermin genannt oder kann beispielsweise aufgrund eines Transportes mit dem Schiff nur zu bestimmten Terminen geliefert werden, empfiehlt sich die Rückwärtsplanung des Fertigungsauftrages. Die Planung erfolgt in diesem Fall ausgehend vom Endtermin des Fertigungsauftrags mit der höchsten Fertigungsstufe (Primärbedarf). Die einzelnen Fertigungsschritte werden dabei zeitlich rückwärts terminiert eingeplant.

Oft ergeben sich in der Produktion Fertigungsschritte verschiedener Erzeugnisse, die zwingenderweise alle auf einer bestimmten Maschine ausgeführt werden müssen. In diesem Fall erfolgt eine **Engpassplanung**, ausgehend von der Engpassressource. Über eine Kombination aus Vorwärts- und/oder Rückwärtsplanung werden die Fertigungsschritte terminiert.

5.4.6 Kollisionsfreie Verplanung eines Zeitcontainers

In der Fertigungsindustrie ist die Planung eines Einzelauftrages eher die Ausnahme. Man hat es in der Regel mit einer Vielzahl von Aufträgen zu tun, die entsprechend den Terminwünschen „gleichzeitig“ und mit begrenzten Ressourcen und Kapazitäten erfüllt werden sollen.

Hier geht es darum, ein Optimum für die Reihenfolge, die Durchlaufzeiten und die Lagerkosten zu finden bzw. zu berechnen. Der Berechnungsalgorithmus muss in der Lage sein, die Reihenfolge der Aufträge nach Prioritäten und Regeln kollisionsfrei mit minimalen Lücken zu verplanen.

Eine kollisionsfreie Berechnung mit manuell festgelegter Reihenfolge der einzelnen Aufträge erfordert nun vom Planungsalgorithmus mehr Aufwand. Jeder Auftrag besteht aus mehreren Arbeitsgängen. MES muss also in der Planrechnung eine große Anzahl von Arbeitsgängen terminieren. Danach kann für jeden Kundenauftrag der mögliche Liefertermin genannt werden. Die Geschwindigkeit der Berechnung hängt maßgeblich von der Anzahl der zu planenden Arbeitsgänge im Zeitcontainer ab. Aus diesem Grund empfiehlt es sich, möglichst kurze Zeiträume zu betrachten. Ist der Planungszeitraum eines Zeitcontainers abgelaufen, müssen offene Aufträge aufgelistet werden, um diese dann in den folgenden Zeitcontainer verschieben zu können.

Entsprechend der vorgenommenen Parametereinstellungen und der Reihenfolgemethode ermittelt ein Algorithmus ein kollisionsfreies Planungsbild mit geringen Lücken und exakten Lieferterminen. Im Beispiel werden 10 Aufträge zum selben Artikel mit der Menge 100 Stück und dem Fertigstellungstermin 20.12.2007 um 14:00 in den Zeitcontainer gestellt. Der Planungsalgorithmus ermittelt nun auf der Basis der gewählten Planungsstrategie die einzelnen Liefertermine der 10 Aufträge, die in einer Übersicht ausgegeben werden (siehe Abbildung 5.4).

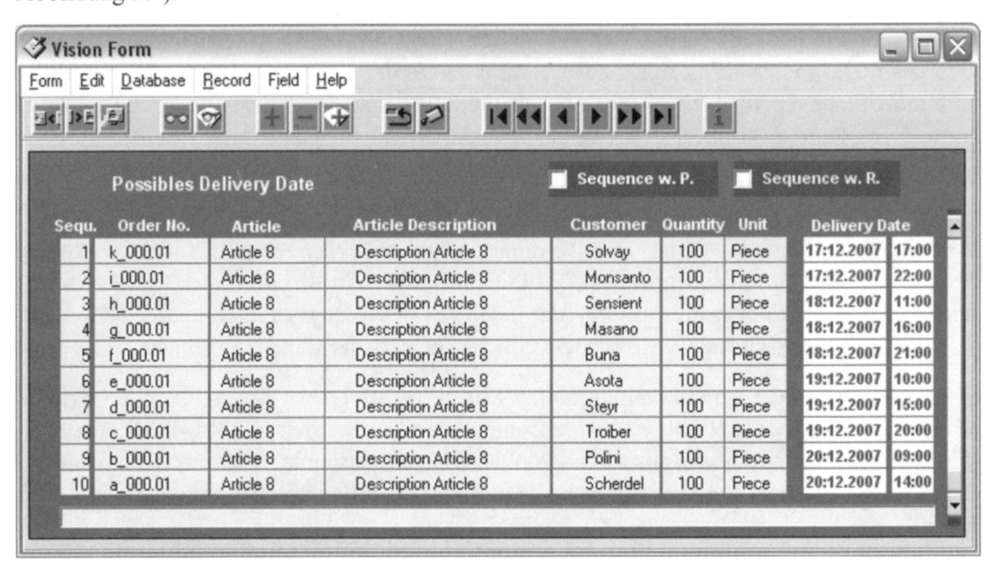

Sequ.	Order No.	Article	Article Description	Customer	Quantity	Unit	Delivery Date	
1	k_000.01	Article 8	Description Article 8	Solvay	100	Piece	17:12.2007	17:00
2	i_000.01	Article 8	Description Article 8	Monsanto	100	Piece	17:12.2007	22:00
3	h_000.01	Article 8	Description Article 8	Sensient	100	Piece	18:12.2007	11:00
4	g_000.01	Article 8	Description Article 8	Masano	100	Piece	18:12.2007	16:00
5	f_000.01	Article 8	Description Article 8	Buna	100	Piece	18:12.2007	21:00
6	e_000.01	Article 8	Description Article 8	Asota	100	Piece	19:12.2007	10:00
7	d_000.01	Article 8	Description Article 8	Steyr	100	Piece	19:12.2007	15:00
8	c_000.01	Article 8	Description Article 8	Troiber	100	Piece	19:12.2007	20:00
9	b_000.01	Article 8	Description Article 8	Polini	100	Piece	20:12.2007	09:00
10	a_000.01	Article 8	Description Article 8	Scherdel	100	Piece	20:12.2007	14:00

Abbildung 5.4: Übersicht eines Auftragspools.

5.4.7 Rüstoptimierung und Lagerbindungskosten

Das Ergebnis der Planung sollte auch eine exakte Bestimmung der Plankosten, die nicht nur die Berechnung der direkten Kosten berücksichtigt sondern auch die auf das Produkt bezogene Zuordnung der Gemeinkosten und der Lagerbindungskosten beinhalten. Diese Rechnung soll aufzeigen, wie sich eine Reihenfolgeoptimierung auf die Kosten beim Rüsten und parallel dazu auf die Lagerkosten auswirkt. Ein vollständiges MES sollte diese Funktion beinhalten. Es kann beispielsweise der Fall auftreten, dass die Einsparungen durch eine Rüstoptimierung die Lagerbindungskosten so sehr erhöhen, dass eine Rüstoptimierung nicht sinnvoll ist. Solche und ähnliche Situationen sollten durch das MES verdeutlicht werden, um den Verantwortlichen immer die wirtschaftlich besten Handlungsalternativen aufzuzeigen.

5.5 Die Bedeutung des Leitstands

5.5.1 Kernelemente

Der Begriff **Leitstand** bzw. **Leitwarte** wurde bereits in der Anfangsphase der computergestützten automatisierten Produktion geprägt und wird nach wie vor in verschiedenen Bedeutungen verwendet. In der Prozesstechnik versteht man darunter die Darstellung des gesamten technischen Prozesse in Form von Fließbildern. Im Umfeld von MES versteht man unter einem Leitstand die Benutzerschnittstelle zur Auftragsplanung. D. h. das Ergebnis automatischer Planungsläufe wird visualisiert und/oder eine interaktive Planung bzw. Korrektur der vorgeschlagenen Planung kann durch den Menschen erfolgen.

Ein Kernelement ist die Darstellung der geplanten Aufträge in einem Gantt-Diagramm, oft auch als „elektronische Plantafel" bezeichnet. Verfügt das MES über Planungsalgorithmen zur Optimierung um auch komplexe Prozessketten mit einer beliebigen Anzahl von Aufträgen kollisionsfrei berechnen zu können, steht die grafische Darstellung im Vordergrund. In diesem Fall wird nur wenig Interaktion benötigt, was zu einer Vereinfachung der Bedienoberfläche führt und somit zur Fehlervermeidung beiträgt. Typische Algorithmen dienen zur Optimierung der:

- Rüstkosten
- Fertigungskosten
- Personalkosten
- Kapitalbindung
- Termineinhaltung
- Kapazitätsauslastung

In den seltensten Fällen wird die Fertigung nur eine Optimierungsstrategie (z. B. Termineinhaltung um jeden Preis) verfolgen. Gewöhnlich ergibt sich die Optimierung aus einer gewichteten Kombination der beschriebenen Algorithmen.

Werden Plandaten, z. B. aufgrund eines fehlenden Planungsalgorithmus einfach vom ERP System übernommen, muss der Leitstand Kollisionen und Mehrfachbelegungen von Maschinen oder Anlagen (so genannte „Belastungsgebirge“) deutlich machen. Ein Abbau der Belastungsgebirge und somit eine Glättung der Maschinenauslastung erfolgt durch interaktive Verschiebung der Aufträge. Diese Funktion muss in möglichst einfacher und transparenter Form vom Leitstand zur Verfügung gestellt werden. Eine intuitive Bedienung zur Vermeidung von Fehlplanungen ist hier von größter Bedeutung.

Nachfolgend sind die wesentlichen Inhalte in Form eines exemplarischen Aufbaus eines Leitstands beschrieben.

5.5.2 Bedienoberfläche

Die Gesamtsdarstellung sollte in Anlehnung an den Grundlagen zur Bedienergonomie einfach und übersichtlich sein. Je weniger Platz für nicht unmittelbar notwendige Informationen verschwendet wird, desto mehr bleibt für die eigentliche Kerninformation – die grafische Darstellung in Form eines Gantt-Diagramms. Da die Anforderungen in verschiedenen Branchen und Produktionsbereichen höchst unterschiedlich sein können, kann nicht generell gesagt werden, welche Informationen wann für wen besonders wichtig sind. Deshalb ist eine weitgehend freie Konfigurationsmöglichkeit der Oberfläche die benutzerfreundlichste Lösung. Der Systembenutzer konfiguriert den Leitstand nach seinen Bedürfnissen und speichert diese Einstellungen. Bei der nächsten Anmeldung am System (idealerweise unabhängig vom Arbeitsplatz an dem die Anmeldung erfolgt – z. B. mittels eines Webclients) erhält er seine angepasste Bedienoberfläche.

Das folgende Beispiel wurde in fünf Bereiche gegliedert, die normalerweise benötigt werden.

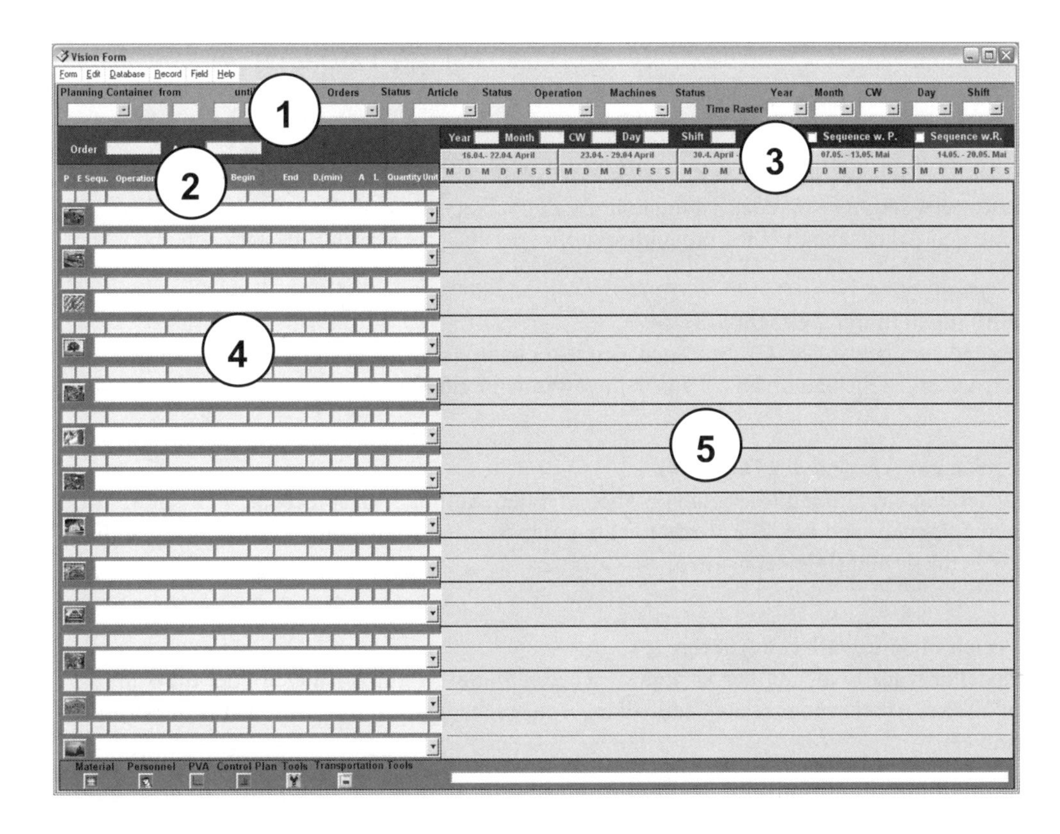

Abbildung 5.5: Prinzipieller Aufbau eines Leitstands.

Bereich zur Informationsfilterung (1)
Der Zeitbereich für die Planung (ein Vorgabewert z. B. die laufende Kalenderwoche sollte einstellbar sein) und das Objekt der Planung (Maschine, Station, Artikel etc.) soll gewählt werden können. Die getroffene Wahl muss in eindeutiger Form visualisiert werden.

Um diese Filterung effizient zu gestalten, ist großer Wert auf die Gestaltung der Ablage erfasster Dateien in Tabellen zu legen. Diese Gestaltung sollte sich an die Methoden einer mehrdimensionalen Tabellenstruktur von OLAP Tools anlehnen.

Selektion des Planungsgegenstandes (2)
Die Anzeige kann entweder über Produktionsaufträge (Maschinensicht – wählbar über den tatsächlichen Auftrag oder den produzierten Artikel) oder Maschinen/Linien/Stationen etc. (Auftragssicht) erfolgen.

In der Auftragssicht werden die einzelnen Ressourcen auf der Y-Achse (4) angezeigt und die Arbeitsgänge der Aufträge als Zeitbalken im Gantt-Plan (5). Man kann also erkennen, mit welchen Aufträgen eine Ressource belegt und wie die Ressource ausgelastet ist.

In der Maschinensicht werden die selektierten Aufträge auf der Y-Achse (4) angezeigt und die Arbeitsgang/Ressourcenkombination als Zeitbalken im Gantt-Plan. Man kann beispielsweise den Arbeitsablauf eines Produktionsauftrages über die Maschinen/Stationen abbilden.

Konfiguration der Zeitachse (3)
Passend zum gewählten Zeitraum und Zeitraster kann die Zeitachse konfiguriert werden. Die Vorgabe ergibt sich automatisch aus dem gewählten Zeitraum.

Bereich zur Anzeige der Daten (4)
Darstellung der Linien/Maschinen/Stationen oder Aufträge entsprechend dem gewählten Planungsgegenstand (2). Zur Verdeutlichung der Anzeige können noch Bilder der Maschine bzw. Artikels eingeblendet werden.

Bereich für die grafische Anzeige (5)
Darstellung der Belegung der Linien/Maschinen/Stationen mit Aufträgen oder die Aufträge mit ihren Arbeitsgängen als Zeitbalken entsprechend dem gewählten Planungsgegenstand (2).

Diese Anzeige der Planungsdaten kann den durch das MES ermittelten Ist-Daten gegenübergestellt werden. Wahlweise können die Ist-Daten auch sofort in geänderte Planungen übernommen werden.

5.6 Personaleinsatzplanung und Freigabe der Aufträge

Für die längerfristige Planung des Personaleinsatzes ist der Personalkalender für die Produktionsleitung wichtig. Dieser wird im MES gepflegt und mit dem Zeitmodell des Unternehmens (Schichtkalender) verknüpft.

Kurzfristig, d. h. kurz vor der Freigabe der Aufträge für die Produktionsdurchführung, ist es für den Schichtführer entscheidend, ob er zu diesem Zeitpunkt das benötigte Personal in der entsprechenden Qualifikation zur Verfügung hat. Nur dann kann er einen Auftrag auch für die Durchführung freigeben. Daher muss in dieser Planungsphase die Anwesenheitssituation und Personalqualifikation geprüft werden. Der Schichtführer muss beim Einsatz des Personals eine ständige Kontrolle über die noch zur Verfügung stehende Kapazität des Personals in der jeweiligen Schicht haben (siehe Kapitel 4.3.2). Jeder Person kann ein eigener Kalender zugeordnet werden. Innerhalb des Kalenders können individuelle Schichtmodelle verwendet werden.

5.7 Zusammenfassung

Ein qualifiziertes MES verfügt über ein operatives Planungssystem, das situationsbezogen einen Auftragspool kollisionsfrei unter Berücksichtigung der Ressourcensituation plant. Es wird durch das System sichergestellt, dass die Auftragsdurchführung einem realistischen Rahmen unterliegt und eventuelle Abweichungen unmittelbar durch einen permanenten Soll-/Ist-Vergleich erkannt werden.

Grundlegend muss eine solches System Planungsalgorithmen zur Optimierung beinhalten, die auf realistischen Arbeitsplandaten beruhen. Das Ergebnis einer Planungsrechnung ist zur besseren Übersicht grafisch in einem Gantt-Diagramm anzuzeigen. Interaktive Leitstände verdecken meist nur das Fehlen qualifizierter Algorithmen.

Die Planungsrechnung berücksichtigt die Kundensicht, in dem die Reihenfolge der Aufträge an der Priorität, der Gewichtung des jeweiligen Kunden ausgerichtet wird oder sie orientiert sich an der internen Kostenminimierung. Dies betrifft den Einsatz von technologischen Regeln (z. B. Rüstmatrix). Es müssen dabei auch die Auswirkungen auf die Lagerbindungszeiten und der damit verbundenen Kosten berücksichtigt werden. Die Einsparungen durch eine Rüstoptimierung können im Einzelfall durch einen Mehraufwand bei den Produktionslagerkosten infrage gestellt werden.

6 Kernfunktion – Auftragsdurchführung

6.1 Allgemeines zur Auftragsdurchführung

6.1.1 Einordnung in das Gesamtsystem

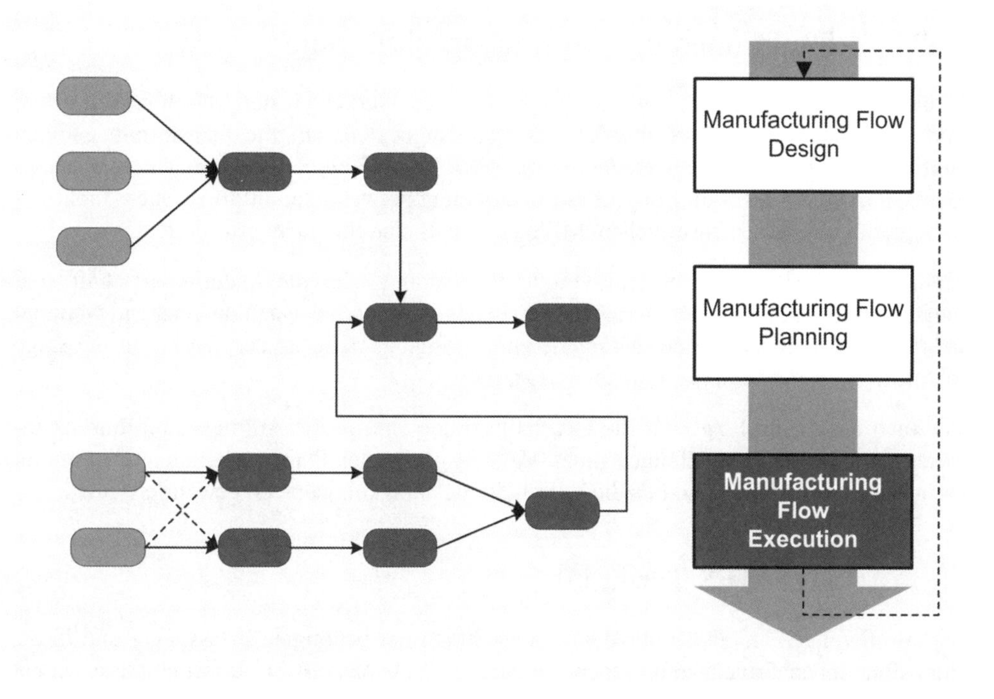

Abbildung 6.1: Kernelement „Manufacturing Flow Execution".

Im Unterschied zu den in den vorherigen Kapiteln erläuterten Kernkomponenten, die indirekte Wertschöpfungselemente sind, ist die Auftragsdurchführung eng mit dem direkten Wertschöpfungsprozess verbunden. Dabei ist wichtig, dass das Maschinenpersonal eine Benutzerschnittstelle (MES Terminal) erhält, die exakt auf die Anforderungen des jeweiligen Produktionsprozesses abgestimmt werden kann und somit den Bediener auf einfache Weise im Sinne eines Work Flows führt.

Die erfolgreiche Einführung eines MES setzt hier an. Probleme bei der Einführung von IT im produktionsnahen Umfeld haben ihre Ursache sehr häufig in der Nichteinbeziehung oder zu späten Einbindung des Maschinenpersonals bei der Informationserfassung und -gestaltung (siehe Kapitel 9). Einbeziehung der Mitarbeiter heißt, zuerst über die Ziele und den Sinn von MES zu informieren. Im zweiten Schritt sollte das MES Terminal entwickelt und getestet werden. Dies beinhaltet auch die Ausstattung mit der erforderlichen Hardware wie Größe des Displays und das Erfassungsmedium (Maus, Touchscreen, Tastatur mit Funktionstasten, Personalidentifikationseinheit, Schnittstellen zu den Maschinen). Vor der Erläuterung der Einzelfunktionen der Auftragsdurchführung, wird ein kurzer Überblick gegeben und zwei mögliche Varianten eines MES Terminals beschrieben.

6.1.2 Funktionen der Auftragsdurchführung

Für die Durchführung eines Auftrags ist primär der Werker an der Maschine oder dem Handarbeitsplatz zuständig. Daher ist das Hauptaugenmerk auf die hierfür notwendigen Funktionen gerichtet. Diese werden im weiteren Verlauf beschrieben. In automatisierten Prozessen muss ein MES die zur Auftragsbearbeitung notwendigen Informationen direkt mit den Steuerungssystemen austauschen. MES Terminals sind hier nicht erforderlich.

Abteilungen wie beispielsweise die Produktionsleitung oder die Materialwirtschaft sind ebenfalls an der Durchführung des Auftrags beteiligt. Denn nur wenn ausreichend Material zum richtigen Zeitpunkt an der Maschine zur Verfügung steht, ist der Werker in der Lage den Auftrag entsprechend der Vorgaben auszuführen.

Aber auch das Controlling oder die Geschäftsleitung sind in die Auftragsdurchführung involviert. Auch diesen Abteilungen muss MES in geeigneter Form aufbereitete Daten zum richtigen Zeitpunkt liefern, sodass die Entscheidungsfähigkeit jederzeit gewährleistet ist.

6.1.3 Das MES Terminal

Die Anforderungen an ein Terminal sind hinsichtlich der benötigten Erfassungs- und Informationsfunktionen firmen- und branchenabhängig. Prinzipiell ist bei Informationssystemen in der Produktion zu differenzieren, ob dem Mitarbeiter ein PC (mit Maus und Tastatur) oder ein IPC mit Touchpanel als MES Terminal zur Verfügung gestellt wird. Beide Systemvarianten haben ihre Vor- und Nachteile. Der PC hat gewöhnlich einen größeren Bildschirm, sodass mehr Information gleichzeitig dargestellt werden kann. Des Weiteren ist die Eingabe mit Tastatur oder eine Menüauswahl mit Maus schneller durchzuführen. Allerdings sind diese Systeme nicht sonderlich robust und deshalb je nach Umwelteinflüssen (Vibration, Temperaturbereich, Staub) ungeeignet. Dort bietet sich der Einsatz kompakter Geräte mit Touchpanels an. Diese kann der Maschinenbediener direkt über den Bildschirm, im Extremfall auch mit Handschuhen, bedienen.

Der nachfolgend geschilderte Aufbau ist auf einen maximal benötigten Inhalt ausgelegt. Im Einzelfall können die Inhalte in Abhängigkeit der Anwendung reduziert werden. Es wird zuerst die PC-basierte Variante vorgestellt:

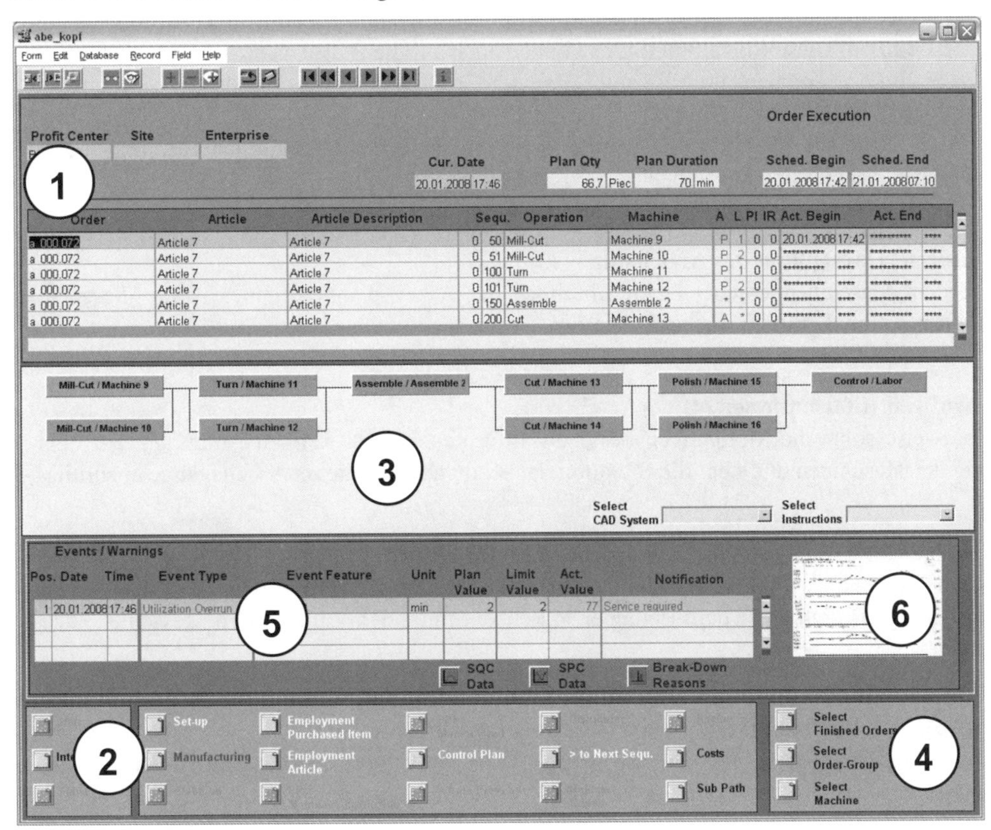

Abbildung 6.2: Exemplarische Darstellung eines PC-basierten MES Terminals in der Produktion.

Auftragsvorrat (1)

Im ersten Frame sind für jeden Maschinenbediener die ihm vom Schichtführer zugeteilten Aufträge mit deren Arbeitsgängen in der Reihenfolge anzuzeigen, in der sie abgearbeitet werden sollen. Dem Auftrag sind zugeordnet: Planmenge, Planzeit, evtl. Planliegezeit, geplanter Beginn, geplantes Ende. Mit Start des Auftrags (bezogen auf den aktuellen Arbeitsgang) durch den Werker wird der Startzeitpunkt festgehalten.

Erfassung und Kontrolle der Auftragsdaten (2)
Die Work Flow Steuerung wird mit dem Start des Auftrags im gewählten Arbeitsgang angestoßen. Das MES soll dann die BDE Funktionen (**B**etriebs**d**aten**e**rfassung) anbieten. Die BDE Funktionen teilen sich auf in die Unterfunktionen Rüsten, Fertigen und Ausbau/Reinigen. Jede dieser Funktionen wird nur aktiviert, wenn sie beim jeweiligen Arbeitsgang auch benötigt wird. Innerhalb der Einzelfunktion können wieder Unterfunktionen angesteuert werden. Diese Einzelfunktionen können auch auf die BDE Hauptfunktionen aufgeteilt werden. Im oben dargestellten Beispiel wird der Großteil der Funktionen der Hauptfunktion „Fertigen" zugeteilt. Dabei ist der Maschinenbediener wieder im Sinne eines Work Flows auf dem Terminal zu führen. Es werden dabei nur jene Einzelfunktionen aktiviert, die im jeweiligen Arbeitsgang auch abzuarbeiten sind.

Grafische Darstellung des Arbeitsplans (3)
Um dem Maschinenbediener einen Überblick des Arbeitsplans zu geben, sollte dieser zumindest optional grafisch angezeigt werden.

Abruf von Informationen (4)
Wahlweise sollte die Möglichkeit bestehen, Informationen zu fertigen Aufträgen, zur Leistung der Maschinen und über die Situation der schon abgearbeiteten Arbeitsgänge abzurufen.

Anzeige von Ereignissen und Grenzüberschreitungen (5)
Wenn Ereignisse wie z. B. Maschinenstillstand oder Grenzüberschreitung (6Sigma-Verletzung) auftreten, sind diese dem Bediener in Echtzeit mit einem Link zu den Messdaten anzuzeigen.

Anzeige von SPC/SQC Daten (6)
Dieser Frame ist vorzusehen, um die Ergebnisse der SPC/SQC Funktion in Grafiken darzustellen.

Wie eingangs beschrieben ist diese Variante allerdings nicht für alle Einsatzbereiche geeignet. Eine schon erwähnte Möglichkeit ist die Ausführung des Terminals als IPC mit Touchpanel.

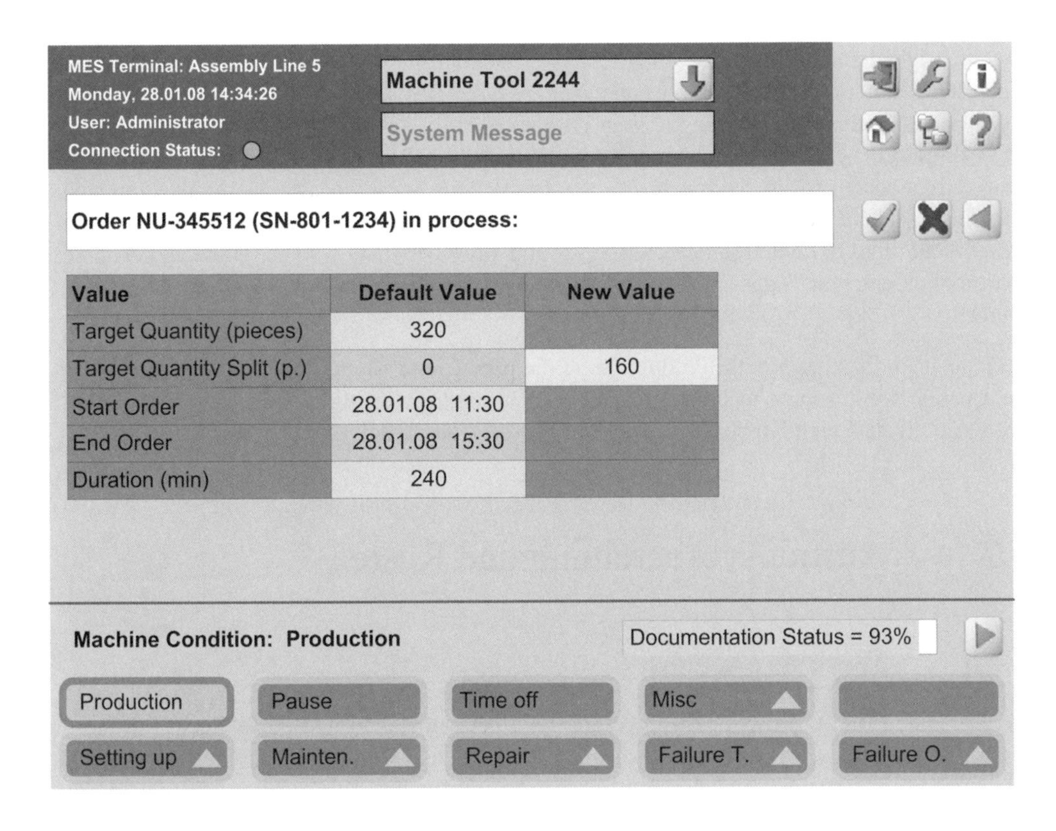

Abbildung 6.3: Exemplarische Darstellung eines MES Terminals als IPC mit Touchpanel.

Die enthaltenen Informationen sind dabei äquivalent zur vorgestellten PC-basierten Variante (siehe Abbildung 6.2). Dem Maschinenbediener alle Informationen gleichzeitig zu präsentieren, ist aufgrund der Größe des Bildschirms nicht möglich. Des Weiteren benötigt man große Schaltflächen und Schriften, sodass eine sichere Bedienung mit Handschuhen über das Touchpanel gewährleistet ist.

In der Standardansicht sollten die Auftragsliste und die Schaltflächen zur Wahl des Maschinenzustandes (Produktion, Pause, Wartung etc.) sichtbar sein. Alle weiteren Funktionen sollten optional eingeblendet werden können. Bei komplexen Funktionen wie beispielsweise Verfahrensanweisungen, Prüfanweisungen oder Montageinformationen bietet es sich an, den Mitarbeiter über "Wizards" durch den Work Flow zu leiten.

Sind weiterführende Detailinformationen zu einem Auftrag gewünscht, können diese durch selektieren eines Eintrags aus der Liste angezeigt werden. Ist ein Auftrag aus der Liste gewählt, kann dieser über Eingabe gestartet werden. Alternativ ist es auch möglich über Handscanner u. ä., durch lesen eines Barcodes, einen Auftrag zu starten.

Wie im folgenden Abschnitt „Leistungsanalyse“ (siehe Kapitel 6.4) noch gezeigt wird, ist für die späteren automatischen Auswertungen seitens MES besonders wichtig, dass der Maschinenzustand (Produktion, Wartung, Fehler etc.) vollständig dokumentiert wird. Nur hierdurch ist sichergestellt, dass die berechneten Kennzahlen aussagekräftig sind. Diese Zustandserfassung erfolgt soweit technisch machbar automatisch über Sensoren. Die Maschine kann sich allerdings auch in einem Zustand befinden, der aus Sicht der Maschine undefiniert ist. In diesem Fall muss der Mitarbeiter einen Störgrund aus einer Liste wählen. Diese so genannte „Nachdokumentation“ kann auch nach Schichtende für alle nicht dokumentierten Zustände erfolgen.

Befindet sich die Maschine in Produktion ist die produzierte Menge zu erfassen. Auch diese Information sollte soweit technisch realisierbar automatisch erfolgen. Eine manuelle Eingabe, eventuell auch eine Kombination aus beiden, sollte zusätzlich möglich sein.

6.2 Auftragsvorbereitung und Rüsten

6.2.1 Werkzeugwechsel

Als Ressource sind produktspezifisch Werkzeuge bereitzustellen und einzubauen. Mit Auslösen der Funktion wird der Nutzungsbeginn des Werkzeugs an der Maschine festgehalten. Im zugehörigen Datensatz wird außerdem der Status für das Werkzeug entsprechend der Situation neu gesetzt.

Der Einbau von Werkzeugen ist oft nur unter Einhaltung von komplexen Vorschriften zulässig. Daher ist es erforderlich, die relevanten Vorschriften dem Mitarbeiter bei der Einbautätigkeit am Terminal anzuzeigen. Je nach Größe der Maschine kann auch ein mobiles Anzeigegerät für das Personal hilfreich sein.

Der Ausbauprozess läuft in ähnlicher Weise ab. Nur wird hier das Werkzeug wieder freigegeben, auf Lager gebucht und die angefallene Nutzungszeit mit der bisherigen Nutzungszeit addiert. Sofern die kumulierte Nutzungszeit einen festgelegten Grenzwert überschreitet, ist ein Auftrag für eine präventive Wartung auszulösen (siehe Kapitel 6.5.2) oder zumindest eine Warnmeldung auszugeben.

6.2.2 Maschineneinstellung

Ein entscheidender Punkt in einem integrierten MES ist die Onlineanbindung vorhandener Maschinen. Moderne Technologien ermöglichen auf einfache Weise (siehe Kapitel 7) eine interaktive Kommunikation zwischen MES (Ebene 3) und der Steuerungsebene (Ebene 0, 1, 2). Die Kommunikation ist dabei bidirektional ausgelegt. Dies bedeutet, dass sowohl prozessrelevante Daten auftragsbezogen in die Maschine geladen werden können, als auch automatisch Maschinenzustände aus der Anlage an MES weitergeleitet werden. So werden mit dem Auslösen dieser Funktion gemäß der Definition in den Produktstammdaten Steuerungsprogramme (DNC in der diskreten Fertigung, Ablaufprozeduren in der Prozessindustrie) in die Maschinensteuerungen geladen und dort aktiviert. Dennoch kann mit der Datenerfassung, Visualisierung und Steuerung der Maschinenparameter begonnen werden. Grundsätzlich besteht die Möglichkeit, mehrere Maschinen an ein Terminal anzubinden (siehe Abbildung 6.4).

Als Bindeglied zu MES können auch SCADA Systeme eingesetzt werden (siehe Kapitel 3.4.4), die in Echtzeit Daten visualisieren und zusätzlich Funktionen des MES Terminals übernehmen.

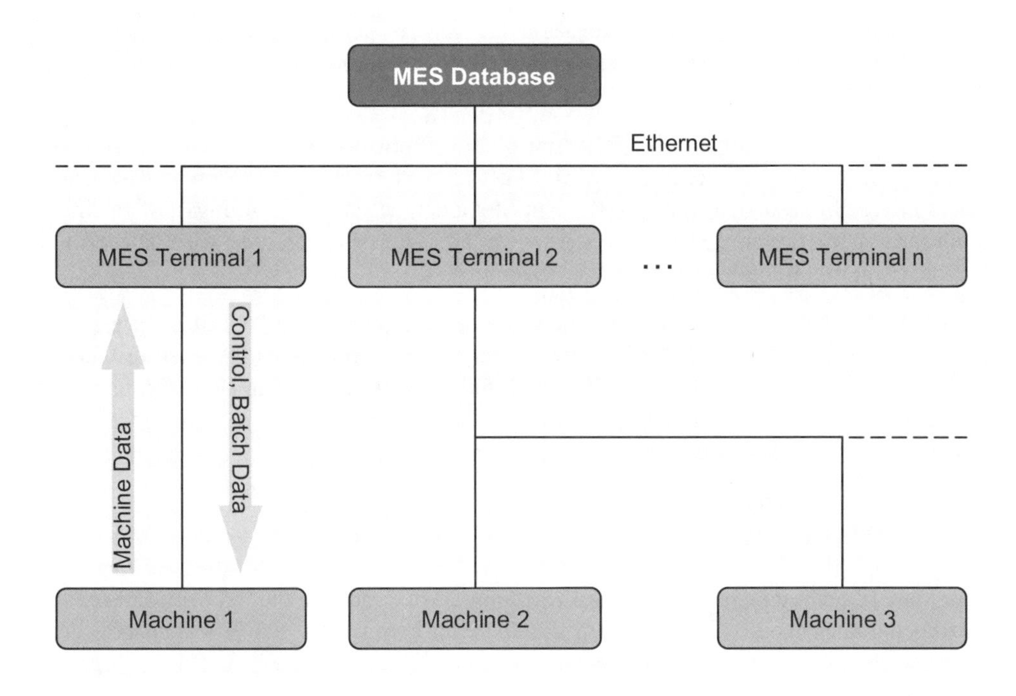

Abbildung 6.4: Kopplung von MES mit der Automatisierungsebene.

Da im Einzelfall Maschineneinstellungen manuell vorgenommen werden müssen, ist es bei dieser Funktion auch nötig, die Einstellparameter und evtl. die damit verbundenen Einstellinstruktionen dem Maschinenbediener am Display anzuzeigen. Dazu zählen auch Vorschriften für Reinigungsprozesse, die gemäß der Richtlinien der FDA 21 CFR Part 11 (siehe Kapitel 3.2.4) in einem elektronisch geführten Work Flow abzuarbeiten sind.

Mit Abschluss der Maschineneinstellungen kann am Terminal die Fertigungsfunktion gestartet werden.

6.2.3 Materialbereitstellung

Man kann die Materialbereitstellung innerhalb des Rüstens durchführen und dafür die benötigte Bereitstellungszeit festhalten. Ist der Bereitstellungsprozess mit einem größeren Aufwand verbunden, wird innerhalb der Auftragsplanung ein eigener Auftrag mit sämtlichen möglichen Teilfunktionen innerhalb dieses Arbeitsgangs generiert. Mit Auslösen dieser Funktion ist für das Personal die Materialbereitstellungsliste auszugeben. Entscheidend ist dabei, dass entsprechend der Lagerorganisation das Material leicht identifiziert werden kann. Eine Plausibilitätsprüfung für das bereitzustellende Material auf der Materialbegleitkarte, der Lagerposition und der damit verbundenen Entnahmebuchung hat zu erfolgen. Sofern möglich wird das gesamte Material für den Auftrag bereitgestellt.

Anders ist es, wenn innerhalb von MES mit einem Kanban-System gearbeitet wird, d. h. aufgrund von Kanban-Einstellungen wird Material entsprechend der Fertigungssituation nachgefordert. Grundsätzlich sieht die Kanban-Methode vor, dass mit Auftragsstart an einem Arbeitsgang zuerst nur eine bestimmte Startmenge an Material angefordert wird. Diese kann dann mehrfach nachbestellt werden.

Beispiel: Zu Beginn der Frühschicht existiert eine Lagerkapazität von 20 Teilen für ein Fertigungslos von 20 Artikeln. Als Startmenge werden in den Stammdaten 20 Stück festgelegt. Wurden 10 Artikel mit 10 dieser Teile fertig gestellt, ergeht ein Kanban Bereitstellungsauftrag, wieder 10 Stück des Materials nachzuliefern. Die benötigten Steuerungsparameter sind produktspezifisch bei einem Kanban-Arbeitsgang zu verwalten.

6.2.4 Probelauf

Ist die Maschine mit dem passenden Werkzeug umgerüstet und sind die richtigen Einstellungen vorgenommen worden, kann, sofern das Material bereit steht, ein Probelauf erfolgen. Dies ist wichtig, da hierdurch sichergestellt ist, dass das gefertigte Produkt den Vorgaben entspricht. Hierzu sind u. a. die Fertigungstoleranzen zu überprüfen. Eventuell sind noch Anpassungen am NC Programm vorzunehmen oder Rezepte zu optimieren.

Ist der Mitarbeiter nicht in der Lage die Fertigungstoleranz/Qualität selbst zu bestimmen, ist es erforderlich Proben in einen Messraum oder ein Labor zu schicken. Hierzu sollte das MES Terminal eine entsprechende Funktion bereitstellen, die eine Benachrichtigung des Messraums/Labors ermöglicht. Der Maschinenbediener kann erst nach Freigabe der Probe mit der Produktion des Auftrags beginnen.

6.3 Auftragssteuerung

6.3.1 Informationssteuerung

Essentiell für die Auftragssteuerung ist die Bereitstellung von Informationen. Hierzu ist an erster Stelle die Auswahl des richtigen Auftrags zu nennen. Dieser wird dem Werker direkt an der Maschine über ein MES Terminal in Form einer Liste der anstehenden Aufträge zur Verfügung gestellt (siehe Kapitel 6.1.3).

Aber auch Verfahrens- oder Prüfanweisungen müssen durch MES bereitgestellt werden. Dies betrifft u. a. den Instandhalter, der vor Ort direkt an der Maschine die passenden Maschinendokumente, Richtlinien etc. für seine Arbeit benötigt. In Form eines Dokumentenmanagements werden die Dokumente seitens MES verwaltet.

Unabhängig von den zur Verfügung stehenden Terminals, ist es sinnvoll spezielle Informationen wie beispielsweise Soll- und Ist-Stückzahlen einer laufenden Schicht den Mitarbeitern zusätzlich zur Verfügung zu stellen. Hierzu bietet es sich an, diese Statusinformationen aus dem jeweiligen Produktionsbereich über Großanzeigen (Andon-Boards, siehe Kapitel 7.4.1) zu visualisieren.

6.3.2 Steuerung und Verfolgung der Produktionseinheiten

Zur Steuerung der Produktionseinheiten (z. B. Stück, Bauteil, Charge, Los) ist es notwendig diese zu verfolgen (Tracking), sprich den genauen Aufenthaltsort, Status etc. jederzeit zu kennen. Der Begriff Tracing beschreibt, dass der genaue Produktionsablauf ex post mit allen wichtigen Ereignissen und Daten rekonstruierbar ist.

Alle nicht identifizierbaren Teile/Materialien (z. B. Schrauben, Lager oder Kleber) werden einem so genannten „Pool“ zugewiesen. Es ist möglich alle relevanten Daten wie Störungen, Meldungen, Prozesswerte, Attribute, Parameter, Messwerte bis hin zu einer Liste der verbauten Teile durch MES aufzuzeichnen. Diese gesammelten Daten werden archiviert und sind wie beschrieben ex post einsehbar.

6.3.3 Verwalten der Produktionslager

Ziel eines qualifizierten MES ist, einen kontinuierlichen Produktionsfluss sicherzustellen. Dies gelingt in der Praxis nur bei idealen Bedingungen, die selten gegeben sind. In der Realität entstehen zwischen den einzelnen Arbeitsgängen Puffer (Produktionslager). Diese sind mit Lagerbindungszeiten und damit mit Lagerbindungskosten verbunden. In einem MES sind diese Zeiten und Kosten festzuhalten. Durch den Einsatz eines MES ist es allerdings möglich, diese Produktionslager auf ein Minimum zu reduzieren.

Wird bei der Auftragsdurchführung der letzte Arbeitsgang eines Artikels erreicht, erfolgt die Buchung der produzierten Menge auf das Endlager. Die Lagerbindungszeiten und Lagerbindungskosten werden dem Endartikel zugeordnet.

6.3.4 Materialflusssteuerung

Entscheidend innerhalb des Durchführungsprozesses eines MES ist die Kopplung von Materialeinsatzfunktionen mit der Erzeugung der einzelnen Outputs (in den Arbeitsgängen). Die Steuerung der Vorgänger- und Nachfolgerbeziehungen in der Prozesskette erfolgt durch MES.

Materialeinsatzfunktion

Ziel ist es, das benötigte Material in der benötigten Menge und Qualität zum geplanten Zeitpunkt am Arbeitsplatz zur Verfügung zu stellen. Der Wertschöpfungsprozess kann erst beginnen, wenn benötigtes Material an der richtigen Stelle eingebracht wird. Dies geschieht ähnlich wie beim Bereitstellungsprozess mittels einer Materialeinsatzliste, evtl. kann dazu auch die Materialbereitstellungsliste verwendet werden.

Die Materialbereitstellungsliste bzw. Materialeinsatzliste beinhalten die Materialnummer, die Liefernummer und die jeweilige Lieferposition. Die Erfassung dieser Daten erfolgt beispielsweise über Barcodes. Mit dem Einsatz ist auch der Status des Materials zu verändern (von „bereitgestellt“ auf „in Produktion“).

Am ersten Arbeitsgang werden im Regelfall ganze Liefereinheiten (z. B. eine Palette) mit Rohmaterial, Kaufteilen oder Vorprodukten an den Maschinenarbeitsplatz geliefert. Wenn Teile dieser Liefereinheit nicht benötigt werden, muss die Möglichkeit der Rückbuchung bestehen, um auch den „Rest“ zu erfassen.

Ein MES sollte so flexibel sein, dass auch zusätzliche Mengen des benötigten Materials evtl. aus anderen Lieferungen eingesetzt werden können. Eine Sonderform des Materialeinsatzes ist das Verwiegen von Rezepturbestandteilen und der Einsatz der Rezeptmaterialien im Rahmen einer Ablaufprozedur.

Erzeugen von Output im Arbeitsgang

Nach der Identifikation des Mitarbeiters erfolgt bei Bedarf die Auswahl eines Behältertyps und die Eingabe der Menge, sofern diese Informationen nicht über einen Mengenzähler automatisch zur Verfügung gestellt werden.

Falls bei der Outputerzeugung bereits Ausschuss und Nacharbeit erkennbar sind, sind diese mit der automatischen Bildung von Nacharbeitsaufträgen bzw. Zusatzfertigungsaufträgen aufgrund von Ausschuss zu erfassen.

Sofern am Arbeitsgang Qualitätskontrollen durchzuführen sind, ist die Erfassung an dieser Stelle zu integrieren. Das gilt auch für Proben, die für einen Laborauftrag entnommen werden müssen. Jede entnommene Probe geht mit einer eigenen Identifikationsnummer an das Labor.

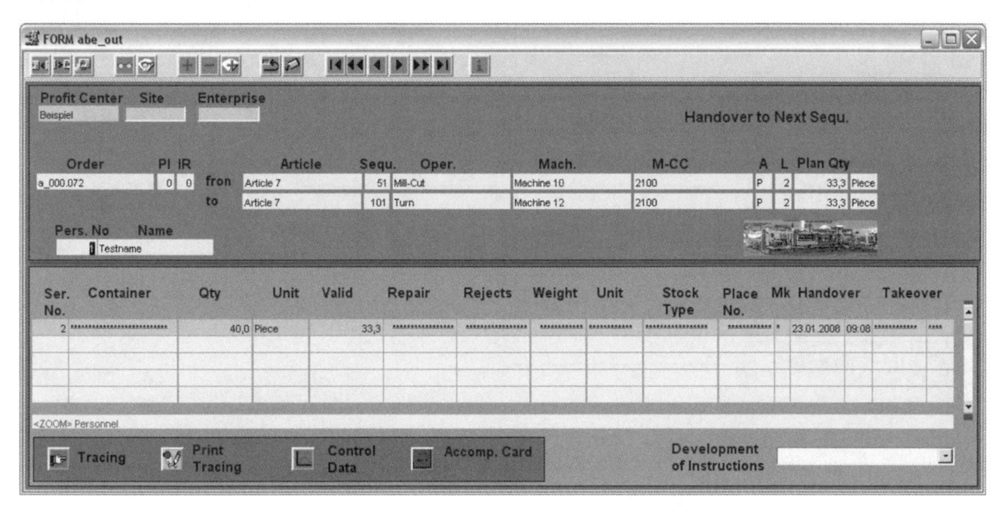

Abbildung 6.5: Outputerzeugung.

Im MES muss es möglich sein, jeder Produktionseinheit beliebige Daten aus dem Prozess zuzuordnen. Dies kann ein einzelnes „Teil" (z. B. identifizierbar über eine Seriennummer) oder auch ein Behälter mit einem bestimmten Mengeninhalt (siehe Abbildung 6.5) sein. Ziel eines MES ist u. a. die papierlose Produktion. Die bisher verwendete Produktbegleitkarte ist ein Beleg der zur Identifikation, Bestimmung des darauf folgenden Arbeitsganges etc. benötigt wurde. Diese Daten der Produktbegleitkarte können der Person virtuell an Terminals oder weiterhin als Papierausdruck zugänglich gemacht werden. In beiden Fällen müssen mindestens folgende Daten (siehe Abbildung 6.6) auf der Produktbegleitkarte enthalten sein.

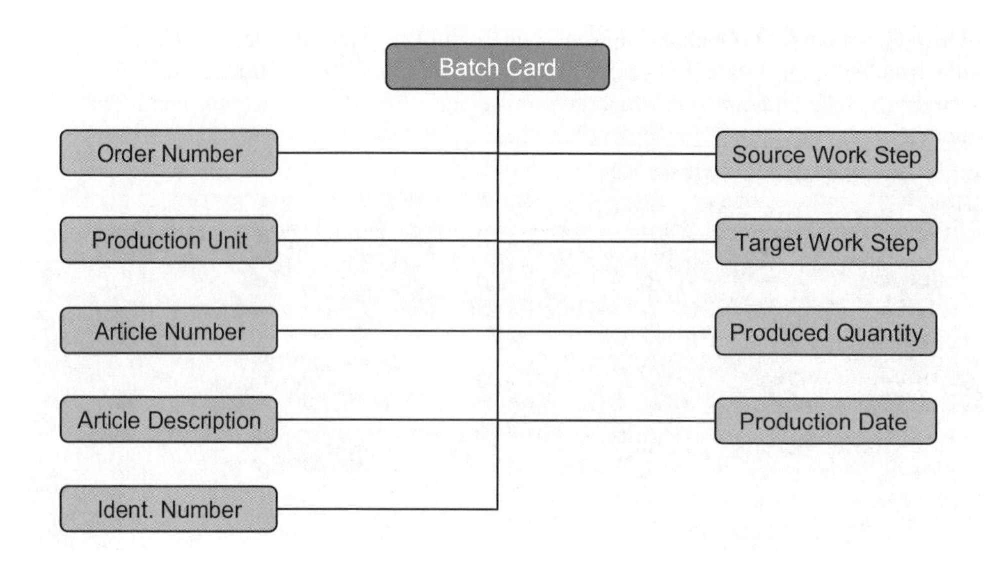

Abbildung 6.6: Benötigter Inhalt einer Produktbegleitkarte.

Das heute viel diskutierte Thema der Materialflusssteuerung mittels RFID Technologie ist aus technologischer Sicht hoch interessant. In der Praxis kommen allerdings noch oft Begleitbelege in Papierform zum Einsatz. Diese Variante hat auch in modernen Produktionsprozessen durchaus ihre Daseinsberechtigung, da die Handhabung in manchen Fällen einfacher ist und somit auf zusätzliche Terminals, Handhelds etc. (zur Informationsdarstellung der virtuellen Produktbegleitkarte) verzichtet werden kann.

Ein standardisiertes MES muss auch folgende Sonderformen der Outputerstellung beherrschen:

- Rollenerzeugung und Rollenumformung
  Bei dieser Variante geht es beispielsweise bei Herstellung von synthetischen Stoffen darum, gemischte Ansätze (Mengeneinheit l oder kg) in diskrete Einheiten (Rollen mit Mengeneinheit m) umzuformen sowie aus Einzelrollen mehrere Quer- und Längsrollen mit einer eindeutigen Identifikationsnummer zu generieren.
- Mischung aus mehreren Einsatzchargen
  Bei Flüssigkeiten sind die Mischungsanteile der eingesetzten Chargen im Output zu bestimmen (Beispiel: Mischung von verschiedenen Sudchargen in der Brauerei). Bei Nachfüllprozessen muss dies auch dynamisch geschehen können.
- Kuppelprodukte
  Entstehen in einem Prozessschritt Nebenprodukte, müssen diese durch ein MES verwaltet und evtl. in einer eigenen Prozesskette weiter bearbeitet werden können (Beispiel: Maische beim Sudprozess).
- Output zur Weiterverarbeitung in mehreren Artikeln

In einem MES muss es möglich sein, den Output eines Arbeitsgangs, also eine Produktionseinheit, in mehrere Artikel aufzuteilen. Jeder dieser neuen Artikel kann eine eigene Prozesskette durchlaufen. Dabei können diese Artikel in einem späteren Arbeitsgang wiederum in den ursprünglichen Artikel einfließen.

6.3.5 Auftragsbearbeitung und Betriebsdatenerfassung

BDE (**B**etriebs**d**aten**e**rfassung) ist die Funktionsgruppe zur Erfassung und Kontrolle sämtlicher Produktionsleistungsdaten und umfasst sowohl die vorbereitenden Maßnahmen (Rüst-, Ausbau- und Reinigungsfunktionen) als auch die direkten Wertschöpfungsfunktionen.

Rüst-, Reinigungs- und Ausbauvorgänge sind gewöhnlich an jeder Maschine notwendig. Sie beanspruchen im einzelnen Arbeitsgang oft einen Großteil der Durchlaufzeit. Daher werden „optimale" Reihenfolgen für einen Auftragspool im Rahmen der Reihenfolgeplanung über Optimierungsalgorithmen ermittelt (siehe Kapitel 5.4).

In der BDE Funktion **„Rüsten"** wird die jeweilige Maschine für den eigentlichen Fertigungsprozess vorbereitet. Dies sind Vorgänge wie

- Materialbereitstellung
- Werkzeugeinbau
- Einstellung von Maschinenparametern
- Anlauftätigkeiten
- Reinigungsvorgänge

Die Leistungserfassung für diese Tätigkeiten erfolgt mengenunabhängig. Mit dem Start der Funktion wird der Beginnzeitpunkt festgehalten. Dieser gilt generell für den Auftrag als auch für das Personal, das der Schichtführer bei der Personaleinsatzplanung zugeordnet hat. Es sollte jederzeit die Möglichkeit bestehen, bei Bedarf zusätzliches Personal einzusetzen.

Die direkte Wertschöpfungsfunktion **„Fertigen"** ist das klassische Feld von BDE mit der Aufgabe zu dokumentieren wer, wann, wo, was, wie lange und wie viel produziert. Es geht um die Aufzeichnung und Kontrolle des Leistungsprozesses, der mengen- und zeitspezifisch erfasst und kontrolliert wird. Aus dieser Funktion kann bei Bedarf (z. B. auf Grund von Unterbrechungen des Produktionsablaufs oder für Auskunftsfunktionen) auch in andere Funktionen verzweigt werden:

- Bearbeitung von Stillständen (Stillstandszeiten, Stillstandsgründe) mit Auslösung der Wartungssteuerung (Ad-hoc-Wartung, präventive Wartung)
- Materialflusssteuerung, Logistikprozess
- Qualitätssteuerung im Prozess und Qualitätskontrolle am Produkt (SPC/SQC)
- Behandlung von Ausschuss und Nacharbeit
- Leistungsanalyse inklusive Kostenkontrolle
- Rückverfolgbarkeit (Traceability)

Es ist im Einzelfall festzulegen, inwieweit diese „Subfunktionen“ in die Rüst- oder Fertigungsfunktion integriert werden sollen. In den Funktionen Rüsten und Fertigen werden normalerweise bereits die Zeiten für das eingesetzte Personal und der Maschinen festgehalten.

Entweder wird die Notwendigkeit einer Nacharbeit direkt im Prozess erkannt und ein Nacharbeitsauftrag erzeugt oder es erfolgt dies durch die nachfolgende Qualitätssicherung. Hier wird auch entschieden, ob Teilmengen zu Ausschuss erklärt werden und ob ein entsprechender Nacharbeitsauftrag oder Nachfertigungsauftrag ausgeführt werden soll. Wichtig ist dabei, dass diese unvorhergesehenen Aufträge in der Auftragsplanung berücksichtigt werden. Außerdem sollte erkennbar sein, zu welchem geplanten Auftrag der Nacharbeitsauftrag oder Nachfertigungsauftrag gehört. Die unvorhergesehenen Aufträge werden dann wie geplante Aufträge behandelt – mit allen Erfassungs- und Kontrollinhalten.

6.3.6 Prozess- und Qualitätssicherung

Überblick
Nach einem ersten Boom von Qualitätssicherungssystemen Ende der 80er-Jahre erfahren diese Systeme heute eine Renaissance – teilweise mit neuen Begriffen. Wesentlich dabei ist aber die Integration des Qualitätsmanagements in das Produktionsmanagement. Die Steuerung der Qualität kann man unterteilen in die Prozesssteuerung der Maschinen mit der SPC Funktionalität und in die eigentliche Qualitätskontrolle der erzeugten Produkte mit den Methoden von SQC.

Es geht letztlich immer darum, durch systematische Methoden den Fertigungsprozess so stabil zu halten, dass die Einhaltung definierter Kontrollparameter statistisch abgesichert ist. Die Grenzbereiche für diese Parameter werden entweder durch den Kunden vorgegeben oder durch intern ermittelte Eingriffs- und Warngrenzen definiert. Das statistische Instrumentarium muss so eingesetzt werden, dass zumindest bei der Prozessüberwachung die statistischen Kontrollen automatisch im Hintergrund ablaufen und bei statistisch nicht akzeptablen Abweichungen das SPC System selbst Entscheidungen trifft (z. B. Aussondern von Teilen).

Ein integriertes Qualitätsmanagementsystem ist eine Kernfunktion von MES. Es ist die Aufgabe von MES, kontinuierlich zu prüfen. Damit ist es Basis für Konzepte wie DMAIC und 6Sigma (siehe Kapitel 8).

Die Prozessüberwachung
Die Vorgaben für die Maschinensteuerung, sowohl für diskrete als auch für prozessorientierte Prozesse, erfolgen im Zuge des „Rüstens“. Während der Produktion erfolgt die Erfassung und Kontrolle der Parameterdaten, die auch mehrstufig sein kann.

Durch eine Prozessüberwachung soll laufend geprüft werden, ob bezogen auf die Sollgrößen der Kontrollparameter (Sollmittelwert, untere und obere Grenzvorgabe) die Messwerte „**prozessfähig**“ sind. Dies erfordert neben der Integration des statistischen Instrumentariums eine gut durchdachte Datenstruktur, sowohl auf der Echtzeitebene der Maschinen als auch auf der Ebene von MES, in der die Messdaten in komprimierter Form gehalten und analysiert werden. Bei der Datenstruktur ist zu berücksichtigen, dass gespeicherte arithmetische Mittelwerte mit Standardabweichung auch wieder zu neuen Mittelwerten für längere Zeiträume zusammengefasst werden können (Aggregierung).

Im MES sind neben den Prüfparametern auch die Daten für den Messzyklus zu verwalten. Dabei handelt es sich um die Messlosgröße, nach der jeweils der kurzfristige Prozessfähigkeitsindex (C_{PK} = Process Capability Index) bestimmt oder überprüft wird, falls sich eine signifikante Veränderung bei Streuung, Lage und Verteilung ergeben hat. Die langfristige Analyse der Prozessfähigkeit (siehe Abbildung 6.7) betrachtet eine Vielzahl von Messlosen (z. B. Chargen) und gibt die Gesamtperformance inklusive „Drift" zwischen den Chargen wieder. Der P_{pk} Index (Process Performance Index, siehe Abbildung 6.7) sollte mindestens >1,67 (siehe Kapitel 8) sein.

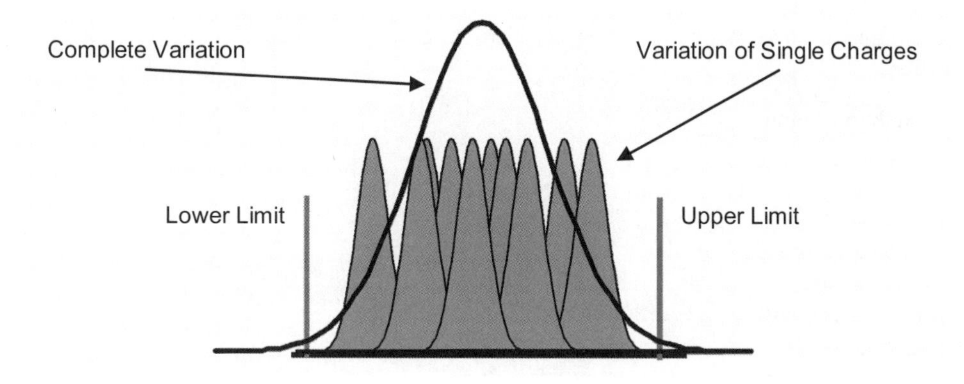

Abbildung 6.7: P_{PK} Index zur Darstellung der Gesamtperformance.

Die Qualitätskontrolle

Selbst wenn ein qualifiziertes SPC System als Teil eines MES im Einsatz ist, müssen die gefertigten Produkte einer Qualitätskontrolle auf der Basis von Stichprobenplänen unterzogen werden. Im Sinne der Dispatching-Funktion sind gemäß einer im Prüfplan festgelegten Prüffrequenz (z. B. jede Stunde) Stichproben zu nehmen (3er, 5er etc. Stichproben- bzw. dynamisierte Stichprobengrößen). Dies ist im Rahmen eines integrierten SQC Systems zu realisieren. Die Prozessparameter der Prozessüberwachung sind die Einflussgrößen auf die Kontrollparameter, die durch SQC meist manuell gemessen und erfasst werden. Zur statistischen Qualitätskontrolle werden die Daten statistisch ausgewertet und grafisch in so genannten „Regelkarten" (z. B. xquer/s Karte), Histogrammen etc. transparent gemacht. Die Erfassung muss dabei für jede Produktionseinheit, sowohl für variable als auch attributive Merkmale, gesondert erfolgen können. Bei attributiven Merkmalen sind Fehlerarten zuzuordnen und dann in Fehlersammelkarten zu visualisieren.

Werden Grenzwerte überschritten, kann das SQC System die Abarbeitung von Maßnahmen einleiten, die entsprechend der Richtlinien der DIN EN ISO 9001 und der FDA 21 CFR Part 11 (siehe Kapitel 3.2.4) in einem Work Flow abzuarbeiten und elektronisch zu quittieren sind.

6.4 Leistungsdaten

6.4.1 Involvierte Abteilungen

Von Ereignissen und Warnungen aus der Fertigung sind folgende Unternehmensbereiche betroffen:

- Produktionsleitung
- Controlling
- Vertrieb
- Prozesscontrolling
- Qualitätssicherung
- Wartung
- Materialwirtschaft
- Logistik

Produktionsleitung
Die **zentrale Kontrollfunktion hat die Produktionsleitung**, die für alle Leistungsfunktionen der Produktion verantwortlich ist. Alle Abweichungen von vorgegebenen Parametern sind dabei von Interesse. Daher benötigt der Produktionsleiter eine Informations- und Kontrollansicht mit einem realen Bild der Produktion. Jede nicht akzeptable Abweichung vom Soll muss visualisiert werden, um die erforderlichen Maßnahmen einleiten und bei größeren Problemen das Management informieren zu können.

Dazu geeignet ist ein Informationspanel (auch als „Dashboard“ bezeichnet), das nachfolgend exemplarisch beschrieben wird:

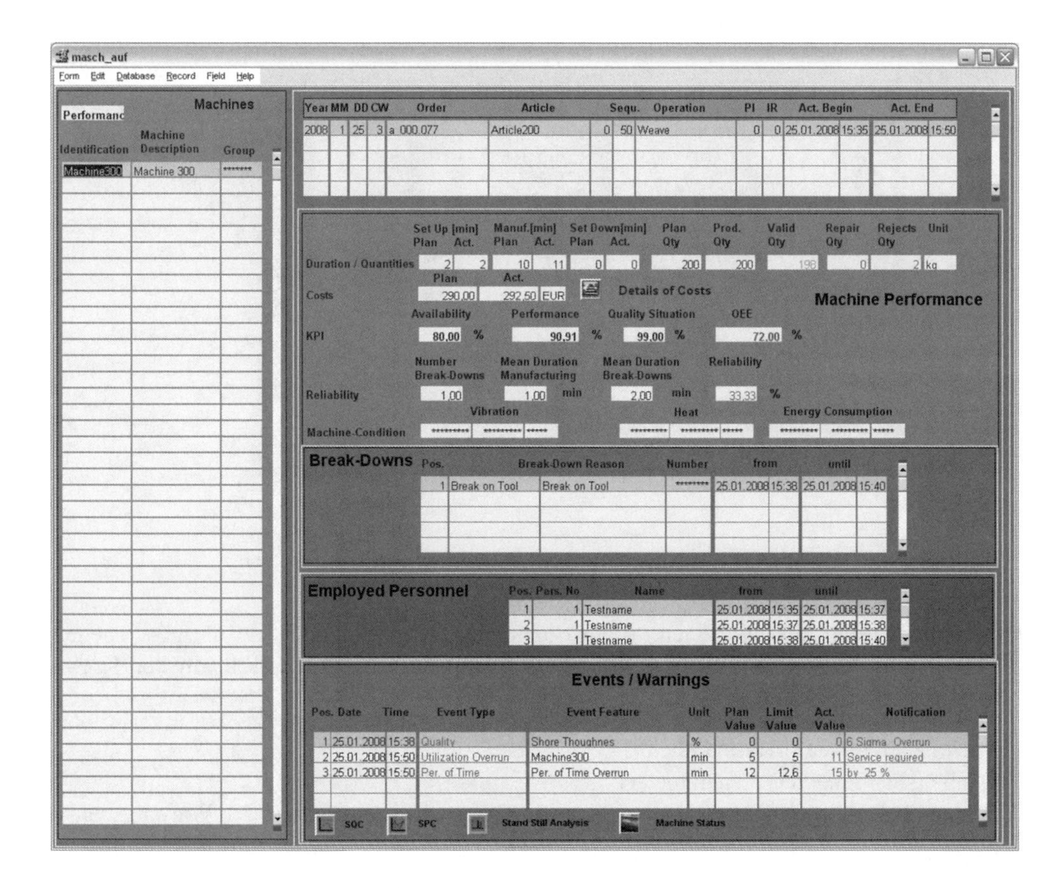

Abbildung 6.8: Informationspanel für die Produktionsleitung.

Von diesem Informationspanel kann auf eine schematische Darstellung der Maschineninfrastruktur verzweigt werden, aus der auf einen Blick der Status abzulesen ist, in dem sich die Anlage befindet. Durch Anklicken der einzelnen Bereiche können Detailansichten eingesehen werden (siehe Abbildung 6.9).

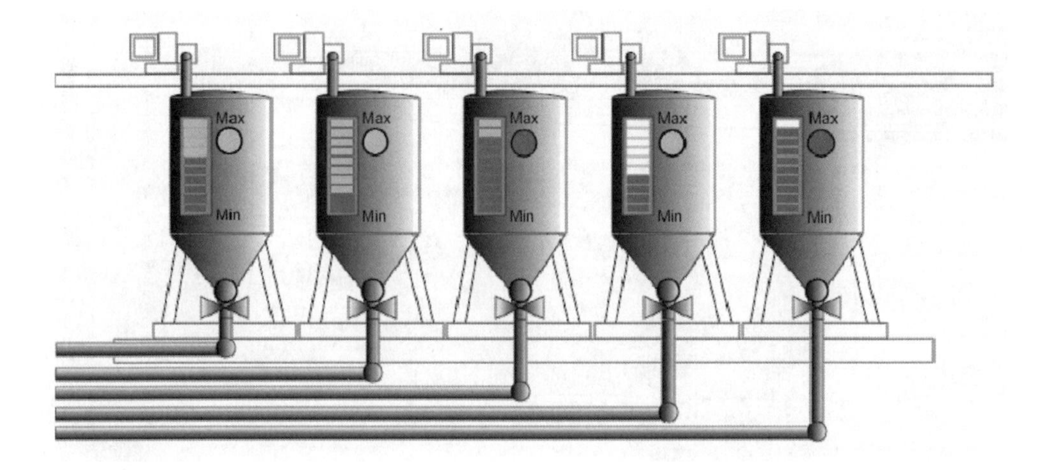

Abbildung 6.9: Schematische Darstellung von Silos an einem Leitstand.

Des Weiteren sind die einzelnen, produktionsrelevanten Ereignisse anzuzeigen (siehe Abbildung 6.8). Man kann folgende wesentliche Ereignistypen mit unterschiedlichen Kontrollmerkmalen unterscheiden:

- Prozessmeldungen (Messparameter)
- Qualitätsmeldungen (Prüfparameter)
- Wartungsmeldungen (Nutzungsgrenzüberschreitung; daraus resultiert der Wartungszeitpunkt)
- Materialbestandsmeldungen (Sicherheitsbestandsverletzung)
- Terminkontrollmeldungen (Zeitüberschreitung)
- Kostenkontrollmeldungen (Kostenüberschreitung)

Die Ereignisse werden in der Regel von einzelnen Maschinen/Anlagen gemeldet. Diese können durch MES gefiltert und gruppiert werden, sodass den Mitarbeitern schon vorverarbeitete Meldungen zur Verfügung gestellt werden. Für jedes Ereignis der definierten Ereignistypen ist folgender Datensatz festzuhalten (siehe Abbildung 6.10):

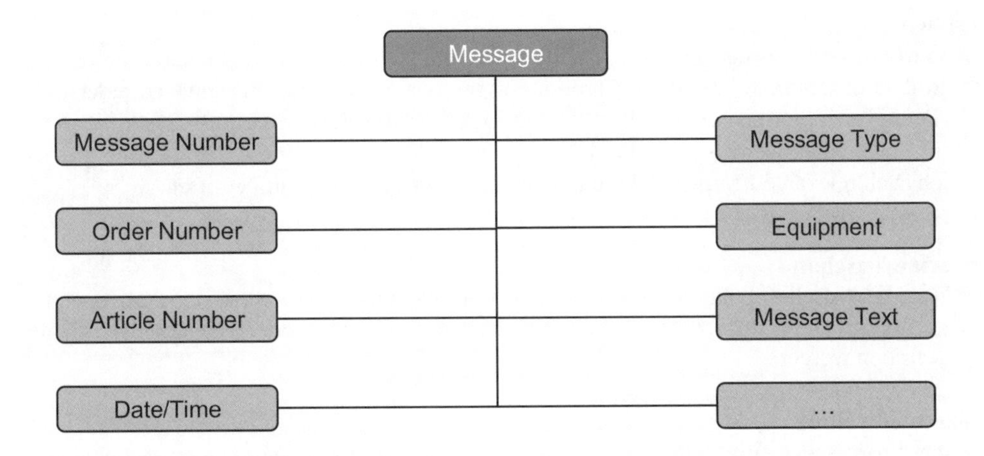

Abbildung 6.10: Bestandteile einer Ereignismeldung.

Es gibt Ereignisse, die nur beim Auftreten eine Meldung generieren. Diese Meldung kann dann anschließend quittiert werden. Allerdings kann es auch durchaus sinnvoll sein, eine weitere Meldung beim „Gehen“ des Ereignisses zu erzeugen. Beispielsweise macht es keinen Sinn, eine Alarmmeldung eines überhitzten Reaktorbehälters quittieren zu können, solange sich dieser noch außerhalb des zulässigen Temperaturbereiches befindet. Ein MES bietet hierzu verschiedene Quittiermechanismen an, die an verschiedene Meldungsklassen gekoppelt sind.

Der Produktionsleiter erhält alle für ihn relevanten Informationen in einer Übersicht. Die enthaltenen Daten kann er sich näher ansehen, wie beispielsweise den Prozessverlauf einzelner Prozessmerkmale einer Maschine. Der Verantwortliche eines bestimmten Kontrollbereichs bekommt je nach Informationsphilosophie nur die Ereignisse angezeigt, die ihn direkt betreffen. Zumindest sollte sichergestellt sein, dass er ausschließlich Meldungen aus seinem Bereich quittieren kann.

Geschäftsleitung
Die Geschäftsleitung interessiert in erster Linie, ob die geplanten Kosten der Aufträge und die Liefertermine eingehalten werden. Künftig wird die Geschäftsleitung mit gezielten Informationen im Sinne eines Frühwarnsystems in die Leistungsprozessüberwachung mit eingebunden.

Controlling
Das Controlling hat den Fokus auf ein Kosten-Controlling in Echtzeit. Hier werden nur die Kostenabweichungen angezeigt und der Controller hat die Möglichkeit, sich auch die Gründe für Abweichungen anzeigen zu lassen.

Vertrieb

Der Vertrieb erhält aus der operativen Auftragsplanung und auch während der Durchführung der Produktionsaufträge belastbare Terminaussagen aus MES. Er kann damit zu jeder Zeit zuverlässige Liefertermine an den Kunden weitergeben. Um sicherzustellen, dass die Termine auch eingehalten werden (z. B. bei Rückfragen des Kunden), benötigt der Vertrieb grundsätzlich auch relevante Ereignismeldungen, die den Auftragsfortschritt betreffen.

Materialwirtschaft

Die Materialwirtschaft bekommt grundsätzlich Warnmeldungen, wenn im Zuge der operativen Auftragsplanung zusätzlicher Materialbedarf ermittelt wird oder Sicherheitsbestände unterschritten werden.

Prozesscontrolling

Für das Prozesscontrolling sind instabile Prozesse oder kritische Maschinenzustände von Interesse. Treten Grenzwertverletzungen ein, werden diese gemeldet und der Prozessverantwortliche kann sich die Daten zu den Ereignistypen anzeigen lassen, um entsprechende Maßnahmen einzuleiten.

Qualitätssicherung

Grenzwertverletzungen von Prozess- und Prüfparametern werden an die Qualitätssicherung gemeldet. Es werden sämtliche Ereignisse mit den Ereignistypen „Prozess" und „Qualität" angezeigt.

Wartung

Die Wartungsabteilung erhält Wartungsmeldungen und die Überschreitung von Nutzungsgrenzgrößen. Die Fälligkeit von anstehenden Wartungsarbeiten für Maschinen und Betriebsmittel wird in einem „Wartungsplan" visualisiert. Des Weiteren erhält die Abteilung Meldungen über Maschinen-/Anlagenstörungen und Stillstände zur Einleitung der Störungsbehebung (Ad-hoc-Wartung).

Logistik

An die Logistikabteilung werden alle Meldungen über den Materialfluss, die Lagerbindungszeiten und die damit verbundenen Lagerbindungskosten weitergeleitet.

6.4.2 Kennzahlen und Leistungsnachweis

Neben der auftragsbezogenen Analyse ist es auch wichtig die Leistung der Maschinen/Anlagen für definierte Zeiträume zu erfassen und Abweichungen ständig zu überwachen. Nachfolgend sind typische Kennzahlen zur Beurteilung der Maschinenleistung (KPI = **K**ey **P**erformance **I**ndicator) aufgeführt (siehe hierzu auch Kapitel 9.3.5):

- Verfügbarkeit
- Qualitätsgrad
- Gesamtanlageneffizienz (OEE)

- Leistungsgrad
- Produktivzeit
- …

Die in den letzten zwei Jahrzehnten entstanden Richtlinien für die Produktion zielen darauf ab, dass jedes Unternehmen seinen Leistungsprozess dokumentieren muss, damit eine Rückverfolgung einzelner Aufträge oder Chargen lückenlos ermöglicht wird. Auch hier bildet MES mit seinem umfassenden Aufzeichnungsprozess die Grundlage. Es geht zum einen darum, den Produktionsfluss vorwärts wie rückwärts per Knopfdruck abrufen zu können. Zum anderen muss das System definierte Prozesswerte, z. B. für Aufzeichnungen zum Umweltschutz, bis zu 15 Jahren archivieren können. Der Zugriff auf die archivierten Werte muss über Filter einfach möglich sein.

6.4.3 Laufende Analysen und Auswertungen

Die bisher behandelten Kernelemente eines MES gewährleisten den kontrollierten Ablauf des Produktionsprozesses für die einzelnen Produkte und die Dokumentation dieses Ablaufs mit allen relevanten Daten. Die Leistungskontrolle und -analyse stellt umfassende Anforderungen an ein integriertes Informationsmanagement. Für MES sind drei Kategorien von Informationen zur Leistungskontrolle relevant:

- Ereignismanagement, Echtzeitleistungskontrolle
- Leistungsanalyse der Produkte und Ressourcen
- Leistungsnachweis für Compliance Anforderungen

Für jede Kategorie wird ein Satz von standardisierten Auswertungen, sowohl über den Bildschirm (am Besten als Webclient) als auch für gedruckte Auswertungen (Reports) zur Verfügung gestellt. Damit ein solches Informationssystem auch effizient arbeitet, müssen für alle relevanten Leistungsdaten auch die zugehörigen Sollwerte hinterlegt sein. Letztlich sind nur die Abweichungen von den Sollzuständen von Interesse. Eine „Überflutung“ mit Informationen kann so vermieden werden. Auch der Ansatz, Datenbestände für definierte Zeitberichte zu kumulieren, spielt dabei eine wesentliche Rolle. Hierdurch kann Such- und Rechenaufwand vermindert werden.

6.4.4 Längerfristige Analysen und Auswertungen

Überblick
Bei der längerfristigen Leistungsanalyse geht es um die Erkennung von Schwachstellen und Optimierungspotenzialen bei der Produktion einzelner Produkte oder einzelner Ressourcen (im Wesentlichen Maschinen/Anlagen). Die dazu notwendigen Analysen müssen über flexible Zeitfilter, mindestens mit den Wahlmöglichkeiten Jahr, Monat, Woche, Tag, Schicht (mit jeweils wählbarer Anzahl) und frei definierbare Zeiträume, eingeschränkt werden kön-

nen. Für einen Artikel bzw. eine Ressource (oder auch eine Gruppe von Artikeln / Ressourcen) müssen nun beliebige Zeiträume miteinander vergleichbar sein. Damit sind längerfristige Veränderungen, also „Trends" erkennbar. Ein Vergleich muss für einen definierten Zeitraum aber auch zwischen Artikeln und Ressourcen erfolgen können. Damit kann beispielsweise die Fragestellung welches Bearbeitungszentrum im letzten Quartal die beste OEE hatte beantwortet werden.

Auch die statistischen Daten müssen auswertbar sein. Beispielsweise kann untersucht werden, wie sich ein bestimmter Prozessparameter eines Artikels an einer Maschinen bezüglich der Verteilungsform verhält oder es werden Parameterreihen mittels Regression korreliert, um Abhängigkeiten festzustellen. Dazu gibt es eine Vielzahl von Tools, die von einfachen grafischen Auswertmöglichkeiten bis hin zu anspruchsvollen OLAP Tools (**O**nline **A**nalytical **P**rocessing) inklusive multivariater Statistik (siehe Kapitel 2.4.3) reichen.

Auftragsleistung

Bei der Analyse der Auftragsleistung steht meist die Kostenanalyse im Mittelpunkt. Die entstehenden Kosten werden je Arbeitsgang in Echtzeit kontrolliert und für ein frühzeitiges Eingreifen angezeigt. Nach Fertigstellung des Auftrags sollen diese Daten dem Controlling in allen Einzelheiten für Rückschlüsse und weiterführende Maßnahmen zur Verfügung gestellt werden.

Ressourcenleistung mit Bezug zum Artikel

Wichtige Zusammenhänge ergeben sich u. U. auch aus den Zusammenhängen zwischen Ressourcenleistung und den produzierten Artikeln. Damit kann z. B. erkannt werden, dass die Maschinenverfügbarkeit bei einem bestimmten Artikel immer sehr schlecht ausfällt oder das ein anderer Artikel häufiger zu einem Werkzeugbruch führt. Somit ist es möglich, die Ursachen von Leistungsschwankungen näher zu analysieren.

Abhängigkeitsanalysen

Verstärkt sind künftig die Methoden der multivariaten Statistik (siehe Kapitel 2.4.3) einzusetzen. Diese ermöglichen Abhängigkeiten zwischen Prozessparametern, speziell durch Regressionsanalysen, zu ermitteln.

Erwähnt werden sollen auch neuere Methoden wie PAA (Part Average Analysis), vorwiegend eingesetzt in der Elektronik- bzw. Automobilindustrie bei teueren bzw. riskanten Komponenten. Bei dieser Analysemethode wird jedes Teil mit einer Vielzahl von Parametern online geprüft. Wenn die Summe der Messungen einen definierten Grenzwert überschreitet, wird die Komponente vorzeitig zum defekten Teil erklärt und es kann eine automatische Prozessverriegelung erfolgen. Durch die kontinuierliche Prozessüberwachung sollen Ausschuss und Nacharbeit vermieden oder zumindest minimiert werden. Dies bedeutet das Anstreben einer Nullfehlerproduktion (siehe Kapitel 8.2.2).

6.5 Wartungsmanagement

6.5.1 Aufgaben

Ein in MES integriertes Wartungsmanagement hat die Aufgabe, die Wartungs- bzw. Instandhaltungsmaßnahmen vorherzusehen und entsprechende präventive Maßnahmen zu ergreifen. Ein gut organisiertes Wartungsmanagement innerhalb von MES trägt entscheidend zum Erreichen von Qualitätszielen bei.

Da trotz präventiver Maßnahmen in einer hoch automatisierten Fertigung Störungen nicht völlig eliminiert werden können, wird zur Erreichung hoher Verfügbarkeitswerte für die Maschinen und Anlagen außerdem ein ausgereiftes Alarmmanagement mit kurzen Reaktionszeiten benötigt. Auch diese „Ad-hoc-Wartung" muss durch das MES unterstützt werden.

6.5.2 Präventive Instandhaltung

Präventive Wartung aufgrund von Maschinenzuständen
Das heutige Wartungsmanagement (TPM = Total Productive Maintenance) geht verstärkt den Weg einer prädiktiven Wartung, bei der auf Grund von Zustandsfaktoren der Maschine eine Instandhaltung ausgelöst wird. Dabei werden Onlinefaktoren wie Vibration, Energieverbrauch, Wärmenetwicklung von Lagern etc. überwacht. Werden zulässige Grenzwerte überschritten, wird ein Instandhaltungsauftrag ausgelöst oder eine Warnmeldungen am Maschinen-Terminal ausgegeben.

Präventive Wartung aufgrund von Nutzungsfaktoren
Wie schon bei der Rüstfunktion geschildert (siehe Kapitel 6.2.2), werden beim Rüsten Betriebsmittel aus- bzw. eingebaut und deren Nutzungszeit erfasst. Auch für die Maschinen/Anlagen wird die Nutzungszeit über die Auftragsbearbeitung in der Funktion "Fertigen" erfasst. Eine Maßzahl für die Nutzung kann aber auch ein Zählwert, z. B. für die Erfassung von Arbeitszyklen eines Elementes, sein.

Werden vordefinierte Schwellwerte der Nutzungsgrößen erreicht, z. B. eine Anzahl von Betriebsstunden oder ein Stückzähler, kann das MES automatisch Wartungsaufträge für eine präventive Wartung generieren oder eine entsprechende Meldung am Terminal anzeigen.

Für die Wartung der Maschinen/Anlagen und Betriebsmittel sind Wartungspläne zu definieren. Wartungspläne sind ähnlich aufgebaut wie Prüfpläne (siehe Kapitel 4.3.5) und enthalten detaillierte Vorgaben für die durchzuführenden Tätigkeiten und bei Bedarf auch Hinweise auf benötigte Ersatzteile und Hilfsmittel. Wartungspläne enthalten auch attributive Kontrollgrößen mit den zugehörigen Beurteilungen. Der Wartungsplan kann vom Mitarbeiter ausgedruckt werden, um das Arbeiten vor Ort an der Maschine/Anlage zu erleichtern. Alternativ kann die Bearbeitung auch über mobile Geräte, wie z. B. PDAs oder Handhelds erfolgen. Durchgeführte Wartungen werden vom MES archiviert.

6.5.3 Alarmmanagement

Tritt ein unvorhergesehener Stillstand auf, der vom Maschinenpersonal nicht behoben werden kann, ist innerhalb von MES durch den Maschinenbediener ein Wartungsauftrag an die betroffene Instandhaltungsabteilung zu generieren. Bei vollautomatischen Anlagen erfolgt die Alarmierung der Instandhaltung direkt. Die Mitteilung an die betroffenen Mitarbeiter erfolgt per E-Mail, SMS, Pager oder direkt als Ereignismeldung auf dem Bildschirm des Empfängers (Alarmmeldung am Leitstand). Die Bearbeitung des Auftrags erfolgt direkt am PC oder am mobilen Erfassungsgerät des Bearbeiters.

Um die Verfügbarkeit der einzelnen Maschinen zu kontrollieren (Ermittlung von Kennzahlen), werden die Stillstände mit den damit verbundenen Zeiten und die Gründe der Stillstände erfasst. Bei einer Onlineanbindung der Maschinen erkennt das Erfassungssystem automatisch den Stillstand. Nur in Ausnahmefällen wird allerdings auch der Stillstandsgrund automatisch erkannt (z. B. bei Textilmaschinen das Erkennen eines Nadelbruches). In der Regel muss der Werker/Instandhalter am Terminal aus einer Liste von vordefinierten Stillstandsgründen einen auswählen und diesen der Situation zuordnen.

6.6 Zusammenfassung

Bei der Auftragsdurchführung sind verschiedene Bereiche des Unternehmens sowohl direkt als auch indirekt involviert. Jedem dieser Bereiche wird durch MES ein passendes Werkzeug an die Hand gegeben, das die Durchführung der Arbeit und damit verbunden den Mitarbeiter anhand eines definierten Work Flows leitet.

In der Fertigung erhält der Maschinenbediener über Terminals (oder die Maschine/Anlage direkt) die zur Bearbeitung anstehenden Aufträge. Alle benötigten Zusatzinformationen sind online einsehbar. Des Weiteren werden alle relevanten Daten der Maschine/Anlage über entsprechende Schnittstellen dem MES zur Auswertung weitergegeben. Andere produktionsnahe Bereiche wie Logistik und Instandhaltung beziehen gleichfalls aus dem MES die notwendigen Informationen und Arbeitsaufträge. Arbeitsanweisungen bei der Durchführung von Instandhaltungsmaßnahmen werden genauso über MES verwaltet wie die Bearbeitung und Ablage von Prüfprotokollen.

Die aufbereiteten Daten werden in geeigneter Form dem Produktionsleiter, dem Controlling und der Geschäftleitung zur Auswertung zu Verfügung gestellt. Diese Auswertungen sind die Grundlage kontinuierlicher Verbesserungsprozesse. Der Datenzugriff erfolgt unternehmensweit (evtl. weltweit) mittels Web-Technologien.

7 Technische Aspekte

7.1 Software-Architektur

7.1.1 Grundsätzliche Varianten

Betrachtet man die am Markt befindlichen Systeme, findet man zwei Architekturvarianten mit grundlegend unterschiedlichen Ansätzen vor:

- Applikationszentrierte Systeme
  Hier steuert die Applikation die Buchungsfunktionen in der Datenbank und die Businesslogik des Systems. Die Datenbank dient nur als performantes Speichermedium.
- Datenbankzentrierte Systeme
  Bei diesem Ansatz ist die Datenbank nicht nur ein Datenspeicher, sondern der Dreh- und Angelpunkt des gesamten Systems. Ein Großteil der Buchungen und auch Teile der Businesslogik werden durch die Datenbank abgehandelt.

Applikationszentrierte Ansätze bieten Vorteile bei der Entwicklung durch den Einsatz von Hochsprachen. Auch Updates sind einfacher, da die Datenstrukturen weniger komplex sind. Der Hauptnachteil ist, dass Fehler in der Applikationslogik die Datenkonsistenz gefährden – im Zweifelsfall werden aufwändige Reparaturen des Datenbestands durch den Hersteller notwendig. Außerdem müssen durch den verstärkten Einsatz von Multithreading nun auch Kernthemen eines DBMS (Datenbankmanagementsystem), wie Cachekonsistenz und Transaktionsmanagement, integriert werden, die in den DBMS seit Jahren hinsichtlich Fehlerfreiheit, Skalierung und Performance gereift sind. In Systemen mit großem Datenvolumen können auch Performancenachteile entstehen, da Optimierungen zur Ausnutzung spezieller DBMS Stärken nicht möglich sind, bzw. mehrfach implementiert werden müssten und daher weggelassen werden.

In **datenbankzentrierten Systemen** erfolgen alle „datennahen" Operationen auch innerhalb des DBMS in dessen nativer Programmiersprache in Form so genannter „Stored Procedures". Nachteilig ist, dass die Plattformabhängigkeit an dieser Stelle nicht mehr gegeben ist. Auch die Softwareentwicklung wird schwieriger, da in der Regel eine Hochsprache mehr Möglichkeiten bietet als die Programmiersprache des DBMS. Dieser Nachteil wird durch verschiedene aktuelle Initiativen, Hochsprachen (z. B. Java oder .Net) direkt für die Programmierung von für „Stored Procedures“ nutzbar zu machen, entkräftet. Updates sind aufwändiger, da Integritätsüberprüfungen elementarer Bestandteil des Updateprozesses sind. Der große Vorteile des datenbankzentrierten Ansatzes ist, dass Transaktionsmanagement und Sicherstellung der Datenkonsistenz per Deklaration an das DBMS übertragen wird. Die vorhandenen Fähigkeiten des DBMS, wie die Unterstützung von Clusterlösungen oder verteilte Systeme, sind ohne größere Anpassungen an die Applikation nutzbar. Das „Datenmodell“ ist ein Teil der Applikation, d. h. ein Zugriff für externe Systeme (z. B. Reporting) wird einfacher und ist im Zweifelsfall auch ohne Mitwirken des Herstellers möglich. Schließlich kann durch Ausrichtung auf das DBMS mit seinen spezifischen Optimierungsmöglichkeiten auch eine deutlich bessere Performance ermöglicht werden. Dies ist besonders für ein MES wichtig, das im Vergleich mit einem ERP System mit einem deutlich höheren Transaktionsvolumen konfrontiert ist.

Folgendes Fazit kann aus dieser Betrachtung gezogen werden: applikationszentrierte Ansätze sind bei Systemen mit relativ geringem Transaktionsvolumen und auch im frühen Entwicklungsstadium leicht im Vorteil. Bei „großen“ Systemen, mit hohen Anforderungen an Verfügbarkeit, Datenintegrität und Performance, sind dagegen die datenbankzentrierten Ansätze im Vorteil. Die folgenden Betrachtungen in diesem Kapitel beziehen sich deshalb vorwiegend auf diesen Ansatz.

7.1.2 Überblick über die zentralen Komponenten

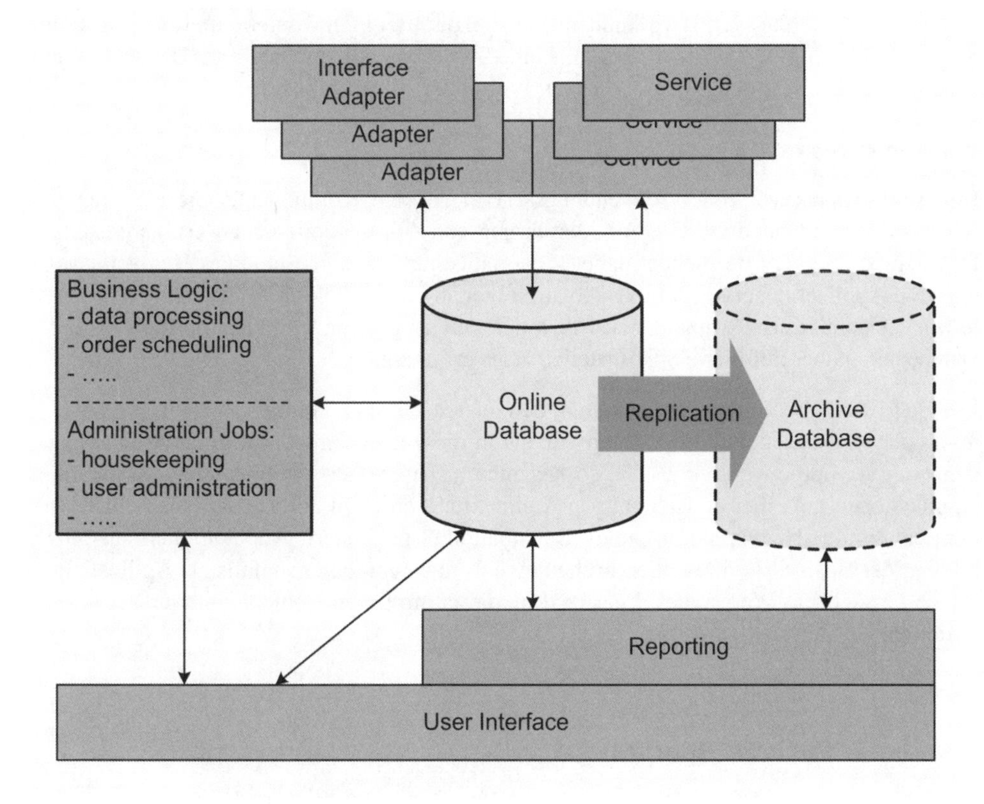

Abbildung 7.1: Zentrale Softwarekomponenten im Überblick.

Die in Abbildung 7.1 vorgeschlagene Softwarearchitektur für ein MES ist so, oder in ähnlicher Form, auch in vielen aktuellen Systemen am Markt vorhanden. Dieser Architekturvorschlag dient neben dem „Datenbankzentrierten Ansatz“ aus Kapitel 7.1.1 als Beispiel und Diskussionsgrundlage für den folgenden Abschnitt.

Die Abbildung 7.1 zeigt ein Server basierendes System, dessen Kern eine relationale **Datenbank** bildet. Um größere Datenmengen einfach handhaben zu können, kann die Datenbasis auf zwei Instanzen – eine „Online-Datenbank“ und eine „Archiv-Datenbank“ – verteilt werden (siehe Kapitel 7.3). Diese Datenbank übernimmt auch die Basisfunktionen der Datenverarbeitung wie z. B. das Einbuchen komplexer Daten in verschiedene Tabellenstrukturen. Aufwändige Verarbeitungsfunktionen wie beispielsweise die Berechnung von Kennzahlen werden in einem externen Modul behandelt. In diesem Modul (z. B. in Form eines Applicationservers) werden die **Business-Logik** und **administrative Aufgaben** (z. B. Authentifizierung der User und Jobs zur Datenpflege) des MES abgebildet. Für die Schnittstellen zu benachbarten IT Systemen sind eigenständige **Schnittstellen-Adapter** und/oder **Software-Services** (siehe Kapitel 7.1.4) vorhanden. Für die **Benutzerschnittstelle** und das darin eingebettete **Reporting-Modul** wird ebenfalls eine Serverkomponente benötigt. Bei einer Weblösung (siehe auch Kapitel 7.3.5) ist dies ein Web- oder Applicationserver.

Applicationserver

Ein Applicationserver (oder Anwendungsserver) ist eine Komponente, die ein Framework und verschiedene Dienste zur Ausführung von Applikationen zur Verfügung stellt. Der Begriff „Server" bezeichnet dabei nicht unbedingt ein eigenständiges Hardwaresystem. Ein Applicationserver stellt als Ablaufumgebung den Applikationen spezielle Dienste wie beispielsweise Authentifizierung oder den Zugriff auf Verzeichnisdienste und Datenbanken über definierte Schnittstellen zur Verfügung.

Der Begriff Applicationserver hat sich in den letzten Jahren zu einem der meistgebrauchten in der IT entwickelt. Andere Begriffe, die in diesem Zusammenhang verwendet werden, sind „Middleware" und die so genannte „Three-Tier Architecture". Software-Applikationen mit einer dreischichtigen Architektur werden in der Regel in die Schichten „Präsentation", „Businesslogik" und „Datenhaltung" gegliedert. Applikationen zur Abbildung der Businesslogik werden im heutigen Sprachgebrauch ebenfalls als Apllicationserver bezeichnet. Wegen des Einsatzes in dieser mittleren Schicht wird er auch als „Middleware" bezeichnet.

7.1.3 Plattformunabhängigkeit

Der erforderliche Aufwand zur Herstellung „echter Plattformunabhängigkeit" mag hoch erscheinen, muss aber im Hinblick auf lange Systemlaufzeiten eines MES (in der Regel mehr als zehn Jahre) betrachtet werden. Änderungen in der IT Landschaft des Unternehmens dürfen nicht zum Aus für das eingesetzte MES führen, vielmehr soll die Plattformunabhängigkeit die Kosten für Betrieb und Pflege minimieren helfen.

Mit dem Begriff „Plattform" ist an dieser Stelle vor allem die grundsätzliche **Rechnerarchitektur (z. B. Prozessoren) und das eingesetzte Betriebssystem** gemeint. Die Datenbank stellt natürlich auch eine „Plattform" dar, die aber nicht in die Betrachtung eingeschlossen ist, da es nur wenige Systeme am Markt gibt, die verschiedene Datenbanken unterstützen. Trotzdem ist eine echte Plattformunabhängigkeit nur gegeben, wenn der Anwender auch das Datenbanksystem frei wählen kann.

Zum Thema Plattformunabhängigkeit existieren zwei generell unterschiedliche Sichtweisen am Markt:

- Anwender, meist in kleinen und mittleren Unternehmen, die auf keine bestimmten Plattformen festgelegt sind und somit der Empfehlung des Anbieters folgen.

- Anwender, oft in Großunternehmen mit eigenständiger IT Abteilung, die interne Festlegungen für Plattformen getroffen haben und auch nur Systeme zulassen, die diesen Festlegungen entsprechen.

Will ein Anbieter beide Gruppen (also den gesamten potenziellen Markt) bedienen, muss sein System zwangsläufig „plattformunabhängig" sein. Um diese Forderung näher zu analysieren, werden die einzelnen Module des Systems (entsprechend dem Architekturvorschlag aus Kapitel 7.1.2) getrennt betrachtet:

- Datenbank
  Dic Datenbank ist der zentrale Kern des Systems. Deshalb werden an dieses Modul auch die höchsten Anforderungen in Richtung Skalierbarkeit, Verfügbarkeit und Performance gestellt. Viele Anbieter unterstützen nur ein Datenbanksystem, da eine Optimierung für verschiedene Datenbanken kaum durchführbar ist. Die Datenbank erfordert auch eine regelmäßige Softwarewartung, für die entsprechende Fachkräfte benötigt werden. Fazit: Wenn die eingesetzte Datenbank plattformunabhängig ist (wie z. B. Oracle), kann ein Einsatz auf der vom Kunden bevorzugten Plattform erfolgen; wenn nicht, muss zwangsläufig eine vom Anbieter empfohlene Plattform eingesetzt werden.
- Business-Logik/administrative Aufgaben
  Viele dieser Datenverarbeitungsaufgaben können direkt mit so genannten „Stored Procedures" in der Datenbank erledigt werden. Diese Methode zeichnet sich durch hohe Verarbeitungsgeschwindigkeiten aus. Nachteilig ist, dass komplexere Aufgaben nur schwer in SQL abgebildet werden können und das Änderungs-Management aufwändig ist. Will man diesem Nachteilen entgehen, bietet sich ein Java- oder C++ -basierender Ansatz an. Beide Codes sind, vorausgesetzt man verwendet keine speziellen Bibliotheken, mit überschaubarem Aufwand auf verschiedene Plattformen zu portieren (also eingeschränkt plattformunabhängig). Aus dem Blickwinkel der Änderungsfreundlichkeit ist eine Kapselung in einzelne „Funktionen" wünschenswert. Dafür bietet sich z. B. der Einsatz eines Applicationservers (siehe Begriffserklärung oben) oder einer „ScriptEngine" an, die einzelne Jobs in Form von Java- oder Java-Script-Programmen enthält.
- Schnittstellen-Adapter
  Hier gilt für die Plattformunabhängigkeit sinngemäß was bereits oben unter „Business-Logik/administrative Aufgaben" genannt wurde. Eventuell kann die Behandlung der Schnittstellen auch im selben Softwaremodul erfolgen. Die Änderungsfreundlichkeit ist allerdings für Schnittstellen noch wichtiger – kein anderes Thema wird so oft geändert und erfordert so viel Zeit für Implementierung und Test. Der Einsatz von Scripten (am Besten je Schnittstelle unabhängige Module), die einfach und zur Laufzeit des Gesamtsystems geändert werden können, ist dafür ein adäquater Ansatz. Allerdings muss auf die eventuell vorhandene Infrastruktur Rücksicht genommen werden: Wenn z. B. Steuerungssysteme der Produktion nur über vorhandene OPC Server sinnvoll angebunden werden können, muss hier auch eine plattformgebundene (in diesem Fall Windows) Lösung zum Einsatz kommen. Die OPC Technologie oder auch Active-X-Controls sind eben nur unter Windows verfügbar.

- Software Services
  Für eine serviceorientierte Architektur (siehe Kapitel 7.1.6) hat sich der Einsatz von „Webservices" etabliert. Die serverseitige Implementierung kann im Rahmen eines Web-Applicationservers plattformunabhängig erfolgen.
- Benutzerschnittstelle/Reporting
  Ein webbasierender Ansatz ist oft auch plattformunabhängig. Den vielen Vorteilen einer „echten" Weblösung (ausschließlich unter Verwendung von HTML und Java-Script) steht allerdings noch der Nachteil eines teilweise geringeren Bedienkomforts gegenüber.

7.1.4 Skalierbarkeit

Das einzig Beständige ist bekanntlich der Wandel. Folgt man diesem Leitspruch, der im besonderen Maße für die moderne Produktion gilt, ist die Skalierbarkeit neben der Plattformunabhängigkeit eine weitere wichtige Anforderung an die Systemarchitektur des MES. Einerseits muss das System möglichst genau auf die Anforderungen des Kunden abgestimmt sein, andererseits müssen Änderungen in der Produktionsstruktur, d.h.

- sowohl Änderungen im Funktionsumfang
- als auch Änderungen im Mengengerüst,

sich einfach im MES abbilden lassen.

Änderungen im Funktionsumfang ergeben sich meist aus der Einführung neuer Produkte oder aus neuen Ideen zur Organisation und aus den damit einhergehenden geänderten Abläufen. Beispiele dafür sind die Einführung eines Werkerinformationssystems oder die Umstellung auf Gruppenarbeit mit geändertem Entlohnungssystem. Solche funktionalen Erweiterungen decken viele Systemanbieter durch eigenständige Softwaremodule ab, die als Erweiterung zur Basissoftware angeboten werden.

Die Skalierung nach dem Mengengerüst ist schwieriger und hat auch Auswirkungen auf die Softwarearchitektur. Folgende Eckdaten des Systems sollten im Hinblick auf eine Skalierung besonders beachtet werden:

- Anzahl von Maschinen und Arbeitsplätzen
- Anzahl der produzierten Artikel
- Anzahl der erfassten Messwerte/Abtastrate für die erfassten Messwerte
- Anzahl und Häufigkeit von erfassten Ereignissen (z. B. Störmeldungen von Produktionssteuerungen)
- Anzahl der gleichzeitigen Benutzer (Client-Stationen im Netzwerk)
- Anzahl und Berechnungszyklus von KPIs und Qualitätsdaten
- Archivierungszeitraum für KPIs, Qualitätsdaten, Messwerte und Ereignisse
- Art und Häufigkeit von Auswertungen des Datenbestandes
- Anzahl von Schnittstellen und Frequenz des Datenaustauschs

Diese Punkte wirken sich vor allem auf die Datenbank aus, wobei die Aspekte „Transaktionsvolumen“ (Auswirkungen auf die CPU Belastung und die Schnittstellen des Systems) und „Datenvolumen“ (Auswirkungen auf die benötigte Speicherkapazität) betrachtet werden. D. h. sowohl die Rechenleistung des Datenbanksystems (meist in Form zusätzlicher Prozessoren) als auch die Speicherkapazität (meist in Form zusätzlicher Festplatten) sollten flexibel skalierbar sein.

Bezogen auf den Architekturvorschlag im Kapitel 7.1.2 entsteht der zweite Engpass mit wachsenden Mengengerüsten im Applicationserver. Eine Skalierung kann auch hier durch Anpassung der Rechenleistung (zusätzliche Prozessoren) erfolgen oder aber die einzelnen Prozesse (Applikationen) des Systems können auf mehrere Rechnersysteme verteilt werden. Die Möglichkeit zur Verteilung der Prozesse auf mehrere Systeme ist auch für den Systembetrieb und die Wartung ein echter Pluspunkt. Am Beispiel des Architekturvorschlags im Kapitel 7.1.2 könnten im einfachsten Fall alle dargestellten Komponenten auf einem gemeinsamen Server betrieben werden. Diese Architektur würde die Kosten für ein „kleines“ System mit wenigen Datenmengen verringern. Am anderen Ende der Skala könnte aber auch jede der dargestellten Softwarekomponenten auf einem getrennten Serversystem arbeiten. Um beide dargestellten Extreme realisieren zu können, muss die Architektur entsprechend flexibel und möglichst plattformunabhängig (siehe Kapitel 7.1.3) sein.

7.1.5 Flexible Anpassungen versus Updatefähigkeit

Das einzig Beständige ist bekanntlich der Wandel. Kommt Ihnen dieser Spruch bekannt vor? Richtig, das war die Einleitung zum vorherigen Abschnitt des Kapitels. Die Aussage ist aber für diesen Abschnitt gleichermaßen gültig. Die Änderungen der realen Produktion erfordern auch Änderungen im Manufacturing Execution System. Diese sollten möglichst schnell und mit geringem finanziellen und organisatorischen Aufwand eingebracht werden. Trotzdem soll das MES ein Standardprodukt, d. h. updatefähig, stabil und zukunftssicher sein. Es gilt also, die konkurrierenden Anforderungen, „hohe Flexibilität“ und „Stabilität“ in einem System zu vereinen. Dies kann nur durch umfassende und komplexe **Parametriermöglichkeiten** und gleichzeitige **Updatefähigkeit** erreicht werden. Die Updatefähigkeit bezieht sich vor allem auf alle Kernfunktionen des Systems, die unabhängig von der spezifischen Anwendung gleich bleibend benötigt werden. Doch was heißt „parametrierfähig“? Ist das nur eine Anzahl von „Schaltern“, „Systemparametern“ oder „Benutzerprofilen“ – oder benötigt man noch andere Mechanismen? Diese Frage kann nicht global sondern nur spezifisch für einzelne Module und Funktionen des Systems beantwortet werden:

- Schnittstellen
  Für die technische Abwicklung von Softwareschnittstellen haben sich verschiedene Methoden und Technologien wie z. B. OPC, Telegrammaustausch via TCP/IP, RFC (Remote Function Calls), Message Queues (z. B. MQSeries oder Com+), Webservices oder Datenbankschnittstellen auf Basis von „Views“ durchgesetzt. Ein flexibles System sollte hier verschiedene Techniken unterstützen und die Partner müssen sich nur auf eine dieser

Techniken verständigen. Die ausgetauschten Daten sind aber kaum genormt und unterliegen häufigen Änderungen. Deshalb werden zur Konfiguration der Schnittstelleninhalte flexible Werkzeuge wie beispielsweise programmierbare Scripte benötigt. Um auch für Scripte eine Updatefähigkeit zu gewährleisten, muss bei einem Update des Frameworks (z. B. eigene Scripting Engine) darauf geachtet werden, dass bereits vorhandene Scripte lauffähig bleiben.

- Hauptfunktionen
  Die Hauptfunktionen des MES wie Ressourcenverwaltung, Feinplanung oder MDE sollten als „Module" des Gesamtsystems verfügbar sein. Eine funktionale Skalierung ist damit leicht möglich. Bei einem Update können auch einzelne Module auf einen neuen Stand gebracht werden.
- Teilfunktionen
  Innerhalb dieser Hauptfunktionen gibt es Teilfunktionen, die abhängig vom Einsatz zu- oder abgeschaltet werden können. Dafür bietet sich eine Konfiguration auf Basis von so genannten „Systemparametern" an. Diese Parameter müssen „updatesicher" gespeichert werden, um böse Überraschungen nach Softwareupdates zu vermeiden.
- Projektspezifische Datenverarbeitung
  Die Datenverarbeitung, wie z. B. die Berechnung von KPIs, ist ebenfalls stark von den spezifischen Anforderungen des Kunden geprägt. Der Einsatz von Scripten, die für den Systemanbieter einfach zu ändern sind, oder sogar durch den Kunden selbst angepasst werden können, ist ein probates Mittel. Auch hier gilt, dass die Scripte updatefähig sein müssen. Bei einem Softwareupdate wird also lediglich das Framework zur Ausführung der Scripte, und nicht die Scripte selbst, auf einen neuen Softwarestand gebracht.
- Bedienoberflächen für Standardfunktionen
  Diese Oberflächen sollten zumindest im „Look & Feel" an die Bedürfnisse des Users angepasst werden können. Z .B. sollte die Anpassung an eine vorgegebene „Corporate Identity", mit gegebenen Farben und einem Firmenlogo, global möglich sein. Eine Speicherung der Einstellungen wie z. B. die Wahl von Spalten zu einer Tabellenansicht und die Default-Sortierung der Tabelle sollte benutzerspezifisch erfolgen.
- Kundenspezifische Bedienoberflächen
  In manchen Projekten lassen sich nicht alle Bedürfnisse des Kunden mit standardisierten Oberflächen abdecken. Das Softwarekonzept sollte also für Ausnahmen auch die projektspezifische Erstellung von Oberflächen erlauben. Diese speziell für einen Kunden erstellten Umfänge müssen auch nach einem Update des Gesamtsystems funktionieren.
- Visualisierung über Block-/Fließbilder
  Eine standardisierte Visualisierung mit einem generischen Ansatz (z. B. Abbildung aller Maschinen/Stationen mit den wichtigsten Daten der Auftragsbearbeitung) spart zwar Projektierungsaufwand, ist aber oft zu unflexibel. Eine frei parametrierbare Visualisierungslösung mit den Möglichkeiten einer „Prozessvisualisierung" erhöht sowohl die Flexibilität des MES als auch die Akzeptanz bei den Benutzern.
- Reporting
  Aussagekräftige und optisch ansprechende Reports sind die Visitenkarte des MES für das Management des Unternehmens, deshalb wird ein hochflexibles Reportingsystem benö-

tigt. Ein Satz von Standardreports sollte im Grundumfang des Systems vorhanden sein. Diese Reports müssen jedoch durch geschulte Benutzer geändert werden können oder als Vorlage für die Erstellung eigener Reports dienen.

Adaptierbare und gleichzeitig updatefähige Software ist mit den modernen Werkzeugen der IT durchaus realisierbar. Allerdings geht dies durch die erforderliche Komplexität zu Lasten der Performance. Ein „einfaches" System mit wenigen Parametrier- und Einstellmöglichkeiten scheint auf den ersten Blick kostengünstiger zu sein. Die Grenzen erkennt man erst im Zuge der Einführung oder im laufenden Betrieb, wenn die ersten Erweiterungen benötigt werden. Dann kann sich das vermeintlich günstigere System auch zu einer Kostenfalle entwickeln.

7.1.6 MES und SOA

Der Grundgedanke der **s**ervice**o**rientierten **A**rchitektur (SOA) sieht vor, die Geschäftsprozesse in einzelne Dienste („Services") zu gliedern. Der Client ruft einen Service für eine definierte Aufgabe auf (Auftrag an den Service), dieser Auftrag wird dann durch den Server bearbeitet und das Ergebnis (Antwort vom Server) an den Client zurückgegeben. Die Struktur der Services (Datenstruktur für Auftrag und Antwort) wird in einem gemeinsamen Verzeichnis (Repository) verwaltet. Für jeden Service existiert eine eindeutige Adresse (Server, der den Service bereitstellt), an die ein Auftrag gesendet werden kann.

Der etablierteste technologische Ansatz zur Umsetzung von SOA sind die so genannten „Webservices". Das W3C (**W**orld **W**ide **W**eb **C**onsortium) hat eine weitreichende Standardisierung von Webservices und dem Datenaustausch mittels SOAP (Protokoll zum Datenaustausch über HTTP und TCP/IP) durchgeführt, und damit den Einsatz der Technologie in heterogenen Umgebungen ermöglicht [W3C 07].

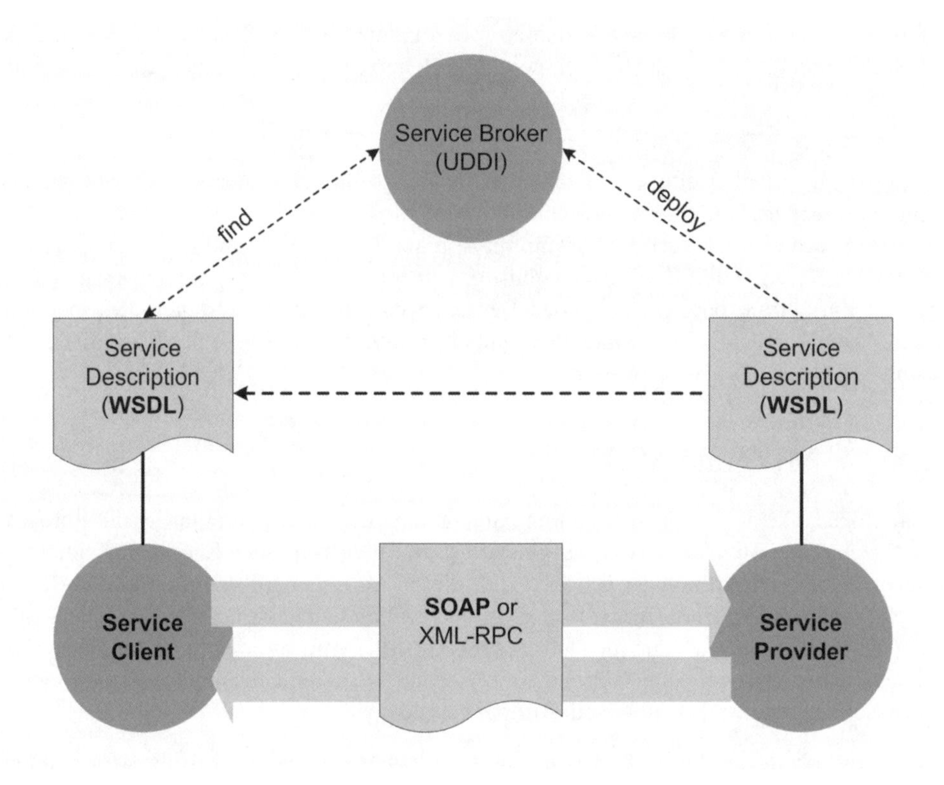

Abbildung 7.2: Konzept von Webservices mit SOAP.

Der im Bild oben dargestellte „Service Broker" wird für unternehmensweite oder global genutzte Dienste benötigt, um einem beliebigen Client mitzuteilen, welcher Server welche Dienste bereitstellt. Diese Metadaten, die einen Webservice beschreiben, werden mit Hilfe des UDDI Protokolls ausgetauscht (**U**niversal **D**escription **D**iscovery and **I**ntegration = Protokoll zur Veröffentlichung und Auffindung von Metadaten zu Webservices). Werden die Webservices nur „lokal" genutzt, was innerhalb eines MES oder auch in Verbindung mit benachbarten Systemen die Regel ist, kann der Service-Broker entfallen. Die WSDL Beschreibungen (WSDL = **W**eb **S**ervice **D**escription **L**anguage) der Dienste sind in diesem Fall den Teilnehmern (Clients) bekannt. In einer WSDL Datei sind die Funktionen und die Schnittstelle eines Webservice genau definiert. Mit diesen Informationen kann der Client den bereitgestellten Dienst nutzen. Der Austausch der Daten selbst erfolgt über das Protokoll SOAP (siehe oben, meist mittels HTTP aber auch andere Protokolle sind möglich) oder über RPCs (Remote Procedure Call).

Mittels dieser Architektur wird erreicht, dass **ein Prozess** und die zugehörigen Daten nur **einmal in der Unternehmens IT** abgebildet werden, und die Softwarefunktionen trotzdem allen Anwendern in ihrem spezifischen Kontext zur Verfügung gestellt werden. Damit wird die wünschenswerte Integration von Anwendungen und Daten der Produktion (siehe Kapitel 2.4.2) erreicht.

Z. B. lassen sich interne Schnittstellen, wie die Anbindung von MDE/BDE Terminals an einen Server, mit Webservices einfach und flexibel umsetzen. Ein weiteres Beispiel ist die Übergabe von Anwesenheitsbuchungen der Mitarbeiter aus einer Personalzeiterfassung an MES. Es kann darüber die tatsächlich anwesenden Ressourcen verplanen oder auch eine Plausibilitätsprüfung für die auf die Mitarbeiter bezogenen Auftragsrückmeldungen vornehmen. Durch Abfrage der Daten über eine ID können diese im MES auch anonymisiert werden. In diesem Beispiel ist das Personalzeitsystem der Server und das MES der Client für die Webservices.

7.2 Datenbank

7.2.1 Einleitung

Die Datenbank ist das zentrale und aus technischer Sicht auch das wichtigste Element des MES. Eine Migration auf ein anderes Datenbanksystem ist sehr aufwändig und im laufenden Systembetrieb kaum durchführbar. Entsprechend wichtig ist die Entscheidung für eine bestimmte Datenbank vor der Systemeinführung. Jede Datenbank erfordert einen bestimmten Aufwand für „Systempflege“ im laufenden Betrieb. Auch dafür müssen schon vor der Einführung des Systems Regeln definiert und Ressourcen mit der erforderlichen Qualifikation geplant werden. Schließlich sollte die Auslegung des Servers für die erwartete Ressourcenbelastung und die Erstellung von Konzepten zur Datensicherung und Archivierung frühzeitig erfolgen.

7.2.2 Ressourcenbetrachtung

In Verbindung mit dem Datenbankserver können drei wesentliche Ressourcen-Engpässe auftreten, die bereits in der Gesamtauslegung des Systems bewertet und berücksichtigt werden müssen:

- Die Belastung der CPU des Servers verursacht durch Transaktionen
- I/O-Last durch Schreib- und Lesezugriffe auf das Speichermedium
- Einbuchen von Daten in die Datenbank über Treiber-Verbindungen
- Speicherplatzbedarf im Hauptspeicher und auf den Festplatten des Servers

Die **CPU Last** entsteht durch Buchungsvorgänge, die von außerhalb der Datenbank angestoßen werden, und nachfolgende Transaktionen, durch Abfragen und Auswertungen, die durch die Benutzer initiiert werden und durch intern getriggerte Jobs zur Datenpflege oder zyklische Berechnungen. Durch Abschätzung dieser Einflussfaktoren kann man auf das entstehende Transaktionsvolumen und damit auf die CPU Belastung schließen. Zur Absicherung der Schätzung empfiehlt sich die Durchführung von „Lasttests" auf einer Testplattform, die möglichst ähnlich dem Zielsystem konfiguriert sein sollte. Eine Skalierung kann entweder durch Nachrüstung zusätzlicher CPUs oder durch Auftrennung in mehrere Instanzen erfolgen (siehe Kapitel 7.2.2). Aus Sicht der Systemarchitektur kann die CPU Belastung ebenfalls deutlich reduziert werden, in dem alle Funktionen zur Datenverarbeitung nicht in der Datenbank (in Form von so genannten „Stored Procedures") sondern extern z. B. auf einem Applicationserver ausgeführt werden. Damit verbessert man zwar die Möglichkeiten der Skalierung, jedoch wird die Verarbeitung insgesamt langsamer und „unsicherer". Die Stored Procedures arbeiten im Gegensatz zu einer externen Abarbeitung der Prozedur sehr effektiv. Bei ihnen müssen auch weniger Daten über Schnittstellen bewegt werden.

Die **I/O Last** entsteht durch die Transaktionen zwangsläufig und kann durch Softwarearchitektur kaum beeinflusst werden. Die Hardwarearchitektur muss hier optimal auf das eingesetzte Datenbanksystem abgestimmt werden.

Abhängig vom gewählten Treiberkonzept (z. B. ODBC, ADO oder „Native Client") können von den Schnittstellen-Adaptern (siehe Beispielarchitektur in Kapitel 7.1) ein oder mehrere **Übertragungskanäle zur Datenbank** aufgebaut werden. Die mögliche Anzahl der abgesetzten SQL Statements (z. B. INSERT oder UPDATE) pro Zeiteinheit und Kanal ist jedoch durch die serielle Abarbeitung eingeschränkt. Ein INSERT Statement ist z. B. erst beendet, wenn die Information tatsächlich auf die Festplatte des Servers geschrieben wurde und die entsprechende Rückmeldung über den Treiber erfolgt. Erst nachdem über die Verbindung die Verarbeitung bestätigt wurde, wird das nächste Statement aus der Warteschlange an die Datenbank zur Bearbeitung übergeben. Dies führt bei einer größeren Anzahl von Messwerten zu einem Anwachsen der Warteschlange und damit zu verzögerten Buchungen. Dieser Engpass entsteht also nicht direkt am Server sondern eigentlich auf den Clients, die Daten an den Server übergeben. Eine Skalierung ist für einige (z. B. für Oracle jedoch nicht allgemeingültig) Datenbanken durch mehrere gleichzeitig aktive Verbindungen möglich.

Der **Speicherplatzbedarf** der Applikation ist durch die gegebenen Anforderungen festgelegt. In modernen Rechnerarchitekturen ist die Festplattenkapazität bei Einführung eines neuen Systems auch kein ernsthaftes Problem. Werden aber Messwerte und Produktionsdaten über Monate und Jahre gesammelt, kann auch hier ein Ressourcenengpass entstehen. Abgesehen vom absoluten Platzbedarf entsteht bei sehr großen Datenbanken auch ein organisatorisches Problem mit der Datensicherung – eine tägliche Vollsicherung ist nicht mehr möglich, wenn die Laufzeit der Sicherung in die Größenordung von 24 Stunden gerät. Zur Vermeidung der genannten Probleme werden intelligente Archivierungskonzepte benötigt, um die „Online-Datenbank" in ihrer Größe zu beschränken. Eine „schlanke" Datenbank hält das System leistungsfähig und spart Kosten.

7.2.3 Skalierung des Datenbanksystems

Eine Skalierung der Rechenleistung, d. h. der Einsatz mehrerer CPUs ist das einfachste Mittel den oben beschriebenen Engpässen zu begegnen. Voraussetzung dafür ist, dass die Datenbank ein Multiprozessorsystem so unterstützt, dass die Prozessoren optimal genutzt werden. Ein Kostennachteil entsteht nicht nur durch die Hardwarekosten, sondern eventuell auch aufgrund des Lizenzierungsmodells der Datenbank („Prozessor-Lizenz").

Aus der oben beschriebenen Problematik des „Einbuchens" von Daten ergeben sich drei wesentliche Anforderungen an das Design des Schnittstellen-Adapters und der Datenbank:

- Optimalerweise erfolgt die Pufferung der Daten an der Quelle, z. B. im Steuerungssystem der Produktion. Doch meist sind diese Systeme dafür nicht geeignet. Deshalb sollte der Schnittstellenadapter die Übergabe von Daten via SQL Statements unbedingt über einen „Puffer" (Warteschlange) abwickeln. Nur so können Datenverluste bei Überlastung oder Verbindungsunterbrechungen vermieden werden.
- Die Daten sollten inklusive eines Zeitstempels (Zeit der tatsächlichen Entstehung) übergeben werden.
- Der Schnittstellen-Adapter und das eingesetzte Treiberkonzept sollten eine Skalierung der gleichzeitig genutzten Verbindungen erlauben.
- Es sollten nur geänderte Daten übergeben werden. Der Schnittstellen-Adapter muss für jede Variable vor der Übergabe prüfen, ob eine Änderung im Vergleich zum zuletzt übergebenen Wert besteht. Für bestimmte Werte (z. B. aufgrund behördlicher Vorschriften) muss die Buchung von jedem Wert mit festem Zeitraster, d. h. unabhängig von einer Änderung möglich sein. Die beschriebene Optimierung muss also selektiv deaktivierbar sein.

Alternativ kann auch das Konzept der Datenerfassung geändert werden, sodass der Schnittstellen-Adapter nicht jeden Wert an die Datenbank übergibt, sondern Werte sammelt, eventuell komprimiert und dann eine Buchung für eine größere Zahl von Werten (z. B. im Minutenraster) vornimmt. Nachteilig ist bei diesem Konzept, dass die Abfrage einzelner Werte schwieriger wird.

Ein möglicher Ansatz zur Skalierung der Datenbank und Erhöhung der Betriebssicherheit ist die Aufteilung auf mehrere Instanzen, z. B. in eine „Online-Instanz" und eine „Archiv-Instanz". Wenn es die Situation erfordert, können diese Instanzen auf zwei Rechnern betrieben werden – damit werden die zur Verfügung stehenden Ressourcen nahezu verdoppelt. „Nahezu" deshalb, weil der Abgleich der beiden Instanzen auch eine ständig Ressourcenbelastung verursacht. Für sehr anspruchsvolle Systeme kann dieses Konzept noch um eine dritte Datenbankinstanz („Reporting-Instanz") erweitert werden.

7.2.4 Datenhaltung und Archivierung

Welche Daten müssen wie lange in der Datenbank gespeichert werden? Diese Frage wird in jedem Projekt heiß diskutiert, denn nur ein Teil der erfassten Daten muss aufgrund gesetzlicher Vorschriften für eine definierte Zeitspanne aufbewahrt werden. Für den anderen Teil, wie z. B. Störmeldungen von automatischen Anlagen ohne direkten Bezug zum Produktionsprozess, gibt es keine solchen Vorgaben. Damit entsteht meist das Problem, dass sich kein Verantwortlicher findet, der einer endgültigen Löschung der Daten zustimmt. Als Folge werden mit steigender Laufzeit der MES Applikation immer größere Datenmengen erzeugt, was unter Umständen zu einer Verschlechterung der Performance und zu einer Erhöhung der Betriebskosten (Plattenplatz, Sicherungsmedien) führt. Abhilfe kann ein mehrstufiges Archivierungskonzept (siehe folgende Darstellung) schaffen, das über flexible Parametrierung an die Gegebenheiten des Projektes angepasst werden kann.

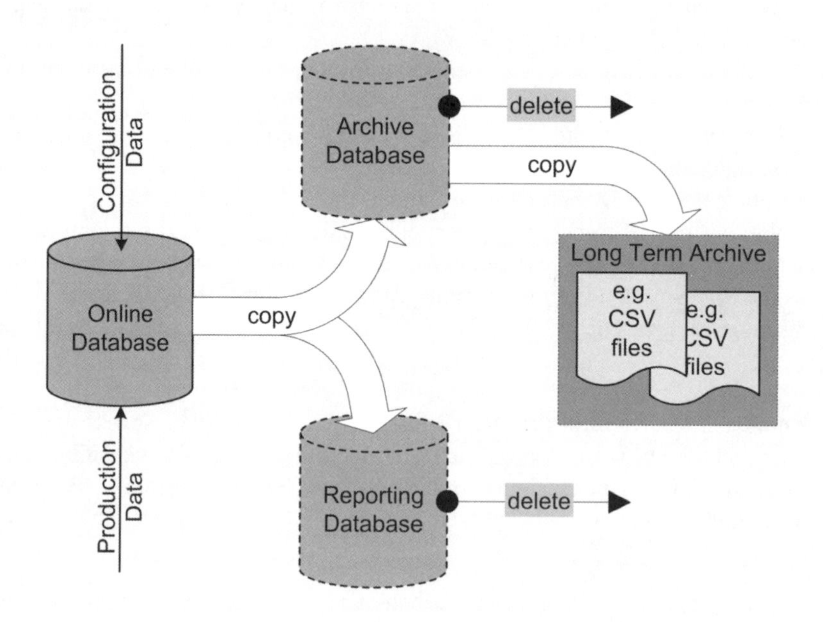

Abbildung 7.3: Mehrstufige Datenhaltung mit mehreren Datenbank-Instanzen und Langzeitarchiv.

7.2.5 Laufende Pflege

Eine Datenbank erfordert generell (mehr als die anderen Elemente des Softwaresystems) eine regelmäßige Wartung. Durch die ständige Änderung des Datenbestandes und Volumens entsteht die Notwendigkeit zur laufenden Optimierung. Vernachlässigt man die notwendigen

Pflegemaßnahmen, drohen kostspielige Ausfälle und Datenverlust. Unabhängig von der gewählten Architektur und der eingesetzten Datenbank sollten folgende Pflegemaßnahmen regelmäßig durchgeführt werden:

- Durchführung und Überprüfung einer vollständigen Datensicherung als Basis für eine eventuell erforderliche Neuinstallation.
- Reorganisation des Datenbestandes und Indexpflege mit den integrierten Mitteln des Datenbanksystems. Manche Datenbanken ermöglichen Pflegemaßnahmen nur im „Offline-Betrieb", die Applikation steht also für den Zeitraum der Pflegemaßnahme nicht zur Verfügung. Bei einer geforderten Verfügbarkeit von 7 x 24 Stunden ist darauf zu achten, dass die erforderlichen Pflegejobs auch „online" ausgeführt werden können.
- Monitoring des Datenvolumens (Speicherplatzbedarf) und Überprüfung auf ungewöhnliche Änderungen.
- Aktualisieren des Datenbanksystems mit herstellerspezifischen Patches.
- Performancemessungen und eventuell Optimierungsmaßnahmen im Datenmodell (z. B. Einführung neuer Indizes).

7.3 Schnittstellen zu anderen IT Systemen

7.3.1 Überblick

Die Schnittstellen des MES zu benachbarten und unterlagerten Systemen sollten, entsprechend dem Architekturvorschlag in Kapitel 7.1.1 als eigenständige „Module" oder Softwareprozesse vorhanden sein, um die notwendige Flexibilität und Skalierbarkeit zu erreichen. Da die auszutauschenden Nutzdaten, die Einbindung dieser Daten in das Gesamtsystem und auch die Ereignisse zum Anstoß eines Datenaustauschs (Trigger), sehr unterschiedlich sind, wird ein flexibles Schnittstellenkonzept benötigt. Die Verwendung einer „Script Engine", die Schnittstellen über einfach zu ändernde Scripte bedient, ist z. B. ein solches Konzept. Als Scriptsprache hat sich für solche und ähnliche Anwendungen Java-Script bewährt, da es weit verbreitet ist und plattformunabhängig eingesetzt werden kann.

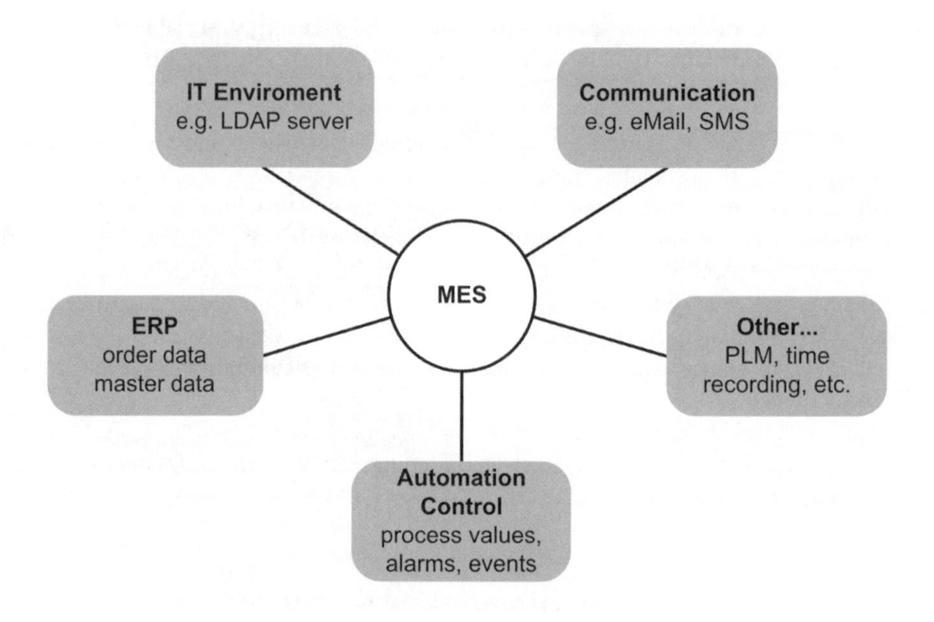

Abbildung 7.4: Schnittstellen des MES zu anderen IT Systemen im Überblick .

7.3.2 Schnittstelle zur Produktion

Die Steigerung der Wertschöpfung ist ein primäres Ziel von MES. Für die Umsetzung genügt der bisherige Ansatz, Planungen losgelöst vom Ist-Zustand der Produktion durchzuführen, nicht mehr. Vielmehr ermöglicht erst eine ständige Verknüpfung der Auftrags- und Produktionsdaten eine Gesamtbewertung. Damit gewinnt die datentechnische Anbindung der Produktion, d. h. eine vertikale Integration der Produktionsdaten, zunehmend an Bedeutung.

Daten, die von Steuerungssystemen automatisiert gewonnen werden können sind manuell erfassten Daten in jedem Fall vorzuziehen. Diese Daten sind unverfälscht und vor allem sofort verfügbar und verbessern damit die Datenqualität des MES insgesamt. Was helfen die schönsten Auswertungen und die beste Präsentation der Ergebnisse, wenn das zu Grunde liegende Datenmaterial nicht belastbar ist?

Die datentechnische Anbindung aller automatisch oder teilautomatisch gesteuerten Produktions- oder Logistikbereiche (z. B. Produktions-, Prozess-, Fördertechnik- und Logistiksteuerungen, Werkzeugmaschinen, Robotersysteme, etc. – im Folgenden als Produktionssteuerungen bezeichnet) ist die Voraussetzung für die erfolgreiche Einführung eines MES. Was einfach klingt, kann aber für manche Projekte das Ende noch vor dem Startschuss bedeuten, denn die Kosten für Vernetzung und Softwareanpassungen sind oft zu hoch. Besonders schwierig wird es, wenn die Produktionssteuerungen wegen hoher Auslastung nur sehr eingeschränkt für die erforderlichen Änderungen zur Verfügung stehen. Der einzige Weg, diesen Aufwand zur Anpassung der Infrastrukturkosten gering zu halten, ist eine flächendeckende **Standardisierung** der Produktionssteuerungen, besonders für die Schnittstellen zum MES. Idealerweise entsteht dadurch eine aus Sicht des MES homogene Systemlandschaft und neue Produktionssteuerungen können mit wenigen Arbeitsschritten an MES angebunden werden. Es gilt tatsächlich das Prinzip „Plug and Play", und nicht das gefürchtete Schnittstellenchaos nach dem Motto „Plug and Pray".

Anbindung via Prozessvisualisierung/Steuerungssystem über Schnittstellen-Adapter
Auf den ersten Blick ist die Anbindung über eine Prozessvisualisierung, die möglicherweise schon an der Maschine oder Anlage vorhanden ist, eine verlockende Lösung. Für Applikationen mit geringem Datenvolumen und überschaubaren Anforderungen an die Sicherheit und das Zeitverhalten kann dieser Ansatz auch durchaus gewählt werden. Die meisten modernen Visualisierungssysteme erlauben die Weitergabe von Daten über eine SQL Anbindung, wobei die SQL Statements in die Scripte der Applikation eingebunden werden können. Die direkte Anbindung an das Steuerungssystem bietet im Vergleich dazu ein besseres Zeitverhalten, höhere Datensicherheit und geringeren Pflegeaufwand.

Ein zusätzlicher Schnittstellen-Adapter (siehe Architekturvorschlag in Kapitel 7.1.2), der eigens für die Anbindungsfunktion konzipiert wurde, bietet einige Vorteile. Größere Datenmengen können in kürzerer Zeit transportiert werden und die Pflege erfolgt an einer zentralen Stelle, was die Standardisierung der einzelnen Anbindungen erleichtert. Mit Hilfe eines zentralen Bausteins zur Anbindung kann auch ein generisches Konzept realisiert werden, wodurch der Aufwand je Koppelpartner minimiert wird. Die Anbindung einer zusätzlichen Schnittstelle kann z. B. einfach über Angabe von Name und IP Adresse erfolgen. Der gesamte Datenaustausch wird dann in standardisierter Form abgewickelt, wobei auch Variablen (z. B. für Zählwerte oder Messwerte) und Events (z. B. für Störmeldungen) im MES automatisiert angelegt werden.

Technologien
Heute existieren am Markt im Wesentlichen vier Varianten zur Anbindung von Steuerungssystemen an ein „Leitsystem":

- **OPC** (**O**penness, **P**roductivity and **C**ollaboration)
  OPC war ursprünglich definiert worden, um die immer wiederkehrende Aufgabenstellung der Anbindung von PC basierten Applikationen vor allem SCADA und HMI Systeme an die Prozessperipherie einheitlich zu lösen. Im Mai 1995 traf sich dazu erstmalig die neu gegründete OPC Task Force. Im Dezember gleichen Jahres wurde die erste Draft Spezifikation von Data Access 1.0 veröffentlicht. Heute, ein Jahrzehnt später, hat sich OPC zu einem weltweit gültigen Standard für den Daten- und Informationsaustausch von Softwarekomponenten etabliert. Mit über 7.500 OPC Produkten und millionenfachen Installationen in den verschiedensten Industriezweigen und Branchen kann man die OPC Initia-

tive als vollen Erfolg werten. Längst wird OPC nicht nur anstelle proprietärer Kommunikationstreiber zur Anbindung von SCADA Systemen und Visualisierungsprogrammen an die Prozessperipherie eingesetzt. Prozessleitsysteme, PC basierte Steuerungen, MES und selbst ERP Systeme sind heute ohne OPC Schnittstelle gar nicht mehr denkbar. Über die OPC Schnittstelle werden nicht mehr nur Prozessdaten oder einzelne Parameter übertragen; ganze Warenwirtschaftsdokumente, Parametersätze, Steuerungssequenzen, Videosignale oder Antriebsprogramme werden über OPC transportiert.

Die Wurzeln von OPC sind mit dem Windows Betriebssystem von Microsoft eng verknüpft. Die ursprüngliche Bedeutung von OPC, „**O**LE for **P**rocess **C**ontrol", kommt von der Microsoft OLE Technologie der 90er-Jahre. Schon bald wurde OLE durch das Component Object Model COM und Distributed COM abgelöst. Spätestens seit den Erweiterungen um XML und Web Services in der OPC Data eXchange- und OPC XML DA-Spezifikation passte die ursprüngliche Bedeutung von OPC nicht mehr. So steht OPC heute für „**O**peness, **P**roductivity and **C**ollaboration" und gibt weniger den Zusammenhang zu einer bestimmten Basistechnologie als vielmehr die Kennzeichen der offenen, interoperablen und produktiven OPC Schnittstelle wieder.

Mit DCOM als Technologiebasis war der Einsatz von OPC bisher auf die Automatisierungsebene und auf Microsoft Windows Plattformen innerhalb eines Unternehmensnetzwerkes begrenzt. Web Services und XML beseitigten die Begrenzung, mit der Daten und Informationen hinter einer Unternehmens-Firewall isoliert bleiben und nicht für plattformübergreifende Kommunikation und für das Internet geöffnet werden konnten. Die Vision einer globalen OPC Interoperabilität und die Migration zu einer vereinheitlichten offenen Internet-Architektur-Plattform für den Informationsfluss von der Fabrikhalle bis zur Unternehmensleitung ist hierdurch Realität geworden.

Die stetig wachsende Anzahl von Mitgliedern der OPC Foundation und die laufende Erweiterung und Modernisierung der Spezifikationen zeigen, dass sich OPC als echter Standard für die Kommunikation zur Steuerungsebene etabliert hat. Für die Anbindung beliebiger Produktionssteuerungen ist deshalb in der Regel auch ein geeigneter OPC Server am Markt zu finden. Von der OPC Foundation wurden im Laufe der vergangenen Jahre folgende Standards spezifiziert [OPC 07]:

- **OPC DA** (Data Access): Spezifikation zur Übertragung von Echtzeitwerten. OPC DA war die erste OPC Spezifikation und ist auch in vielen aktuellen Produkten, von SPS Systemen (Speicherprogrammierbare Steuerung) bis hin zu Prozessvisualisierungen zu finden. Die meisten Produkte erfüllen die Spezifikation OPC DA 2.0; der zur Zeit aktuelle Stand der Spezifikation ist 3.0.
- **OPC A/E** (Alarms and Events): Spezifikation zur Übertragung von Störmeldungen und Ereignissen (Alarms & Events).
- **OPC HDA** (Historical Data Access): Spezifikation zur Übertragung historischer Werte.
- **OPC DX** (Data exchange): Spezifikation zur direkten Kommunikation zwischen OPC Servern.

- **OPC Command**: Spezifikation zur Ausführung von Befehlen (= Kommandos).
- **OPC XML DA**: Spezifikation zur XML basierten Übertragung von Echtzeitwerten. Nachteilig an dieser und an den vorgenannten Spezifikationen war die an Microsoft Plattformen gebundene DCOM (**D**istributed **C**omponent **O**bject **M**odel) Technologie. Deshalb wurde bereits kurz nach Erstellung dieser Spezifikation eine plattformunabhängige Variante, nämlich die „Unified Architecture“ angekündigt. Entsprechend gering ist die Verbreitung von OPC XML DA.
- **OPC UA** (**U**nified **A**rchitecture): Spezifikation, die alle bisherigen Spezifikationen plattformunabhängig (ohne DCOM Technologie) vereint. Der Kern dieser Spezifikation beschreibt eine serviceorientierte Architektur mit Webservices (SOA und Webservices siehe Kapitel 7.1.5) und folgt damit dem aktuellen Trend in der IT. Für den Datenaustausch steht neben der Webservice-Variante (über http/SOAP) auch eine „binäre Variante" (OPC UA binary) zur Verfügung, mit der eine deutlich bessere Performance aufgrund des geringen Overheads erzielt werden kann. Des Weiteren verbraucht UA binary am wenigsten Ressourcen, da weder XML Parser, SOAP noch HTTP notwendig sind.

- **Modbus TCP**
  Das Modbus-Protokoll ist ein Kommunikationsprotokoll, das auf einer Master/Slave- und Client/Server-Architektur basiert. Es hat sich neben Lösungen wie OPC und Profinet als etablierter Standard für die Kommunikation über Ethernet-TCP/IP in der Automatisierungstechnik etabliert. Basis hierfür bildet eine stabile Spezifikation, verfügbare Basistechnologie und eine Vielzahl industrieller Seriengeräte wie Steuerungen in beliebiger Leistungsklasse.
  Im Gegensatz zu den verteilten Automatisierungslösungen wie Profinet sind die „Feldbus-on-Ethernet-Lösungen“ wie Mobus/TCP dadurch gekennzeichnet, dass das jeweilige Feldbusprotokoll weitgehend unverändert beibehalten und Ethernet-TCP/IP als neue Übertragungstechnik zugelassen wurde. Wesentliche Vorteile dieser Systeme liegen darin, dass die Spezifikationen schon seit einigen Jahren stabil sind und der Einsatz kein grundsätzliches Umdenken bei den Anwendern erfordert. „Weniger ist Mehr“ lautet das Motto dieser Lösungen, die nicht für verteilte Automatisierung, sondern für eine schnelle, zuverlässige Übertragung von Daten zwischen Automatisierungsgeräten und Feldgeräten gedacht sind.
  Dementsprechend wurde Ethernet-TCP/IP als eine weitere Übertragungstechnik für das bereits seit 1979 bekannte Modbus RTU Protokoll zugelassen. Die seit der Ursprungsvariante bewährten einfachen Modbus-Dienste wie das Lesen und Schreiben von Adressräumen wurden unverändert beibehalten und auf TCP/IP als Übertragungsmedium abgebildet. Der Nachteil bei RTU war, dass aufgrund des Mediums (serielle Schnittstelle) nur eine 1:1 Beziehung zwischen den kommunizierenden Stationen möglich war. Bei TCP hat jeder Teilnehmer eine eindeutige Adresse. Durch diese Erweiterung ist auf dem Medium Ethernet eine 1:n Beziehung möglich [MODBUS 07].
- **Profinet IO**
  Profinet IO ist die jüngste Spezifikation von Profibus und baut auf dem bewährten Funktionsmodell von Profibus DP auf. Dabei benutzt es die Fast-Ethernet-Technologie als

physikalisches Übertragungsmedium. Das System ist für die schnelle Übertragung von I/O Daten zugeschnitten und bietet zeitgleich eine Übertragungsmöglichkeit für Bedarfsdaten und Parameter sowie IT Funktionen; bestehendes Know-how über Profibus DP kann weiter genutzt werden. Wie bei Profibus DP werden die dezentralen Feldgeräte bei Profinet IO über eine Gerätebeschreibung in das Projektierungstool eingebunden. Die Eigenschaften des Feldgerätes (Profinet IO Device) werden vom Gerätehersteller in einer GSD Datei beschrieben. Die Peripheriesignale werden zyklisch in die SPS eingelesen, dort verarbeitet und anschließend an die Feldgeräte wieder ausgegeben. Bei Profinet IO wird im Gegensatz zum Master-Slave-Verfahren von Profibus ein Provider-Consumer-Modell verwendet, das die Kommunikationsbeziehungen zwischen den gleichberechtigten Teilnehmern am Ethernet unterstützt. Wesentliches Merkmal dabei ist, dass der Provider seine Daten ohne Aufforderung des Kommunikationspartners sendet. Neben dem zyklischen Nutzdatenaustausch bietet Profinet zusätzliche Funktionen für die Übertragung von Diagnosen, Parametrierungen und Alarmen. Wie von Profibus DP bekannt, werden auch bei Profinet IO die Geräte entsprechend ihrer typischen Aufgaben klassifiziert [PNO 07].

- **Ethernet TCP/IP**
  Der telegrammorientierte Austausch von Daten via TCP/IP ist die am wenigsten standardisierte aber auch flexibelste Methode des Datenaustauschs. Kommunikationsbausteine für eine TCP/IP Verbindung über Ethernet stehen für fast alle SPS Systeme zur Verfügung. Für PC basierende Systeme sind die Voraussetzungen ebenfalls „on Board“. Die vorgenannten Technologien regeln nicht nur den Transport der Daten, sondern definieren auch Regeln für den Austausch bestimmter Inhalte und stellen dafür Mechanismen zur Verfügung. Diese Standardisierung muss im Falle einer simplen TCP/IP Kommunikation durch den Anwender vorgenommen werden. Die beste Vorgehensweise ist die Spezifikation der benötigten Telegramme in einer „Schnittstellenbeschreibung“. Darin müssen die Strukturen und Inhalte der benötigten Telgramme (z. B. Telegramm „Prozesswert“, Telegramm „Störmeldung“ oder Telgramm „Auftragsdaten“) und die Regeln des Datenaustauschs (z. B. feste oder variable Länge der Telegramme, Quittungsverhalten, Verbindungsaufnahme und Anlaufverhalten etc.) verbindlich festgelegt werden. Beide Seiten (Produktionssteuerungen und MES) erhalten damit klare Vorgaben zur Kommunikation. Vorteile dieser Lösung sind die Flexibilität und auch die Möglichkeit alle Daten ereignisorientiert austauschen zu können – ein Polling-Verfahren, wie z. B. beim Einsatz von OPC üblich, kann somit vermieden werden. Nachteilig ist hingegen der hohe (einmalige) Aufwand zur Erstellung der Schnittstellenbeschreibung und der Aufwand, der auf Seite der Produktionssteuerungen betrieben werden muss, um diesen standardisierten Datenaustausch zu implementieren. Besonders wenn Maschinen und Anlagen inklusive des Steuerungssystems „von der Stange“ gekauft werden, ist ein solcher, aus Sicht des Maschinenherstellers „kundenspezifischer“ Standard, meist nur schwer durchzusetzen. Deshalb eignet sich diese Lösung nur für größere Projekte mit einer Vielzahl von Steuerungssystemen. Der einmalige Aufwand kann dann auf viele Anlagen verteilt werden und wird durch den erzielten Standardisierungseffekt mehr als ausgeglichen.

7.3.3 Schnittstelle zum ERP

Überblick

Wenn MES nicht als alleiniges „Produktionsmanagementsystem“ sondern in Kombination mit einem ERP eingesetzt wird, muss zwischen diesen beiden Systemen auch eine Schnittstelle existieren. Die Art und der Umfang der ausgetauschten Daten hängt stark von den eingesetzten Systemen ab. Vor allem die Frage „Welche Datenbestände werden in welchem System gepflegt?“ muss geklärt werden, bevor man die Schnittstelle definieren kann. In der folgenden Abbildung ist der Inhalt der Schnittstelle für eine typische Aufgabenteilung ERP/MES abgebildet:

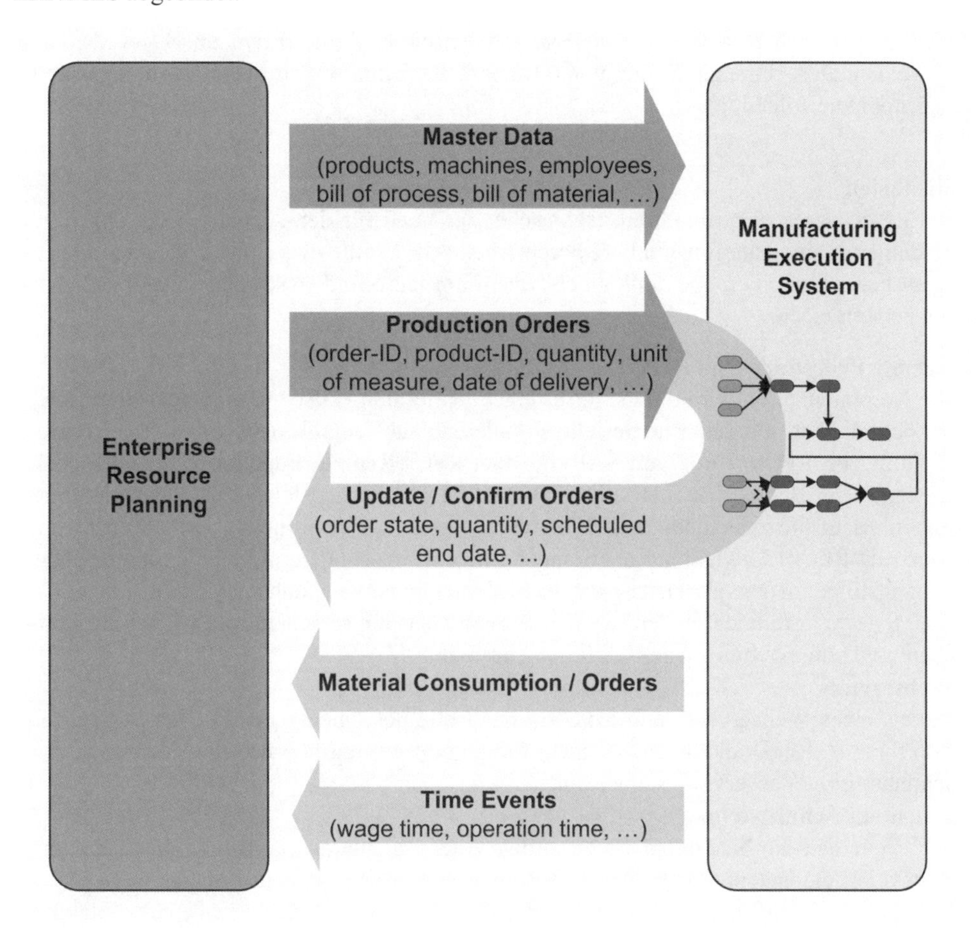

Abbildung 7.5: Inhalt der Schnittstelle zwischen MES und ERP.

Für alle ausgetauschten „Bewegungsdaten" (Daten die im Auftragsmanagement oder Produktionsfluss entstehen) gilt die Forderung, dass der Datenverkehr „asynchron" erfolgen sollte. Asynchron bedeutet, dass der Prozess, der Daten übergibt, nicht auf den Abnehmer warten muss, um den eigenen Programmablauf fortsetzen zu können. Nur so ist gewährleistet, dass die Systeme bei Störungen der Schnittstelle unabhängig voneinander weiterarbeiten. Daraus ergibt sich eine weitere Anforderung, die auch die Betriebssicherheit der Schnittstelle verbessert: Die Daten für die Übergabe müssen im abgebenden System zwischengespeichert werden um einen Datenverlust im Falle einer Störung zu vermeiden.

„Stammdaten", die zwischen den Systemen abgeglichen werden sollen, werden entweder über intelligente Importfunktionen übertragen, oder/und dynamisch im Zielsystem erzeugt. Wenn z. B. mit einem Auftrag ein Artikel übergeben wird, der bisher noch nicht im MES bekannt ist, kann ein Datensatz für die Stammdaten dieses Artikels dynamisch im MES erzeugt werden. Der Abgleich des gesamten Datensatzes kann, soweit benötigt, zu einem späteren Zeitpunkt erfolgen.

Technologien

Viele ERP Systeme bieten mehrere technische Varianten für den Austausch der Daten an. Die wichtigsten sind nachfolgend kurz beschrieben. MES sollte diese „marktüblichen" Technologien bzw. Techniken ebenfalls unterstützen, um teure und risikoreiche Zusatzentwicklungen zu vermeiden.

- **Remote Procedure Call (RPC)**
  Die Kommunikation wird durch Aufruf einer „entfernten" (also auf einem anderen Rechner befindlichen) Prozedur hergestellt; Erläuterung zur Technik siehe unten. Eine spezielle Form von RPCs wurde von SAP mit dem RFC (**R**emote **F**unction **C**all) entwickelt. Unter diesem Begriff hat SAP eigene Protokolle und Schnittstellen zur Abwicklung der Funktionsaufrufe zusammengefasst. Es wird zwischen „synchronen", „asynchronen" und „queued" RFCs (Abwicklung über eine Auftragswarteschlange um eine definierte Bearbeitungsfolge zu gewährleisten) unterschieden. Für Anwendungen, die sich mit einem SAP System verbinden wollen, werden Bibliotheken für verschiedene Programmiersprachen/Laufzeitumgebungen zur Verfügung gestellt.
- **Webservices**
  Mittels eines Webservice kann MES (in der Rolle des Client) an das ERP System (als Server) z. B. Rückmeldungen zu einem Produktionsauftrag übermitteln. Technische Beschreibung zu Webservices siehe Kapitel 7.1.6.
- **Datenbankschnittstelle**
  MES holt sich die benötigten Daten mittels einer Datenbankschnittstelle durch direkten Zugriff auf die Datenbank des ERP oder umgekehrt. Diese „Primitivlösung" weist erhebliche Nachteile auf: Die einfache Form des Datenaustauschs erlaubt keine echte Standardisierung. Sicherheit in Bezug auf unbefugte Zugriffe und Transaktionssicherheit beim Datenaustausch sind kaum gewährleistet. Auch das Zeitverhalten dieser Lösung ist nicht optimal, da der Datenaustausch nicht über Ereignisse gesteuert wird sondern im Polling-

verfahren stattfindet. Um diese Nachteile wenigstens teilweise mildern zu können, müssen unbedingt folgende Vorkehrungen getroffen werden:

- Der Zugriff darf nicht auf die Tabellen des anderen Systems erfolgen, sondern nur über so genannte „Views". Diese werden speziell für einen definierten Zugriff erstellt. Die Daten werden zum Zeitpunkt der Abfrage, also mit dem Zugriff, bereitgestellt. Damit sind die eigentlichen Daten vor ungewollten Änderungen geschützt. Auch muss keine Einarbeitung in das komplexe Datenmodell des Kommunikationspartners erfolgen, da in einer „View" die Daten aus mehreren Tabellen „benutzerfreundlich" zusammengefasst werden können.
- Für den Zugriff sollte ein spezifischer Datenbankbenutzer eingerichtet werden, der nur die minimalen Rechte erhält, die zum Datenaustausch benötigt werden (z. B. Lesezugriff auf definierte „Views").

- **Datei-Schnittstelle**
  Auf ein gemeinsam genutztes Verzeichnis (Share) wird durch ein System eine Datei geschrieben und durch ein anderes System gelesen. Die Datei hat in der Regel einen strukturierten Aufbau, beispielsweise in Form einer CSV (**C**omma/**C**haracter **S**eparated **V**alues) oder XML Datei. Nachdem der Empfänger die Datei gelesen hat, wird diese gelöscht oder umbenannt. Damit ist der Weg für die nächste Übertragung frei. Ein Beispiel für diese ebenfalls sehr einfache Art der Kommunikation ist die Übergabe von Produktionsaufträgen von ERP an MES. Die Nachteile der Lösung sind im Wesentlichen identisch mit den oben beschriebenen Problemen der Datenbankschnittstelle.

Remote Procedure Call (RPC)

Durch Aufruf einer Prozedur, die auf dem entfernten System liegt, werden Daten ausgetauscht. Es handelt sich also um eine Technik zur Kommunikation über ein Netzwerk. RPC wurde ursprünglich durch Sun Microsystems für das „Network File System" (NFS) entwickelt. Die Idee basiert auf dem „Client-Server-Modell" und sollte die gemeinsame Nutzung von Programmfunktionen über Rechnergrenzen ermöglichen. Man unterscheidet zwischen synchronem und asynchronem RPC. Bei synchronem RPC wartet der aufrufende Client mit der Ausführung des weiteren Programms bis er eine Antwort der Prozedur vom Server erhalten hat. Bei asynchronem RPC wartet der Client hingegen nicht auf die Antwort und kann mit der Bearbeitung des Programmcodes fortfahren. Eine weitere RPC Variante ist das so genannte XML-RPC. Die zu übertragenden Daten werden in einem XML Dokument abgelegt und über eine http-Verbindung übertragen (siehe auch Kapitel 7.1.6).

7.3.4 Schnittstellen zur IT Infrastruktur

Für die Pflege der gesamten IT Infrastruktur eines Unternehmens ist es entscheidend, möglichst gleiche Technik und Komponenten in allen Systemen einzusetzen. Ein **Beispiel** dafür ist die **zentrale Verwaltung von Systembenutzern** und deren Passworte. Zu diesem Zweck ist jeder Benutzer von Softwaresystemen in einem zentralen Verzeichnis mit seiner Benutzerkennung (z. B. verschlüsselte Personalnummer) und dem zugehörigen Passwort erfasst. Dieses Verzeichnis wird z. B. durch einen LDAP Server (LDAP = **L**ightweight **D**irectory **A**ccess **P**rotocol) repräsentiert. Um die mehrfache Pflege von Benutzern und Passworten zu vermeiden (in großen Unternehmen ein echtes Problem!), muss nun MES in der Lage sein, eine Benutzeranmeldung über den LDAP Server zu verifizieren. Der LDAP Server erhält die Anmeldeinformationen vom MES und meldet zurück ob das Login des Benutzers gültig ist. Die systemspezifischen Rechte des Benutzers sind im MES hinterlegt. Ein weiteres Beispiel für einen Verzeichnisdienst ist das „Active Directory" (Verzeichnisdienst auf einem Windows Server) von Microsoft.

Andere Schnittstellen zur allgemeinen Unternehmens IT sind:

- Abgleich von Stammdaten mit einem MDM System.
- Synchronisierung der Systemzeit mit einem „Zeitserver".
- Download von Updates/Patches des Betriebssystems von einem „Updateserver".
- Aufbereitung (und eventuell Weitergabe) von Systemmeldungen in einem Logfile zur zentralen Auswertung in einem „IT Leitstand".
- Weitergabe (oder auch Abfrage der eigenen Systeme) von Systemmeldungen an einen „IT Leitstand" mittels SNMP (**S**imple **N**etwork **M**anagement **P**rotocol).
- Zentrale Ablage von Reports auf einem Share mit Möglichkeit zum Up- und Download.
- Zentrale Ablage von Textlisten für Alarmmeldungen auf einem Share mit Möglichkeit zum Up- und Download.

7.3.5 Schnittstelle zu Kommunikationssystemen

Auch für die Funktionen des MES bieten die modernen Kommunikationstechniken wie E-Mail und SMS (**S**hort **M**essage **S**ervice) bei der Informationsverteilung Vorteile. Die Informationen können schnell und zielgerichtet an die Adressaten verteilt werden. Deshalb sollte MES z. B. Schnittstellen zu SMS Servern, Funkrufsystemen, Paging Systemen, Telefonanlagen (Sprachausgabe) oder E-Mail Servern unterstützen.

Für die technische Ausführung dieser Schnittstellen gelten die im Kapitel 7.3.3 – Schnittstelle zum ERP – getroffenen Aussagen.

7.3.6 Andere Schnittstellen

Im Kontext der Unternehmensleitebene und Produktionsmanagementebene gibt es u. U. noch eine Reihe weiterer Schnittstellen die MES betreffen. Applikationen, die Daten aus dem MES benötigen oder an das MES liefern sind beispielsweise PLM Systeme und Zeiterfassungssysteme.

Für die technische Ausführung dieser Schnittstellen gelten die im Kapitel 7.3.3 – Schnittstelle zum ERP – getroffenen Aussagen.

7.4 Benutzer-Schnittstellen

7.4.1 Bedienung und Visualisierung

Anforderungen

Aus Sicht des Anwenders sind die Bedienoberflächen und Reports die wichtigsten und oft auch einzigen Berührungspunkte mit MES. Der Gesamtnutzen des Systems hängt entscheidend davon ab, wie „wohl sich die Anwender mit dem System fühlen“ und wie gut sie das System in ihrem Aufgabenbereich nutzen können. Die Nutzung – und damit die Wirtschaftlichkeit des MES – hängt also eng mit der Akzeptanz zusammen.

Ausgehend von der Annahme, dass es sich beim eingesetzten Produkt um ein Standardsystem, also keine kundenspezifische Entwicklung handelt, ist auch die Bedienoberfläche standardisiert und nicht an die speziellen Wünsche des Kunden angepasst. Das ist aber ein klarer Widerspruch zu den Forderungen „wohl fühlen“ und „optimale Nutzung im spezifischen Umfeld“. Folgende Eigenschaften der Bedienoberfläche sind dazu geeignet, dieses Problem zu mildern:

- Die Standard-Bedienmasken (fest mit dem System verknüpfte Bedienoberflächen z. B. in Form von Tabellen oder Eingabemasken) sollten global über ein „**Style-Konzept**“ an die Wünsche des Kunden angepasst werden können. In einem „Style“ sind z. B. ein Kundenlogo, Hintergrundfarben, Schriftarten und Tabellenlayouts hinterlegt. **Das generelle Aussehen der Applikation** kann damit an die Vorgaben des Kunden angepasst werden.
- Der Inhalt und die Funktionen der Standard-Bedienmasken sollten möglichst **gruppen- und/oder userspezifisch angepasst** werden können. Unter diese Konfiguration fällt u. a. die freie Wahl und Reihenfolge von Feldern in Tabellen, die Standardsortierung von Tabellen, das Ein-/Ausblenden von Haupt- und Untermenüs und die Größe von Fenstern und Frames. Die einmal getroffenen Einstellungen müssen in Verbindung mit dem Benutzerkonto gespeichert werden, um dem Anwender beim nächsten Login seine „gewohnte“ Oberfläche zu präsentieren.
- Neben den erwähnten „Standard-Bedienmasken“ sollte MES auch über eine völlig **frei programmierbare Visualisierung**, vergleichbar mit den Funktionen einer „Prozessvisualisierung“, verfügen. Damit kann eine „vollgrafische“ Bedienoberfläche mit Anlagen und Prozessbildern realisiert werden, was z. B. besonders für die Belange der Instandhaltung und einen „Leitstand“ von Vorteil ist. Zur Erstellung dieser grafischen Ansichten muss ein komfortables Werkzeug zur Verfügung stehen. Eine objektorientierte Struktur mit der Möglichkeit zur Verwaltung einer projektspezifischen Bibliothek kann die Erstellung der Ansichten erheblich beschleunigen. Die Pflege (und bei Bedarf auch die Neuerstellung) dieser Ansichten sollte durch geschulte Anwender des Kunden erfolgen. Damit ist der Kunde selbst in der Lage, das System ständig zu optimieren und an die laufenden Änderungen in seiner Produktion anzupassen.

Eine weitere Anforderung ist, dass **Informationen aus dem System möglichst ständig aktuell und an jedem Ort** (oft auch außerhalb und an verschiedenen Standorten des Unternehmens) **verfügbar** sein sollen. Diese Forderung lässt sich nur mit einer „Webapplikation", d. h. durch Bedienung des MES mittels eines Standard-Internetbrowsers, sinnvoll lösen. Die Vor- und Nachteile einer Webapplikation werden im nächsten Abschnitt näher erläutert.

Visualisierung über Großanzeigen und Andon-Boards

Die Ansteuerung von Großanzeigen und „Andon-Boards" (siehe Begriffserklärung unten) gehört ebenfalls zu den Aufgaben des MES und ist ein Teil der Benutzerschnittstelle. Durch den aktuellen Trend in Richtung „Lean Production" gewinnen solche übergeordneten Visualisierungs- und Motivationssysteme zunehmend an Bedeutung.

Am weitesten verbreitet sind Großanzeigen auf Basis mehrfarbiger LEDs (Light Emitting Diode). Diese Lösung erfüllt auch die Anforderungen „Größe" (oft mehr als ein Meter Diagonale) und „Leuchtkraft" am besten. Dagegen stehen die hohen Anschaffungskosten, eine geringe Auflösung und ein hoher Energieverbrauch, der letztlich auch zu hohen Wartungskosten führt.

Mit dem Preisrutsch bei den LCD Displays werden nun auch diese Systeme verstärkt als Großanzeigen eingesetzt. Die Vorteile sind hohe Auflösung (Bildmasken müssen nicht speziell für das Medium konzipiert werden), geringe Anschaffungskosten und die Möglichkeit zum Betreiben als „Webclient".

Andon-Board

Der Begriff „Andon" stammt ursprünglich aus Japan und ist ein System zur Auslösung von Verbesserungsmaßnahmen. Werker können mit Hilfe von Andon-Systemen, z. B. bei Qualitätsproblemen oder Störungen, optische und/oder akustische Signale auslösen.

Im heutigen Sprachgebrauch ist ein Andon-Board ein Anzeigesystem, das meist unter der Hallendecke angebracht wird und weithin sichtbar Statusinformationen aus dem Produktionsbereich visualisiert. Die Werker aus dem Bereich werden über das Andon-Board etwa über die aktuellen Produktionsmengen (Soll- und Ist-Menge der laufenden Schicht, prognostizierte Menge zum Schichtende), über gravierende Störungen der Produktionsanlagen oder Qualitätsprobleme informiert. Die visualisierten Zustände werden entweder direkt aus den Produktionssteuerungen übermittelt (z. B. Mengenerfassung oder Taktzeiten) oder durch die Werker selbst ausgelöst (z. B. Meldung eines Qualitätsproblems über ein Reißleinensystem).

Mobile Lösungen

Mobile Endgeräte sind aufgrund von Vorteilen wie ortsungebundener Datenverarbeitung oder der drahtlosen permanenten Erreichbarkeit im heutigen Geschäftsalltag fest etabliert. Auch in der Industrie gewinnt das „Mobile Computing" mehr und mehr an Akzeptanz. Ein mobiles Endgerät wie z. B. ein PDA (**P**ersonal **D**igital **A**ssistant) oder „Smartphone" (Kombination aus Mobiltelefon und PDA) bietet auch als Client-System für ein MES einige Vorteile gegenüber fest installierten Clients. Nachfolgend einige Ideen dazu:

- Ein Maschinenbediener oder Anlagenbediener, der mehrere Maschinen/Anlagen bedienen muss, kann „seine Benutzerschnittstelle" direkt an den Ort des Geschehens bringen. Die bisherige Praxis entweder an jeder Maschine ein Terminal zu installieren (kostenintensiv) oder aber weite Wege zurückzulegen (zeitintensiv), wäre damit Vergangenheit.
- Der Manager kann sich zeit- und weitgehend ortsunabhängig einen Überblick zum Status der Produktion verschaffen. Mit einem Smartphone kann er bei Bedarf auch sofort weitere Informationen einholen oder Maßnahmen einleiten.
- Ein Mitarbeiter der Instandhaltung, der z. B. zur Störungsbehebung an eine Anlage dirigiert wurde, kann sich den aktuellen Anlagenstatus ansehen, schon bevor er die Anlage erreicht. Außerdem kann er Auswirkungen (Folgestörungen) auf benachbarte Bereiche leichter erkennen und bewerten.

Die heute verfügbaren Geräte bieten allerdings noch nicht die Auflösung eines PC Bildschirms, deshalb ist eine 1:1 Darstellung der Inhalte nur zu Lasten der Ergonomie möglich. Teile der Bedienoberfläche, die zur Nutzung über mobile Endgeräte vorgesehen sind, sollten auch speziell für diese Anwendung entworfen werden; d. h. ein Teil der Benutzerschnittstelle muss zweimal entwickelt werden.

Technologien

Eine grundlegende Entscheidung ist zwischen den Varianten „**Rich-Client**" (auch als „Fat-Client" bezeichnet; Client-Software des MES wird auf jedem Client-PC installiert) und „**Thin-Client**" (ohne spezielle Client-Software) zu treffen. Für den Thin-Client gibt es zwei konkurrierende Konzepte:

- Einsatz eines Terminalservers, der über eine spezielle Software (z. B. Citrix, Remote Desktop, X-Server) einen „Remote-MES-Client" zur Verfügung stellt.
- Abbildung der Benutzerschnittstelle in Form einer Weblösung mit Bedienung über einen Standard-Internetbrowser.

Dem großen Vorteil eines echten Thin-Client, dass keine spezielle Software auf dem PC installiert werden muss, steht bei den meisten Weblösungen immer noch ein geringerer Bedienkomfort gegenüber. Wenn man beide Vorteile nutzen will, sollte man auch beide Varianten in einem System einsetzen:

- Für alle Monitoring- und Auskunftsfunktionen ist ein Thin-Client die optimale Lösung. Die benötigten Daten stehen an jedem PC Arbeitsplatz zur Verfügung, der in das Netzwerk des Unternehmens eingebunden ist. Über gesicherte Zugänge können auch Abfragen und Reports von „daheim" oder aus dem Urlaub ausgeführt werden. Auch die Nutzung mobiler Endgeräte (siehe oben) ist nur mit einem Webclient-Konzept sinnvoll möglich.

- Komplexe Bedienfunktionen, die auch Intelligenz am Client erfordern (z. B. ein Gantt-Plan für den Produktionsleitstand), können als Rich-Client umgesetzt werden. Da es sich hier um eine überschaubare Anzahl von fest zugeordneten Arbeitsplätzen handelt, schlägt auch das Argument des erforderlichen Installations- und Pflegeaufwands nicht so stark zu Buche.

Für die Realisierung einer „echten Weblösung“ kommen verschiedene Basistechnologien in Frage. Ein relativ neues Konzept nennt sich **AJAX** (**A**synchronous **J**avaScript **a**nd **X**ML), das die Vorteile einer schlanken Weblösung (keine Applets oder andere Objekte, die geladen werden müssen) mit der Agilität eines Rich-Client verbindet. Vereinfacht ausgedrückt werden nur geänderte Daten zwischen Client und Server ausgetauscht und nur geänderte Elemente der verwendeten Ansichten aktualisiert. Auf Basis dieser Technik sind auch schon Bibliotheken am Markt zu finden, die intelligente Bedienobjekte (z. B. Listbox mit Multiselect Funktion) enthalten. Durch den Einsatz einer solchen Bibliothek kann die Entwicklung der Applikation erheblich beschleunigt werden. Mit Hilfe von AJAX ist auch eine grafische Visualisierung realisierbar. Allerdings sind für diesen Zweck eigenständige, möglichst textbasierende Grafikformate, die über ein komfortables Tool zur Erstellung der Grafiken verfügen, besser geeignet.

Diese Forderungen erfüllt beispielsweise **SVG** (**S**calable **V**ector **G**raphics) und bietet zudem die Möglichkeit der Skalierung zur Laufzeit. Damit kann eine „Zoom-Funktion“ in den grafischen Ansichten realisiert werden. Eine SVG Datei wird in XML abgebildet, was die Bearbeitung mit einfachen Texteditoren und auch generische Architekturen erlaubt. „**Flash**“ ist die älteste und immer noch aktuelle Technik für interaktive und animierte Webseiten. Ehemals von Macromedia entwickelt und danach von Adobe übernommen, bietet das auf Vektorgrafiken basierende Format vor allem eine sehr gute Unterstützung multimedialer Inhalte und eignet sich deshalb besonders für Animationen und Werbebotschaften. Die Dateierweiterung von Flash-Dateien ist SWF und steht für **S**mall **W**eb **F**ormat oder **S**hock **W**ave **F**lash. Sowohl SVG als auch Flash werden von den gängigen Browsern mittels Plug-Ins oder durch bereits integrierte Laufzeitumgebungen unterstützt.

Eine weitere Technologie zu diesem Thema und auch eine Alternative für die oben beschriebenen Formate „SVG“ und „Flash“ kommt mit **XAML** von Microsoft. **XAML** (e**X**tensible **A**pplication **M**arkup **L**anguage) ist eine ebenfalls in XML abgebildete Sprache zur Beschreibung und Erstellung von Oberflächen der Windows Presentation Foundation (WPF) und gleichzeitig ein Kernstück des .NET-3.0-API von Windows Vista. **XAML** wurde eigentlich für die Windows-Plattformen (XP und Vista) konzipiert, soll aber mittels „Silverlight“ auch auf anderen Betriebssystemen (z. B. auch unter Linux!) genutzt werden können. Silverlight ist eine ebenfalls von Microsoft entwickelte Technologie, die erstmals auf einer Konferenz im April 2007 vorgestellt wurde. Es handelt sich um eine portable Laufzeitumgebung für in XAML definierte Anwendungen unter allen relevanten (Firefox, Opera, Safari, Microsoft

Internetexplorer) Internetbrowsern. Im ersten Schritt werden in AJAX oder Java-Script erstellte Applikationen unterstützt. In der Version 2.0 ist die Einbindung des .NET Frameworks vorgesehen.

7.4.2 Reporting

Ein MES muss in der Lage sein, aussagekräftige Berichte für verschiedene Benutzergruppen zu liefern. Zu diesen zählen „Schichtreports" je Produktionsbereich zur Information der Produktionsleitung, „Störungsreports" für die Instandhaltung, „Qualitätsreports" für die Qualitätssicherung oder „KPI Reports" für das Management. Solche Reports sind meist mittel- und langfristig ausgelegt und sollen die Anwender in ihrer täglichen Arbeit unterstützen. Man bezeichnet diese Reports auch als „Standardreports". Eine feste Einbindung in MES ist möglich. Es muss lediglich eine Einschränkung der auszuwertenden Daten über einen flexiblen Filter (mindestens: Produktionsbereich, Zeitbereich, Artikel) erfolgen. Die grundsätzliche Struktur des Berichts bleibt erhalten.

Die zweite Anforderung des Reporting ist spontaner Natur. Z. B. nach Änderung von Produktionsanlagen, der Einführung neuer Produkte oder für das Monitoring von „Brennpunkten" benötigt man sehr kurzfristig neue Berichte, deren Inhalt anwendungsspezifisch und deshalb kaum standardisierbar ist. Diese „Ad-hoc-Reports" müssen also auf Anforderung eines Anwenders schnell erstellt werden und verlieren schon nach wenigen Tagen oder Wochen wieder ihre Daseinsberechtigung. Die zu Grunde liegenden Auswertungen umfassen auch nur kurze Zeiträume.

Die Ausgabe von Standardreports, die den Großteil des „normalen" Bedarfs abdecken sollten und Ad-hoc-Reports, sind damit zwei Aufgabenstellungen, die auch unterschiedliche Anforderungen an das Reportingsystem stellen. Deshalb sollte man im ersten Schritt ermitteln, ob wirklich beide Typen benötigt werden und ob auch beide Aufgaben durch MES abgedeckt werden müssen. Oft existieren schon Reporting- oder „Business-Intelligence-Systeme" (siehe Begrifferklärung unten) im Unternehmen, die dann auch das Ad-hoc-Reporting für MES übernehmen können. Der Vorteil dieser Variante ist, dass schon Anwender-Know-how für die Erstellung der Berichte im Haus ist. Damit können Schulungs- und Betriebskosten gespart werden. Voraussetzung zur Nutzung eines aus Sicht des MES „externen" Reportingsystems ist allerdings, dass die Datenbank des MES für externe Systeme generell zugänglich ist und vor allem die Datenstrukturen ausreichend dokumentiert sind. Die Daten müssen auch in möglichst kurzen Zyklen in das Repository/Data-Warehouse des Business-Intelligence-Systems übertragen werden, damit ein Ad-hoc-Report tatsächlich auch die jüngste Vergangenheit (idealerweise bis zum Zeitpunkt „jetzt") beinhaltet.

Unabhängig von der Frage, ob nun ein integriertes oder externes Reportingsystem genutzt wird, muss eine einfache Pflege der Reports durch die Anwender möglich sein. D. h. das Reportingsystem muss über einen komfortablen „Designer" zur Erstellung und Pflege der Reports verfügen.

Business-Intelligence

Der Begriff umfasst die Analyse von Unternehmensdaten (Business) und das daraus gewonnene Wissen (Intelligence). Darin enthalten sind drei wesentliche Schritte: Die Erfassung der Rohdaten, das Herstellen von Zusammenhängen und das Ableiten von Erkenntnissen. Der erste Schritt, die „Datenerfassung“ wird durch MES erledigt. Für die Herstellung aussagekräftiger Zusammenhänge verfügt ein Business-Intelligence-System über ein eigenes Repository oder „Data Warehouse“, das multidimensionale Analysen auf Basis statistischer Methoden wie OLAP (**On**line **A**nalytical **P**rocessing) oder auch „Data Mining“ (Auswertung eines Datenbestandes mit der Auffindung von Auffälligkeiten mittels „Mustererkennung) beinhaltet. Die Transformation der erfassten „Rohdaten“ in eine auswertbare Form ist die Kernaufgabe von „Business Intelligence“. Das Reporting ist ein Teilaspekt des dritten Schrittes, nämlich der Ableitung von Erkenntnissen. Für diesen Zweck werden auch Methoden des Wissensmanagements eingesetzt.

Erstellt werden die Reports im Regelfall durch manuellen Anstoß eines Bedieners. Aber besonders für Standardreports ist eine Möglichkeit zur automatischen zeitgesteuerten Erstellung sinnvoll. Ein häufiger Anwendungsfall dafür ist der „Schichtreport“, der den Verantwortlichen einen schnellen Überblick über den Produktionsstatus geben soll. Dieser Report kann durch das Ereignis „Schichtende“ angestoßen werden und liegt dann für die tägliche Besprechung bereits fix und fertig vor. Die Verteilung der Reports kann im einfachsten Fall durch Ablage in einem definierten Verzeichnis erfolgen. Eine Verteilungsmöglichkeit über E-Mail kann den Komfort für die Anwender erhöhen und die Nutzung noch verbessern (siehe nachfolgender Abschnitt „Automatisierte Informationsverteilung“.

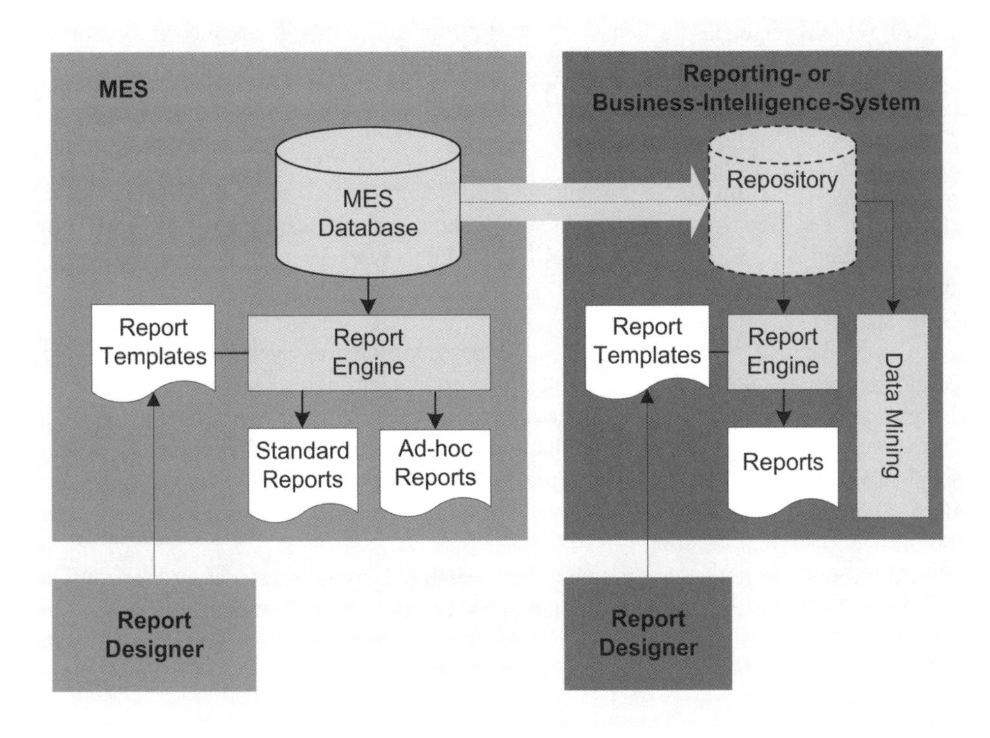

Abbildung 7.6: MES mit integriertem und/oder externem Reporting- bzw. Business-Intelligence-System.

7.4.3 Automatisierte Informationsverteilung

Die modernen Kommunikationstechniken, allen voran E-Mail und SMS verändern nicht nur unser privates Kommunikationsverhalten sondern dominieren auch mehr und mehr den Informationsaustausch im Unternehmen. Gegenüber der gebräuchlichen Methode, Informationen von einem Anzeigesystem aufzunehmen, haben diese neuen Kommunikationstechniken den Vorteil, dass der Benutzer durch das System automatisch über wichtige Ereignisse informiert wird. D. h. nicht der Benutzer informiert sich beim MES, sondern das MES informiert „**proaktiv**" den Benutzer. Die proaktive Verteilung wichtiger Informationen durch MES ist besonders in Verbindung mit mobilen Endgeräten (siehe auch Kapitel 7.4.1) sinnvoll. Aus den vielen Möglichkeiten zur Übermittlung von Informationen sind nachfolgend die drei meist verbreiteten näher erläutert:

- E-Mail
  Der Inhalt der E-Mails sollte über „Vorlagen" konfiguriert werden können. Platzhalter in diesen Vorlagen werden zur Übertragungszeit durch einen echten Wert (z. B. OEE der

letzten Schicht) ersetzt. Um keine ungewollte Flut von E-Mails auszulösen müssen die Trigger zum Versand durch den Empfänger selbst editiert werden können:
- Kein Versand bei Abwesenheit, z. B. im Urlaub
- Versand abhängig von einem einstellbaren Grenzwert, z. B. nur wenn OEE < 95%
- Versand mit wählbarem Zeitpunkt und Rhythmus, z. B. Montag – Freitag 14:30 Uhr

Neben diesen direkt im Text der Nachricht enthaltenen Daten bietet das E-Mail zusätzlich die Möglichkeit Reports als Anlage zu verschicken. Hierzu müssen diese durch MES automatisch und zeitgesteuert erzeugt werden. Dadurch kann der Informationsgehalt weiter erhöht werden.

- SMS
  Für den Versand von Informationen via SMS gelten die Aussagen des Abschnitts „ E-Mail" sinngemäß. SMS eignet sich eher für kurze Nachrichten (außerdem ist kein Anhang möglich), welche ereignisgesteuert verschickt werden. Der typische Anwendungsfall ist die Verständigung der Instandhaltung nach Auftreten einer Störung. Einschränkend ist zu beachten, dass für SMS keine definierten Übermittlungszeiten von den Providern garantiert werden. Deshalb ist diese Methode für kritische Prozesse nicht geeignet.
- Sprachnachricht über Telefon
  Die Anwendungen liegen ähnlich wie bei MES in der ereignisgesteuerten Übermittlung von Informationen. Für die Umwandlung des Textes in eine Sprachnachricht wird ein spezielles Softwaremodul zur „Sprachsynthese" benötigt. Abhängig von diesem Modul sollten die Texte möglichst keine Umlaute und Abkürzungen enthalten, um die Verständlichkeit zu gewährleisten.

7.5 Zusammenfassung

Das Kapitel beschreibt einleitend zwei generelle Ansätze für die Architektur eines MES, wobei in der Folge ein Vorschlag, nämlich der „Datenbankzentrierte Ansatz", näher behandelt wird. Dabei wurden die zentralen Komponenten des Systems erläutert. Essentielle Eigenschaften eines modernen MES wie die Plattformunabhängigkeit und die Skalierbarkeit wurden erläutert. Die Basis innovativer Kommunikationsmechanismen, wie beispielsweise OPC UA, ist die serviceorientierte Architektur (SOA). Dieser Ansatz hat auch Gültigkeit für die Architektur und Kommunikationsmechanismen eines MES.

Der Kern eines MES wird von einer leistungsfähigen Datenbank gebildet. Die Voraussetzungen hierfür und die notwendigen Technologien wurden beschrieben. Dabei spielen Maßnahmen zur Archivierung eine genauso wichtige Rolle wie die laufende Pflege entsprechender Systeme; denn nur hierdurch ist der einwandfreie Betrieb des MES gewährleistet.

Abschließend erfolgte eine detaillierte Betrachtung der Schnittstellen, sowohl zu anderen Systemen als auch zum Benutzer. Verschiedene Technologien und Kommunikationsmechanismen, die im Umfeld eines MES heute zum Einsatz kommen, wurden betrachtet.

8 Bewertung der Wirtschaftlichkeit von MES

8.1 Allgemeines zur Wirtschaftlichkeit

8.1.1 Ermittlung der Wirtschaftlichkeit

Unter dem Begriff Wirtschaftlichkeit versteht man im Allgemeinen ein Maß für die Effizienz und/oder den rationalen Umgang mit knappen Ressourcen. Sie wird als das Verhältnis zwischen einem erreichten Ergebnis (Ertrag = Nutzen) und dem dafür benötigten Mitteleinsatz (Aufwand = Kosten) definiert.

Die Wirtschaftlichkeit lässt sich erhöhen, indem man ein möglichst günstiges Verhältnis zwischen Zielerreichung und Mitteleinsatz anstrebt. In der Praxis kann die Wirtschaftlichkeit eines Unternehmens, einer Einführung eines IT Systems, einer Produktentwicklung etc. auf drei Arten festgestellt werden:

- Soll-Ist-Vergleich
- Vergleich zu anderen Betrieben oder Maßnahmen
- Vergleich zwischen verschiedenen Zeitpunkten

Im einfachsten Fall ist Wirtschaftlichkeit aus dem Verhältnis der quantifizierbaren Kosten und dem daraus resultierenden Umsatz zu ermitteln. Damit ist eine Maßnahme wirtschaftlich, wenn der Umsatz innerhalb eines bestimmten Betrachtungszeitraumes höher ist als die dafür anfallenden Kosten. Exakte Aussagen hierzu lassen sich meistens nur im Nachhinein treffen. Doch manchmal ist gerade die Prognose im Vorfeld einer Investition weitaus wichtiger als das Controlling im Nachhinein. Die mathematisch exakt bestimmbaren Ergebnisse des Controllings sind allerdings für eine tragbare Prognose essentiell.

Die Entscheidung für oder gegen eine Neuinvestition (z. B. Einführung eines MES) wird hauptsächlich an der zu erwartenden Verbesserung der Wirtschaftlichkeit getroffen. In diesen Fällen sind sowohl die notwendigen Investitionen (Lizenzgebühren, Installationskosten, Schulungsaufwand der Mitarbeiter etc.) als auch die prognostizierten Verbesserungen (Liefertreue, Durchlaufzeit, Maschinenauslastung etc.) im Vorfeld glaubhaft zu ermitteln.

8.1.2 Kostenvergleichsrechnung

Die Kostenvergleichsrechnung ist ein statisches Verfahren der Investitionsrechnung und dient zum Vergleich mehrerer Investitionsalternativen. Hierbei werden die Gesamtkosten der Alternativen ermittelt und die kostengünstigste ausgewählt.

Die Gesamtkosten ergeben sich dabei aus den fixen und den variablen Kosten. Die Kostenvergleichsrechnung betrachtet die durchschnittlichen Kosten einer Periode. Diese Kapitalkosten ergeben sich aus den kalkulatorischen Abschreibungen und Zinsen.

Das genannte Verfahren ist somit gut geeignet um zwischen vorhandenen Alternativen abzuwägen. Allerdings eine Grundsatzentscheidung, für oder gegen eine Investition als solches zu treffen, ist damit nicht möglich. Des Weiteren sind bei der Einführung von IT Systemen sowohl die variablen als auch die laufenden Kosten schwer vorhersehbar.

8.1.3 Nutzwertanalyse

Ähnlich zur Kostenvergleichsrechnung kann mit der Nutzwertanalyse aus einer Menge mehrerer, miteinander schwer vergleichbarer Alternativen systematisch die passende gefunden werden. Dazu müssen die Alternativen parametrisiert und auf ebenfalls parametrisierbare Konsequenzen abgebildet werden. Die Analyse nimmt an, dass der Entscheidungsträger die Alternativen bevorzugt, die ihm den größten Nutzen bringen. Sie ist im Gegensatz zur erwähnten Kostenvergleichsrechnung geeignet, wenn „weiche", also in Geldwert oder Zahlen nicht darstellbare Kriterien vorliegen, anhand derer zwischen verschiedenen Alternativen eine Entscheidung gefällt werden muss.

Das Vorgehen einer Nutzwertanalyse stellt sich dabei folgendermaßen dar:

1. Klare Definition der Investitionsentscheidungsziele und Festlegung der wichtigsten einzuhaltenden Ziele.
2. Identifizieren und Aufstellen der Ziele als Auswahlkriterien.
3. Gewichtung der Ziele (in der Summe 100 %).
4. Bewertung der Zielerfüllung für jedes alternative Investitionsobjekt anhand einer festgelegten Skala.
5. Berechnung der gewichteten Zielerfüllung je Investitionsalternative.
6. Summierung der gewichteten Zielerfüllung je Investitionsalternative.
7. Auswahl der besten Investitionsalternative und Erstellung einer Rangfolge der Alternativen anhand der erreichten gewichteten Punkte.

Es ist zu erkennen, dass die Bewertungskriterien und deren Gewichtung subjektiver Natur sind. Daher ist die Nutzwertanalyse für ein Unternehmen zwar durchaus ein leistungsfähiges

Instrument bei Entscheidungen, mathematisch fundierte Aussagen sind damit allerdings nicht möglich. Sie macht besonders am Anfang eines Bewertungsprozesses Sinn, wenn finanzielle Aspekte noch eine untergeordnete Rolle spielen. Zur Beweisführung der Wirtschaftlichkeit einer Investition im Sinne des Kapitels 8.1.1 ist sie ebenso wenig geeignet.

8.1.4 Performance Measurement

Als Performance Measurement werden der Aufbau und Einsatz meist mehrerer Kennzahlen verschiedener Dimensionen verstanden, die zur Beurteilung der Effektivität und Effizienz der Leistung und Leistungspotenziale unterschiedlicher Objekte im Unternehmen, so genannter Leistungsebenen (z. B. Organisationseinheiten unterschiedlichster Größe, Mitarbeiter, Prozesse) herangezogen werden. Zusätzlich sollen durch besagte Methode mehr objektbezogene und -übergreifende Kommunikationsprozesse und eine erhöhte Mitarbeitermotivation angeregt sowie zusätzliche Lerneffekte erzeugt werden.

Performance Measurement ist ein Prozess der Quantifizierung und Evaluierung der Zielerreichung von Organisationseinheiten, Mitarbeitern oder Prozessen. Somit handelt es sich also um den Prozess der Messung und Beurteilung der Performance, wobei nicht nur das bloße Messen sondern auch die Analyse der erhaltenen Performance-Ergebnisse gemeint ist.

Performance Measurement beschränkt sich dabei nicht nur auf die quantitativen Kennzahlen. Ganz im Gegenteil gewinnen qualitative Kennzahlen immer mehr an Gewicht und sind den quantitativen Größen mindestens ebenbürtig. Je strategischer dabei das Untersuchungsobjekt ist, desto mehr werden qualitative Kennzahlen verwendet und für die Entscheidungsfindung zu Rate gezogen. Es gibt eine Reihe von Instrumenten innerhalb des Performance Measurements. Eines der meist verwendeten ist die Balanced Scorecard. Aufgrund ihrer Beschaffenheit hat sie stets den Zweck-Mittel-Bezug, also Effektivität, vor Augen [KAPLAN, NORTON 92].

8.1.5 Total Cost of Ownership

Ein mögliches Instrument zur phasenübergreifenden und allumfassenden Kostenbetrachtung von Informationssystemen ist das in den 80er-Jahren von der Gartner Group entwickelte Total Cost of Ownership (TCO).

Der Ansatz dient dazu, Verbrauchern und Unternehmen dabei zu helfen, alle anfallenden Kosten von Investitionsgütern insbesondere in der IT wie beispielsweise Software und Hardware abzuschätzen. Die Idee dabei ist, eine Abrechnung zu erhalten, die nicht nur die Anschaffungskosten sondern auch alle Aspekte der späteren betreffenden Komponenten enthält. Somit können bekannte Kostentreiber oder auch versteckte Kosten möglicherweise bereits im Vorfeld einer Investitionsentscheidung identifiziert werden. Wichtigste Grundlage für das weitere Verständnis der TCO ist die Unterscheidung zwischen direkten und indirekten Kosten.

Seit seiner Vorstellung wird der TCO Ansatz für Unternehmen bei ihren Anstrengungen, IT Investitionen zu bewerten, immer wichtiger. Einerseits interessieren die eigenen TCO einer zur Frage stehenden Investition eines MES (TCO auf Kostenseite). Andererseits beeinflussen MES beim Anwender die TCO von z. B. Maschinen etc. aufgrund der spezifischen MES Funktionen positiv (TCO auf Nutzenseite).

8.2 Allgemeines zur Bewertung

8.2.1 Wirtschaftlichkeitsbewertung in der Praxis

Eine Wirtschaftlichkeitsbewertung von MES im wissenschaftlichen Sinne ist de facto nicht existent. Oft begründen Anbieter entsprechender Systeme dieses Defizit damit, dass eine formale Ermittlung nicht nötig sei, da die Systeme so lange existieren und sich auf dem Markt behauptet haben, was sozusagen einer impliziten Bewertung gleich käme. Eine solche Argumentationsweise bietet sicherlich der Kritik viel Angriffsfläche. Auf Anwenderseite, vor allem bei kleineren Unternehmen, liegt der Grund meist darin, dass Zeit und personelle Ressourcen fehlen um eine aufwendige Bewertung vorab durchzuführen. Oft fehlt aber auch das nötige Verständnis für eine monetäre Bewertung und ihrer Komplexität und daher wird auf eine Bewertung verzichtet.

Großunternehmen verstehen Investitionen in Informationssysteme oft als strategische Investition. Daher erübrigt es sich dann in solchen Fällen vorab eine Wirtschaftlichkeitsbetrachtung durchzuführen. Auch bei der Einführung von ERP Systemen wurde in der Vergangenheit dieser Aspekt eher großzügig abgehandelt, weil auch diese Systeme eine zwingende Notwendigkeit für die strategische Entscheidungsebene darstellten. Bei der Einführung von CAD und der Umstellung auf intelligente Automationssysteme war eine Investitionsbereitschaft auf der Entscheidungsebene ebenso schnell hergestellt, weil der Rationalisierungsaspekt bei CAD offensichtlich und die Einführung von Automatisierungssystemen unumgänglich war.

Schwieriger wurde es schon, die Entscheidungsebene eines Unternehmens für Systeme zur Qualitätssicherung zu gewinnen. Meistens war es der Druck von außen durch geltende Normen und Richtlinien [ISO 9000], die eine solche Investition erst möglich machten.

Sehr viel schwieriger ist es, die Geschäftsleitung von der Notwendigkeit der Einführung eines integrierten MES zu überzeugen. Dies hat mehrere Gründe: Zum einen wird immer wieder behauptet, man könnte mit einem ERP System die informationstechnischen Anforderungen der Produktion abdecken und vorhandene Insellösungen genügten. Zum anderen sieht der Unternehmer zuerst einmal nur die notwendigen Investitionen entsprechender Systeme. Die daraus resultierenden positiven Nutzeneffekte, die eine Verbesserung im wirtschaftlichen Sinne nach sich ziehen, sind auf den ersten Blick nicht transparent.

Grundsätzlich muss jeder Einzelfall näher betrachtet werden. Es kann sehr wohl sein, dass für Fertigungsunternehmen mit einer geringen Produktionstiefe, ohne Eigenfertigung von Subartikeln und reiner Montage ein ERP System genügt. Sobald aber komplexe, teuere Produkte mit einer großen Produktionstiefe, mit einer Vielzahl von eigen gefertigten Subartikeln und Varianten und mit einer Vielzahl von „gleichzeitig" zu bearbeitenden Aufträgen vorliegt, reicht ein ERP System nicht mehr aus. Das ereignis-/echtzeitorientierte Planen, Ausführen und Kontrollieren der Aufträge rückt in den Vordergrund. Diese Aufgaben erfüllt nur ein integriertes MES.

Man muss bei der Entscheidung für ein integriertes MES aber auch berücksichtigen, dass die meisten Fertigungsunternehmen bereits Insellösungen für einzelne Funktionsbereiche im Einsatz haben. Sollten diese Lösungen die Bedarfsfelder bereits in irgendeiner Form zufrieden stellend abdecken, muss der Kosten-/Nutzenaspekt für ein solches System sehr genau untersucht werden. Möglicherweise kann dann eine Lösung mit Integration von weiteren Bausteinen im Sinne eines „Best of Breed" die günstigere Lösung sein.

8.2.2 Rationalisierungsmaßnahmen in der Produktion

Es gibt eine Reihe von strategischen Initiativen und Ansätzen die darauf abzielen, Verlustquellen in der Produktion zu erkennen, zu vermeiden, zu beseitigen oder zu reduzieren. Diese Verlustquellen betreffen zu einem großen Teil den Zeitverbrauch im Wertschöpfungsprozess. Die bestehenden Ansätze werden im Folgenden kurz umrissen:

Toyota Produktionssystem
Das Toyota Produktionssystem (TPS) ist ein von Toyota in den letzten Jahrzehnten entwickeltes und ständig verbessertes Produktionsverfahren für die Serienproduktion. Es verbindet die Produktivität der Massenproduktion mit der Qualität der Werkstattfertigung. Ziel ist die Produktion mit möglichst geringer Verschwendung von Ressourcen jeglicher Art. Die Information, was in welcher Menge produziert werden soll, wird vom nachgelagerten Bereich mittels Kanbankarten an den vorgelagerten Bereich weitergegeben. Somit wird nur das produziert, was gerade verbraucht wurde. Das Verfahren wird auch als „ziehende Fertigung" (Pull-Prinzip) bezeichnet.

Das Ergebnis sind minimale Materialbestände im Prozess. Dieser kann nur zuverlässig funktionieren, wenn die Qualifikation der Mitarbeiter, die Verfügbarkeit der Maschinen und die im Prozess erzeugten Zwischenprodukte sehr hohen Standards genügen. Alle zuvor erwähnten Initiativen und Ansätze zur gezielten Verbesserung der Produktion, stetigen Einhaltung der Qualität etc. sind Bestandteile von TPS.

5S-Methode
Im Mittelpunkt der 5S-Methode steht die Schaffung funktionaler, sicherer sowie angenehmer Arbeitsplätze. Effizienz, Qualität, Ordnung sowie Sicherheit können im Rahmen des Kon-

zeptes gleichzeitig verbessert werden. Kern hierbei ist es, den Zugriff auf Bauteile und Arbeitsmittel zu verbessern sowie Maßnahmen zur Standardisierung und Erhöhung der Prozesssicherheit zu identifizieren und umzusetzen. Beispielsweise befinden sich nur noch die Gegenstände am Arbeitsplatz, die auch wirklich gebraucht werden. Jeder Gegenstand erhält einen klar definierten Platz, sämtliche Arbeitsabläufe werden standardisiert.

Der nachfolgenden Abbildung 8.1 sind die einzelnen Maßnahmen zu entnehmen:

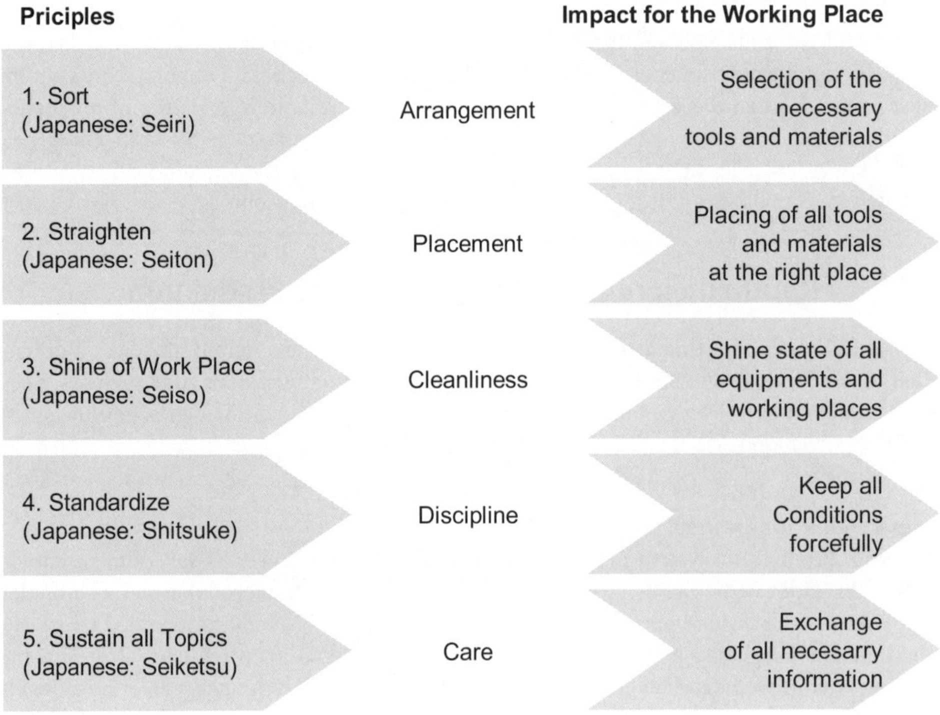

Priciples		**Impact for the Working Place**
1. Sort (Japanese: Seiri)	Arrangement	Selection of the necessary tools and materials
2. Straighten (Japanese: Seiton)	Placement	Placing of all tools and materials at the right place
3. Shine of Work Place (Japanese: Seiso)	Cleanliness	Shine state of all equipments and working places
4. Standardize (Japanese: Shitsuke)	Discipline	Keep all Conditions forcefully
5. Sustain all Topics (Japanese: Seiketsu)	Care	Exchange of all necesarry information

Abbildung 8.1: Maßnahmen der 5S-Methode.

Verschwendungen

Das Auffinden und die Eliminierung von Verschwendung ist zentraler Bestandteil des Lean-Gedankens. Im japanischen Ansatz hebt sich besonders die Konsequenz in der Durchführung der Verschwendungsminimierung hervor. Verschwendung ist all das, was nicht unmittelbar zur Wertschöpfung beiträgt. Als Verschwendung werden alle Aufwendungen betrachtet, für die der Kunde nicht bereit ist zu zahlen.

Daraus ergibt sich eine Konzentration auf den Wertschöpfungsprozess und eine Klassifikation in Kernprozess (schafft unmittelbaren Kundennutzen), Stützprozess (ist zur Abwicklung des Kernprozesses unerlässlich), Blindprozess (verursacht Aufwand ohne zum Kundennutzen beizutragen) und Fehlprozess (vernichtet bereits geschaffenen Kundennutzen). Die beiden letzteren sind zu vermeiden, die beiden ersten so gut wie möglich zu organisieren.

Für die Sachleistungsproduktion werden oft folgende 8 Formen der Verschwendung klassifiziert:

1. Überproduktion: Alle Produkte, Halbfabrikate und Leistungen die erstellt werden, ohne vom Kunden gefordert zu sein. Die meisten nachfolgend aufgeführten Verschwendungen werden unter anderem durch Überproduktion verursacht.

2. Bestände: Bestände als Produktionspuffer verdecken Schwachstellen, als Überproduktion binden sie Kapital, Flächen und erzeugen nutzlosen Handhabungsaufwand. Am Ende müssen Bestände nicht selten abgeschrieben werden und täuschen zudem im Rechnungswesen eine erbrachte Leistung vor, die nicht ertragswirksam ist.

3. Transport: Materialtransporte bringen dem Produkt keinen unmittelbaren Kundennutzen. Einlagerungsprozesse sind zumeist als Blindprozesse anzusehen.

4. Wartezeit: Wartezeiten auf Prozesse, fehlendes Material, gestörte Betriebsmittel etc. binden Ressourcen, welche für diese Zeiten nicht wertschöpfend genutzt werden.

5. Aufwändige Prozesse: Durch unzureichende Einbeziehung der Produktion in den Entwicklungsprozess, ungeeignete Betriebsmittel und ungeeignete Systeme etc. werden Abläufe schwer kontrollierbar. Dies verursacht Fehler, verringert die Flexibilität und führt zu Fehlprozessen und Wartezeiten.

6. Lange Wege: Äquivalent zum Transport von Material sind auch lange Wege in der Produktion (von einem zum nächsten Produktionsschritt) ineffektiv.

7. Fehler: Fehlerhafte Produkte bedeuten Aufwand zum Korrigieren (Blindprozesse) oder Leistung die in Ausschuss verloren geht (Fehlprozess). Des Weiteren muss der gestörte Prozess wieder anlaufen (Blindprozess).

8. Ungenutztes Potenzial: Alles Wissen und Können der Mitarbeiter im Prozess, das nicht genutzt wird um den Prozess zu verbessern, gilt als Verschwendung.

Zwischen vermeidbarer und nicht vermeidbarer Verschwendung ist zu differenzieren. Viele Dokumentationsvorgänge sind zum Beispiel nicht vermeidbar (was sorgfältig zu prüfen ist) aber dennoch Verschwendung. Vermeidbare Verschwendungen sind konsequent zu beseitigen. Zum Beispiel können Mitarbeiter sehr viele Wege um Werkzeug zu holen durch geeignete Maßnahmen der 5S-Methode vermeiden.

6Sigma

6Sigma ist ein statistisches Qualitätsziel (Standardabweichung bezogen auf die Fehlerfreiheit) und zugleich der Name einer Qualitätsmanagement-Methode. Ihr Kernelement ist die Durchführung von datenbasierten Verbesserungsprojekten durch speziell geschultes Personal unter Anwendung bewährter Qualitätsmanagementtechniken. Prozessverbesserung, Streuungsverringerung und die Erzielung von Kostenersparnissen sind dabei die Hauptziele dieser Methode. 6Sigma wird heute weltweit von zahlreichen Großunternehmen nicht nur in der Fertigungsindustrie sondern inzwischen auch im Dienstleistungssektor angewandt. Viele der Unternehmen erwarten von ihren Lieferanten Nachweise über 6Sigma-Qualität in den Produktionsprozessen.

Die am häufigsten eingesetzte 6Sigma-Methode ist der sogenannte „DMAIC“ Zyklus (Define - Measure - Analyse - Improve - Control = Definieren - Messen - Analysieren - Verbessern – Steuern, siehe Kapitel 2.4.6). Hierbei handelt es sich um einen Projekt- und Regelkreis-Ansatz. Der DMAIC Kernprozess wird eingesetzt, um bereits bestehende Prozesse messbar zu machen und sie nachhaltig zu verbessern. Je größer dabei die Standardabweichung ist, desto wahrscheinlicher ist eine Überschreitung der Toleranzgrenzen. Ebenso gilt, je weiter sich der Mittelwert vom Zentrum des Toleranzbereichs entfernt, desto größer ist der Überschreitungsanteil. Deswegen ist es sinnvoll, den Abstand zwischen dem Mittelwert und der nächstgelegenen Toleranzgrenze in Standardabweichungen zu messen.

Der Name 6Sigma kommt aus der Forderung, dass die nächstgelegene Toleranzgrenze mindestens 6 Standardabweichungen vom Mittelwert entfernt liegen soll (6Sigma-Level). Nur wenn diese Forderung erfüllt ist, kann man davon ausgehen, dass praktisch eine „Nullfehlerproduktion“ erzielt wird, die Toleranzgrenzen also so gut wie nie überschritten werden. Insgesamt gibt es 7 verschiedene 6Sigma-Level von ca. 30% fehlerfreier Produktion (Level 1) bis hin zu fast 100% (Level 7) fehlerfreier Produktion.

Lean Production

Das Erkennen und gezielte Vermeiden der aufgeführten Verschwendungen und Umsetzen der 5S-Methode ist essentieller Bestandteil der schlanken Produktion (Lean Production/Lean Manufacturing). Der Begriff wurde schon bald von Konzepten wie zum Beispiel schlanke Verwaltung (Lean Administration) oder schlanke Instandhaltung (Lean Maintenance) eingerahmt sowie auf Unternehmen, deren Produktion nicht von Großserien- oder Massenproduktion gekennzeichnet sind, ausgedehnt und schließlich zum schlanken Management (Lean Management) weiterentwickelt. Darunter versteht man nunmehr eine Unternehmensphilosophie des (bis ins Kleinste gehende) Weglassens aller überflüssigen Tätigkeiten in der Produktion und in der Verwaltung durch eine intelligente Organisation. Sie stützt sich auf innovative Veränderungen der Wertschöpfungskette und der sie begleitenden Akteure.

8.2.3 MES zur Reduzierung der Verlustquellen

Um die beschriebenen Verlustquellen (siehe Kapitel 8.2.2) gezielt einschränken zu können, wird in der Produktion ein integriertes MES benötigt. Sofern diese Verlustquellen entscheidend durch die Einführung eines MES beeinflusst werden können (Eliminierung, Reduktion), liegt der Nutzen des entsprechenden Systems auf der Hand. Es werden diese strategischen Initiativen zwar auch durch organisatorische Maßnahmen unterstützt, aber wirklich messbaren Nutzen bringt nur die informationstechnische Unterstützung durch MES.

Nachfolgend werden die einzelnen Nutzenaspekte eines integrierten MES abgehandelt. Es werden insbesondere jene Nutzenaspekte angesprochen, bei denen es bereits im Vorfeld einer Einführung möglich ist, den ROI (Return on Investment) zu ermitteln. Inzwischen gibt es eine Reihe von wissenschaftlichen Ansätzen, den ROI zu bestimmen (siehe hierzu auch [KAPLAN NORTON 92]). Allerdings sind diese theoretischen Ansätze teilweise in der Praxis nicht anwendbar.

Die MESA hat bereits in den 90er-Jahren bei über 100 Firmen mit unterschiedlichem Produktionstypus, welche ein MES eingeführt haben, Befragungen bezüglich des Nutzens eines solchen Systems durchgeführt. Man muss dazu anmerken, dass sich der Umfang und Reifegrad von MES in der Zwischenzeit deutlich verbessert hat.

Folgende Nutzenaspekte standen bei den befragten Firmen (dies wird auch heute bei einer möglichen Neubefragung von Firmen kaum anders sein) im Vordergrund:

- **Integrierte Datentransparenz**
- **Reduzierung von Zeitverbrauch**
  - Administrative Vorlaufzeit
  - Planungszeit
  - Zykluszeit
  - Rüstzeit
  - Eingabezeit
  - Wartezeit
  - Transportzeit
  - Lagerzeit
  - Gesamte Bearbeitungszeit
- **Reduzierung des Verwaltungsaufwandes**
  - Eliminierung, Reduzierung indirekter Wertschöpfungstätigkeiten
  - Eliminierung, Reduzierung von Belegen
- **Verbesserter Kundenservice**
  - Zuverlässige Liefertermine
  - Zuverlässige Informationen zum Auftragsfortschritt
- **Verbesserte Qualität**
  - Automatisierte Prozessfähigkeitsnachweise
  - Reduzierung von Ausschuss, Nacharbeit

- **Frühwarnsystem, Echtzeitkostenkontrolle**
- **Erhöhung der Personalproduktivität**
- **Erfüllung von Richtlinien**

8.3 Die Nutzenaspekte eines MES

8.3.1 Integrierte Datentransparenz

Der Mangel heutiger Produktionssysteme ist das punktuelle Erfassen von Produktionsdaten und ihre meist isolierte Auswertung mit einer Tabellenkalkulation. Ein integriertes Gesamtbild sämtlicher Daten für eine Beurteilung der Gesamtsituation fehlt meistens. Ein MES ist das Instrument für eine integrierte Datenerfassung und Kontrolle der Leistung, einerseits in Echtzeit und andererseits für längerfristige Analysen.

8.3.2 Reduzierung des Zeiteinsatzes

Durch eine Reduzierung der Bearbeitungszeiten der Fertigungsaufträge sind Einsparungen offensichtlich. Der Zeitverbrauch bei der Bearbeitung eines Auftrags kann in folgende Zeitbereiche eingeteilt werden:

- Administrative Bearbeitung
- Operative Auftragsplanung
- Rüsten
- Fertigung
- Zwischenlagerung
- Endlagerung

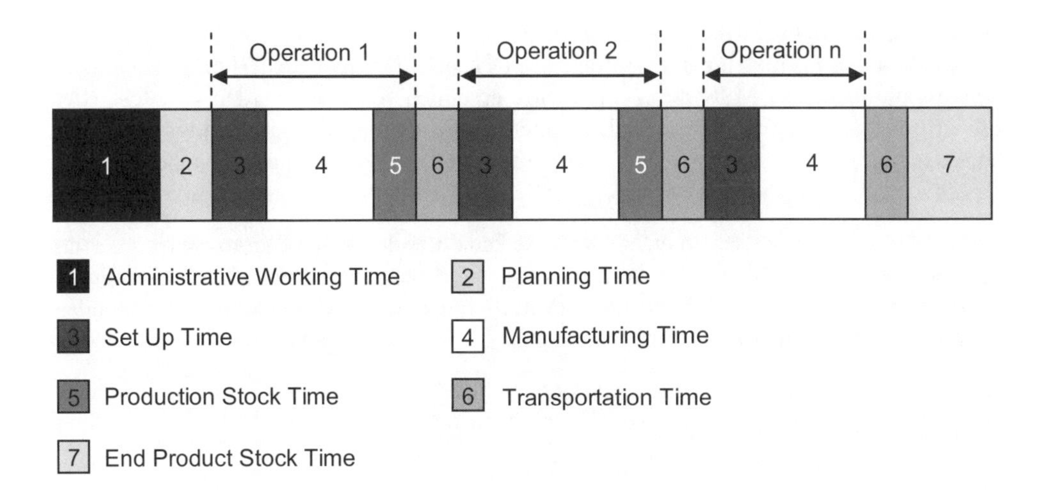

Abbildung 8.2: Zeitverbrauchsbereiche eines Auftrags.

Reduzierung des Zeitverbrauchs bei der administrativen Bearbeitung von Aufträgen
Der Zeitbedarf für die administrative Bearbeitung von Fertigungsaufträgen kann durch die direkte Verwaltung der Aufträge auf Ebene 3 = MES (siehe Kapitel 3.2.1) reduziert werden. Unnötige Verwaltungstätigkeiten auf der Ebene 4 = ERP entfallen, wenn die Auftragsdaten (Artikel, Menge, Termin) von Ebene 4 sofort an Ebene 3 weitergeleitet werden. Damit wird die zuverlässige Bestimmung eines Lieferterms beschleunigt. Die ermittelten Liefertermine werden dem Kunden direkt mitgeteilt oder kurzfristig dem Vertrieb zur Verfügung gestellt.

Dagegen ist die generelle Rationalisierung der Verwaltungsabläufe aufgrund des Einsatzes von MES messbar, dazu wird in Kapitel 8.3.3 näher eingegangen.

Reduzierung der Planungszeit
Konventionelle Planungssysteme, die teils noch ohne elektronische Unterstützung arbeiten, sind zeitaufwendig und wenig effektiv. Auch Planungsdaten, die von ERP übernommen werden, sind selten brauchbar und es entsteht ein nicht unerheblicher Zeitaufwand, Belastungsgebirge am Planungsleitstand auszugleichen. Das Ergebnis ist eine nicht optimierte und nicht korrekte Planung, unter Berücksichtigung aller eingebundener Prozessketten. Der Einsatz eines Planungsalgorithmus, der sämtliche Prozessketten unter Berücksichtigung der aktuellen Ressourcenverfügbarkeit synchronisiert, erspart sehr viel Zeit. Selbst ein großer Auftragspool ist in wenigen Minuten zuverlässig durchgeplant. Diese Effekte im Einzelnen rechnen zu wollen ist nicht möglich. Es wird oft argumentiert, dass durch einen Vergleich der Durchlaufzeiten mit konventionellen Mitteln mit den operativen Planungsergebnissen eines MES die Einspareffekte rechnerisch nachgewiesen werden können.

Reduzierung der Zykluszeit
Es wurde von den Befragten einer Umfrage zum Thema MES [MESA 97] angegeben, dass durch Einführung eines MES die Zykluszeiten erheblich reduziert werden konnten. Hier muss kritisch angemerkt werden, dass dies sicherlich nicht durch MES erreicht wird, sondern weitgehend nur durch verfahrenstechnische Maßnahmen oder durch eine rationellere Gestaltung des Arbeitplatz-Handlings (siehe Kapitel 8.2.2 – Toyota Produktionssystem).

Bei automatisierten Prozessen an einer Maschine kann dies durch den Einsatz neuer Materialien, einer neuen Technologie, Verbesserung der Werkzeuge etc. erreicht werden. Wurde beispielsweise 1982 die Produktion der CD noch mit einer Zykluszeit von 22 Sekunden gefahren, so fertigt man sie heute in 3 Sekunden.

Eine weitere Maßnahme zur Reduzierung der Zykluszeit wird erreicht, indem Arbeitsgänge in Arbeitszellen aneinandergereiht werden, um Transportvorgänge und manuelles Handling zu minimieren (Bestandteil der TPS Methodik, siehe Kapitel 8.2.2 – Toyota Produktionssystem).

Die Zykluszeit allein ergibt noch nicht die Ausführungszeit. Diese ist verbunden mit Verteilzeiten, die durch organisatorische Maßnahmen aber nicht durch MES reduziert werden können.

Reduzierung der Rüstzeiten
Mit der Planungsmethodik eines integrierten MES wird die Reihenfolge unter Kostengesichtspunkten optimiert, es erfolgt eine Rüstzeitminimierung. Diese Minimierung wird häufig begleitet durch organisatorische Maßnahmen wie der SMED Methodik. SMED ist eine Organisationsmethode, die auf systematische Weise versucht, die Umstellzeit von Produkt A auf Produkt B zu reduzieren mit einem quantitativ erfassbaren Ziel, z. B. Rüsten unter 3 Minuten. Damit ist die schnelle Reaktion auf Veränderungen am Markt sowie Umstellung auf neue Produkte möglich. Die verringerten Rüstzeiten gehen in die Arbeitspläne und in die Rüstmatrix ein. Damit wird die Durchlaufzeit in den einzelnen Arbeitsgängen per se kürzer.

Bei der Rüstzeitminimierung ist aber zu berücksichtigen, dass unter Umständen die Zeiteinsparungen beim Rüsten durch höhere Lagerbindungszeiten und damit höhere Lagerbindungskosten erkauft werden. Auch hier bringt eine Nutzenmessung im Detail kaum brauchbare Ergebnisse. Lediglich der schon angesprochene Vergleich einer Gesamtbetrachtung der Durchlaufzeiten des aktuellen Systems mit den Durchlaufzeiten eines MES liefert einen rechenbaren Nutzen. Dies sollte schon im Vorfeld einer MES Einführung erfolgen.

Reduzierung des Zeitaufwands für manuelle Datenerfassung
Bei der MESA Befragung [MESA 97] hat ein Großteil der beteiligten Unternehmen angegeben, dass mit der Einführung eines MES der Aufwand zur Datenerfassung für Leistungsdaten um über 50% reduziert werden konnten. Über exakte Prozentsätze kann zwar diskutiert werden, aber ein qualifiziertes MES hat u. a. das Ziel, den Erfassungsaufwand so gering wie möglich zu halten. Durch die An- und Einbindung von Maschinen in den Auftragsprozess

werden Messdaten automatisch erfasst und in MES abgespeichert. Bei manuellen Vorgängen wie dem Starten eines Auftrags oder Arbeitsgangs, dem Rüsten, der eigentlichen Fertigung etc. erfolgt die Datenfestschreibung weitgehend über ein MES Terminal (siehe Kapitel 6.1.3), damit wird die Eingabezeit erheblich reduziert.

Die Zuordnung von Materialeinsätzen erfolgt meistens über Materialbereitstellungslisten oder Begleitkarten mit einem Identifizierungscode. Sind Mengenzähler im Einsatz, erübrigt sich die Eingabe von Mengen. Auch hier gilt, die detaillierte Nutzenmessung ist schwierig, nur die Vergleichsbetrachtung des gesamten Durchlaufs kann den Nutzen ermitteln.

Reduzierung der Wartezeiten

Eine der Verlustquellen in Fertigungsunternehmen sind Wartezeiten. Dies beruht meist auf der nicht fristgerechten Bereitstellung der benötigten Ressourcen an den einzelnen Arbeitsgängen. Am häufigsten betrifft dies Rohmaterial und Vorprodukte.

Der Grund hierfür ist ein mangelhaftes Planungssystem, das nicht in der Lage ist, die Aufträge synchronisiert und kollisionsfrei bei Berücksichtigung der Ressourcenverfügbarkeit zu planen. Ein in MES integriertes Planungsinstrumentarium, wie es unter Kapitel 4.2 abgehandelt wurde, kann diese Verlustquelle weitgehend eliminieren oder zumindest so gering wie möglich halten.

Reduzierung von Lagerzeiten

Man wird Lagerzeiten und damit Lagerkosten im Fertigungsprozess nicht vollständig vermeiden können. Aber durch die Planung nach dem Pull-Prinzip können die Lagerzeiten und damit verbundenen Lagerkosten entscheidend reduziert werden. Dies betrifft die Rohmaterialien, die Zwischenprodukte in den Produktionslagern und die Artikel im Endlager. Neben der bedarfsorientierten Bereitstellung von Material (Just in Time, Just in Sequence, E-Kanban) ist das Pull-Prinzip auf eine fließende Fertigung ausgerichtet (theoretisch: 1 Stück Losgröße). Es werden aber immer, zumindest kleine, Produktionszwischenlager auftreten, sofern nicht die Zykluszeiten an den einzelnen Maschinen harmonisiert sind (gleiche Zykluszeiten). MES mit einem qualifizierten Planungsinstrument ist in der Lage, die Lagerzeiten von Materialien und Artikeln entscheidend zu minimieren.

Reduzierung von Transportzeiten

Die Reduzierung von Transportzeiten wird weitgehend durch konventionelle Maßnahmen im Logistikumfeld erreicht. MES kann einen Beitrag leisten, wenn Transporttätigkeiten als Arbeitsgang mit Planzeiten in die Prozesskette des Auftrags eingebunden sind.

Gesamte Bearbeitungszeit

In den zuvor aufgeführten Punkten wurde ein möglicher Abbau des Zeitverbrauchs bei den einzelnen Aufträgen angesprochen. Dabei ist es sehr schwierig, den Nutzen durch die Reduzierung der einzelnen Zeittypen exakt zu berechnen. Es gibt aber einen Ansatz, der es erlaubt, die Zeiteinsparungen in ihrer Gesamtheit schon im Vorfeld einer MES Einführung relativ exakt zu berechnen:

1. Die Durchlaufzeiten von beendeten Aufträgen in einem herkömmlichen System sind vorhanden. Man trifft eine repräsentative Auswahl von Artikeln und ermittelt für einen statistisch repräsentativen Zeitraum die für die einzelnen Aufträge in diesem Zeitraum entstandenen Durchlaufzeiten.

2. Als nächstes stellt man die Artikelreihenfolge-Szenarien bei diesen Artikeln zusammen. Mittels Simulator werden die Stammdaten mit den Arbeitsplänen abgebildet. Die Bearbeitung der Aufträge werden dann mit dem Planungsinstrumentarium simuliert. Für realistische Werte werden die Planungsergebnisse mit einem Abweichungsaufschlag belegt.

3. Die ermittelten Durchlaufzeiten werden mit den Durchlaufzeiten des konventionellen Systems verglichen. Die Simulationen haben ergeben, dass Einspareffekte von durchschnittlich 30% erreicht werden. Um die Ergebnisse zu erhärten, sollte man eine möglichst große Zahl von Szenarien für die betrachteten Artikel simulieren. Auch bei den Befragungen der US-amerikanischen Firmen ergab sich eine durchschnittliche Reduktion von 30% [MESA 97].

Dieser Ansatz ermöglicht es, nur unter dem Gesichtspunkt der Durchlaufzeiten den immensen Nutzen von MES nachzuweisen. Dabei sind die anderen Nutzenaspekte, die mit dem Einsatz eines MES verbunden sind noch nicht einmal berücksichtigt.

8.3.3 Reduzierung des Verwaltungsaufwandes

In Verwaltungstätigkeiten stecken in der Regel nicht unerhebliche Einsparpotenziale. Es geht darum zu untersuchen, inwiefern indirekte Wertschöpfungstätigkeiten durch den Einsatz eines MES eliminiert oder entscheidend reduziert werden können.

Folgende Methode, die schon in der Hochzeit der Verwaltungsrationalisierung eingesetzt wurde (70er-, 80er-Jahre) sollte dazu verwendet werden:

- Aufstellung der Tätigkeitsprofile der Mitarbeiter in der Administration
- Zeitliche und mengenmäßige Gewichtung der Tätigkeiten durch die Mitarbeiter
- Aufstellung eines Aufgaben-, Zeitverteilungsplans
- Analyse jeder Tätigkeit auf Notwendigkeit oder Verbesserungsmöglichkeit
- Erstellung einer rationellen Work-Flow-Abwicklung unter Einbindung eines MES

Analysen im Umfeld der Verwaltungsrationalisierung führten zu dem Ergebnis, dass man allein mit konventionellen Methoden eine Personaleinsparung von mindestens 20% erzielen kann. Koppelt man die Analysen mit den Effekten eines MES wird sich der Einsparungseffekt mit Sicherheit auf über 30% erhöhen lassen. Es werden indirekte Wertschöpfungstätigkeiten eliminiert, zumindest entscheidend reduziert.

Nachfolgend ein Beispiel aus der MESA Befragung [MESA 97]:

Über 60% der Befragten gaben an, dass mit der Einführung von MES die Zahl der verwendeten Belege um mehr als 50% reduziert werden konnte. Mit einem guten Planungsinstrument innerhalb von MES wird das benötigte Personal um mindestens 20% reduziert.

In einem Einzelfall konnte nachgewiesen werden, dass von 20 im administrativen Bereich eingesetzten Personen, durch konventionelle Rationalisierung und Einführung eines MES, 6 Personen eingespart werden konnten.

8.3.4 Verbesserter Kundenservice

Zuverlässige Liefertermine und Auskunft über den Auftragsfortschritt sind heute am Markt unabdingbar. Mit einem MES kann man diese Anforderungen in geeigneter Form abdecken. Der Nutzen dieser Möglichkeiten ist zwar nicht direkt messbar, aber das Image eines Fertigungsunternehmens steigt und Auftragszuschläge werden wahrscheinlicher.

8.3.5 Verbesserte Qualität

Die in der Vergangenheit eingesetzten Qualitätssicherungssysteme waren weitgehend isolierte Systeme, die unabhängig von den sonstigen Erfassungs- und Kontrollsystemen zum Einsatz kamen. Die schon mehrfach erwähnten Normen [ISO 9000] waren der Hauptreiber für den Einsatz dieser Systeme. Die heutigen Normen sind ausgerichtet auf sämtliche Elemente der Produktqualität. Der gesamte Produktionsprozess ist integriert zu betrachten und entsprechend zu dokumentieren, um speziell dem Kunden gegenüber eine höchstmögliche Produktqualität zu liefern und diese auch jederzeit in allen Belangen nachweisen zu können. Die integrierte Betrachtung von Prozess (SPC) und Qualität (SQC) soll dabei die Zielsetzung einer „Null-Fehler Produktion" sicherstellen und entscheidend unterstützen (wie es Motorola in den 80er-Jahren in seinem DMAIC Konzept formuliert hat).

Im Rahmen der strategischen Initiative 6Sigma wird ein MES ein entscheidendes Instrument. Durch die kontinuierliche, automatische Erfassung und Kontrolle von Prozessparametern an Maschinen in einem integrierten MES wird die Sicherstellung der Prozessfähigkeit entscheidend unterstützt. In Verbindung mit der eigentlichen Produktprüfung liefert MES die Daten für die DMAIC Methode. Mit dieser Regelkreis Methode (siehe Kapitel 8.2.2) wird eine ständige Verbesserung der Produktqualität angestrebt. Im Mittelpunkt steht dabei das Datenmaterial des Produktionsprozesses. Im Vorfeld können die Auswirkungen eines integrierten MES auf eine Reduzierung von Ausschuss und Nacharbeit sicher nicht ermittelt werden. Wenn das angesprochene Instrumentarium richtig eingesetzt wird (das erfordert auch ein entsprechend qualifiziertes Personal), sollte Ausschuss und Nacharbeit entscheidend gesenkt werden können und damit auch die mit dieser Verlustquelle verbundenen Kosten. Bei der MESA Befragung wurde von den Befragten eine durchschnittliche Senkung von 15% bei Ausschuss und Nacharbeit angegeben [MESA 97].

Ein anderer Aspekt der 6Sigma-Initiative ist die Korrelation zwischen dem Sigma-Level und den damit verbundenen Fehlerkosten. Je niedriger der Sigma-Level ist, umso höher werden die Fehlerkosten. Der Großteil der Fertigungsunternehmen bewegt sich heute noch im Bereich von 3 - 4 Sigma. Eine Untersuchung hat ergeben, dass bei einem 3Sigma-Level die Fehlerkosten ca. 25% des Umsatzes ausmachen, bei einem Level von 4Sigma sind es immer noch ca. 15% [ZARNEKOW BRENNER PILGRAM 05].

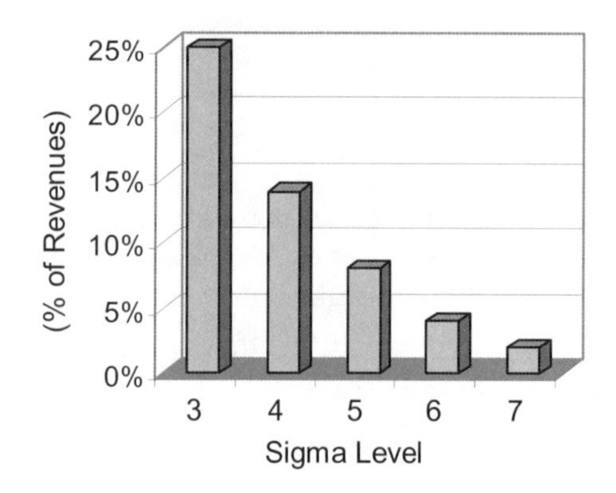

Abbildung 8.3: Sigma-Level und damit verbundene Fehlerkosten aufgrund schlechter Qualität.

8.3.6 Frühwarnsystem, Echtzeitkostenkontrolle

Durch die Echtzeitkontrolle aller Einflussparameter in einem Produktionsprozess werden nicht akzeptable Abweichungen sofort erkannt und es kann entsprechend gegengesteuert werden. An vorderster Stelle steht dabei die Echtzeitkostenkontrolle als Frühwarnsystem in Verbindung mit den Ursachen für eine festgestellte Plankostenverletzung.

8.3.7 Erhöhung der Personalproduktivität

Ein integriertes MES stellt dem Maschinenpersonal zeitgenau die Informationen elektronisch zur Verfügung, die für eine ordnungsgemäße, möglichst fehlerfreie Produktion nötig sind. Auch dieser Nutzeneffekt kann nicht gemessen werden, ist aber klar erkennbar. Die MESA Befragung [MESA 97] ergab, dass der überwiegende Teil der involvierten Firmen diesen Nutzen sehr hoch einschätzen.

8.3.8 Erfüllung von Richtlinien

Eine Reihe von Institutionen haben Richtlinien erstellt, die häufig auch in Gesetzesform gekleidet sind. Hierbei geht es immer darum, einen bestmöglichen Produktionsablauf mit höchster Qualitätsausbringung sicherzustellen und diesen zu dokumentieren. Der DIN Normenausschuss zur Qualitätssicherung hat Vorschriften definiert, die Unternehmen einzuhalten haben (siehe Kapitel 3.2). Die FDA mit ihren Richtlinien zu GMP und 21 CFR Part 11 setzt den Standard für chemische Produkte und Produkte in der Lebensmittelindustrie (siehe Kapitel 3.2.4). Daher muss es Ziel der Unternehmen sein, diesen Vorschriften gerecht zu werden, sich zertifizieren und eingesetzte EDV Systeme validieren zu lassen.

Ein integriertes MES mit seinen Erfassungs-, Kontroll- und Dokumentationsfunktionen unterstützt diese Anforderungen entscheidend. Wenn Firmen solche integrierte Systeme im Einsatz haben, werden sie bei Audits entsprechend höher bewertet.

8.4 Die Kosten eines MES

Die Kosten eines MES teilen sich wie bei jedem vergleichbaren komplexen IT System in nachfolgende Bereiche auf:

Beratungskosten im Vorfeld einer Einführung
Im Vorfeld einer Anschaffung eines MES ist zu empfehlen, den Nutzen eines MES individuell zu untersuchen, die Bedarfsfelder und damit die Anforderungen an das künftige MES genau zu spezifizieren, damit Fehlentscheidungen vermieden werden. Dies kann am besten eine kompetente, neutrale Beratung sicherstellen.

Anschaffungskosten
Das sind alle Kosten, die zu Projektbeginn anfallen sowie alle einmaligen Kosten, die mit dem eigentlichen Kauf des Systems zusammenhängen. Zu nennen sind: Hardware, Systemsoftware, Anwendungssoftware, Personal (sofern zusätzliches Personal nötig ist) und Beraterkosten.

Anpassungskosten
Die von den Anbietern gelieferte Software ist im Vergleich zu Office-Produkten selten in der Form, wie sie entwickelt wurde, einsetzbar. Daher fallen Anpassungs- und Erweiterungskosten an. Leider ist dieser Aufwand bei vielen am Markt befindlichen Systemen sehr hoch, da die angebotenen Systeme den geschilderten Anforderungen nur eingeschränkt genügen.

Einführungskosten
Jedes System, auch wenn es „selbsterklärend“ sein sollte, erfordert Einführungs- und Schulungskosten.

Betriebskosten
Hier sind alle laufenden Kosten zu nennen, die durch den Systemeinsatz verursacht werden. Typisch sind hierfür Wartungs- und Supportkosten.

8.5 Zusammenfassung

Einführend wurde auf die im betriebswirtschaftlichen Umfeld verfügbaren Maßnahmen und Strategien näher eingegangen, um den wirtschaftlichen Nachweis von Investitionen ermitteln zu können. Die Ausführungen haben gezeigt, dass diese Methoden zur Beurteilung der Wirtschaftlichkeit bei der Einführung eines MES meist nicht geeignet sind.

Anschließend wurden existierende Maßnahmen zur gezielten Reduzierung der Verlustquellen in der Produktion aufgeführt. Diese Maßnahmen sind größtenteils nur durch die Unterstützung eines geeigneten IT Systems möglich. Wie in den Ausführungen zu sehen ist, wird ein integriertes MES einem Fertigungsunternehmen immense Nutzen bezüglich der Reduzierung der gezeigten Verlustquellen bringen.

Diese speziell schon im Vorfeld einer Einführung messen zu wollen ist sehr schwierig und nur teilweise möglich. Wenn man die einzelnen Nutzenaspekte zusammen betrachtet („Ein Gesamtsystem ist immer mehr als die Summe seiner Einzelteile") sind diese so groß, dass sich Diskussionen über die Wirtschaftlichkeit von MES erübrigen, sofern die angesprochenen Randbedingungen gegeben sind. Eine professionelle Projekteinführung ist dabei besonders wichtig. Der zu erwartende ROI nach der Einführung liegt bei einer TCO Betrachtung im Regelfall bei 2 bis 3 Jahren.

9 Einführung eines MES in der Produktion

9.1 Einführung von IT Systemen im Allgemeinen

9.1.1 Auswahl der Komponenten

Soll ein neues Informationssystem in einem Betrieb aufgebaut werden, so sind zunächst die technischen Komponenten Software und Hardware zu beschaffen. Daran anschließend erfolgt die Einführung der technischen Komponenten in die bereits vorherrschende IT Landschaft des Betriebs. Mit dieser einher geht die Schulung von Mitarbeitern und die Anpassung der Geschäftsprozesse an das Informationssystem.

Die **Auswahl** der Hardwarekomponenten gestaltet sich in Abhängigkeit der Software. Hierbei ist zu entscheiden, ob Einzelrechner oder ein Rechnernetz zu beschaffen sind, welche Prozessorarchitektur benötigt wird und welche weiteren Komponenten erforderlich sind. Die Auswahl der Software gestaltet sich meist ungleich schwerer als die Auswahl der Hardwarekomponenten.

Wird eine neue Software benötigt, so stellt sich zunächst die Frage, ob eine Standardsoftware gekauft oder eine Individualsoftware entwickelt werden soll. **Standardsoftware** ist bereits vorgefertigt und deckt mit einem oder mehreren Programmen einen oder mehrere Geschäftsprozesse vollständig ab. **Individualsoftware** hingegen wird speziell für eine Organisation erstellt und kann entweder von der Organisation selbst oder von einem Fremdanbieter entwickelt werden. Die in der Praxis zumeist existierenden Vor- und Nachteile von Standard- und Individualsoftware sind in Tabelle 9.1 aufgeführt. In der Praxis findet man oft auch eine Mischvariante aus Standardsoftware mit geringen individuellen Erweiterungen.

Standardsoftware	Individualsoftware
Ist oft preisgünstiger als Individualsoftware.	Software ist genau auf die Bedürfnisse der Organisation zugeschnitten.
Ein Support durch Software-Hersteller ist gegeben.	Einführung erfolgt zumeist schrittweise und ohne Anpassungsaufwand.
Die Software hat sich bereits im Einsatz bewährt.	Es ist wahrscheinlich, dass keine Schnittstellenprobleme auftreten.
Es wird zumeist eine umfangreiche Dokumentation mit ausgeliefert.	Es sind nur gewünschte Funktionen implementiert.
Die Software ist sofort verfügbar.	Entwicklung der Software verursacht Kosten, die oft nicht abschätzbar sind.
Die Anpassung an die jeweiligen Bedürfnisse ist notwendig (hoher Anpassungsaufwand).	Durch ein unerfahrenes Entwicklerteam und Zeitdruck sinkt die Qualität der Software.
Es ist eventuell möglich, dass Schnittstellenprobleme auftreten.	Die Dokumentation wird oftmals vernachlässigt.
Es werden eventuell nicht alle Anforderungen erfüllt.	Alle Anforderungen werden erfüllt.
Nicht benötigte Funktionen müssen mit eingekauft werden.	Ausschließlich die benötigten Funktionen werden bezahlt.

Tabelle 9.1: Vor- und Nachteile von Standard- und Individualsoftware.

Soll Individualsoftware erstellt werden, so ist zu prüfen, ob sie im eigenen Unternehmen erstellt werden kann oder ein Softwareentwicklungsunternehmen mit der Erstellung beauftragt wird. Entsprechen ein oder mehrere Standardsoftwareprodukte den Anforderungen des Kunden, so ist eines dieser Produkte auszuwählen.

Bei der Auswahl können allgemeine und softwarebezogene Kriterien unterschieden werden. Die allgemeinen Kriterien dienen der Bewertung des Herstellers sowie der Vertragsgestaltung. Der Hersteller ist aufgrund von Referenzen und Selbstauskünften hinsichtlich der Gewährleistung von Wartung und Service, der Kosten für die Software und der weiteren Dienstleistungen sowie seiner wirtschaftlichen Situation zu beurteilen.

Die Software selbst kann anhand der folgenden Kriterien bewertet werden:

- **Funktionalität**
  Die Software muss in der Lage sein, alle funktionalen Anforderungen zu erfüllen.
- **Qualität**
  Die Software sollte möglichst wenige Fehler beinhalten und mit Eingabefehlern umgehen können.
- **Leistung**
  Die Funktionen sollten nicht nur korrekt, sondern auch in angemessener Zeit und mit angemessenem Ressourcenbedarf (Hauptspeicher, Prozessorlast) ausgeführt werden.
- **Dokumentation**
  Die Benutzer sind in jeder Situation mit der Software durch eine entsprechende Dokumentation zu unterstützen.

- **Technologie**
  Um die Möglichkeit einer späteren Pflege und Erweiterung zu haben, sollte die Software nicht auf veralteten Technologien (Programmiersprache, Programmierkonzept etc.) basieren.

9.1.2 Einführungsstrategien

Ist eine für die Anforderungen des Betriebs passende Standardsoftware ausgewählt oder eine entsprechende Individualsoftware erstellt, so kann mit der **Einführung** des Informationssystems fortgefahren werden. Aufgrund der Komplexität von Informationssystemen ist eine systematische Einführung unumgänglich. Diese kann allgemein auf Grundlage von drei Strategien vorgenommen werden:

- "Big Bang",
- stufenweise Einführung in einzelnen Betriebsbereichen oder
- stufenweise Ablösung einzelner Geschäftsprozesse.

Die **"Big Bang"-Strategie** sieht die Installation eines Informationssystems in einem Stück vor. Per Stichtag werden hierbei alle betroffenen Geschäftsprozesse über das neue System abgewickelt. Dies führt zu einem hohen Risiko, da sich Fehler des Informationssystems auf die gesamte Organisation auswirken. Fehler können dabei in der Software und Hardware, aber auch im Umgang der Menschen mit den technischen Komponenten begründet liegen. Um Bedienungsfehler zu vermeiden, muss eine umfassende Schulung aller Benutzer nahezu parallel erfolgen, da sie im Normalfall zur gleichen Zeit mit der Nutzung des Systems beginnen.

Zur Minderung des Risikos eines Fehlschlages bietet sich eine stufenweise Einführung des Informationssystems in einzelnen **Betriebsbereichen** an. Sie sieht vor, zunächst nur die Geschäftsprozesse eines Teils des Betriebs mit dem neuen System zu unterstützen. Der Vorteil ist, dass eventuelle Fehler sich nicht auf den ganzen Betrieb auswirken und somit die Schulung der Benutzer stufenweise erfolgen kann. Erfahrungen, die bereits in Teilen des Betriebs mit dem Informationssystem gemacht wurden, können so auf die anderen Teile übertragen werden.

Die stufenweise Einführung kann auch anhand der **Geschäftsprozesse** vorgenommen werden. Dabei wickelt man zunächst nur einige Geschäftsprozesse über das neue System ab. Das Risiko des Scheiterns ist damit stark gemindert und handhabbar. Die Schulung der Benutzer kann hier wiederum stufenweise erfolgen. Diese Strategie ist durch ein geringeres Risiko, allerdings auch durch einen höheren zeitlichen Aufwand charakterisiert. Die Auswahl der geeigneten Einführungsstrategie bewegt sich somit zwischen den beiden zumeist konkurrierenden Zielen der Risikominderung und der Aufwandsminimierung.

Für die **Akzeptanz von neuen Informationssystemen** ist eine intensive vorbereitende Schulung der Anwender ebenso wesentlich wie eine vorsorgliche Unterrichtung der direkt oder indirekt betroffenen Mitarbeiter. Motivierende Wirkungen, also die Schaffung qualifizierter

Befürworter des Systemeinsatzes ergeben sich nur dann, wenn die Ausbildung nicht nur auf das Üben von Bedienungshandgriffen abzielt, sondern den gesamten Aufgabenzusammenhang erfasst und damit den Nutzen für jeden Mitarbeiter verdeutlicht. Skepsis entsteht beim einzelnen Mitarbeiter immer dann, wenn es nicht gelingt, offensichtliche Fehlentwicklungen abzustellen. Es hat sich auch gezeigt, dass Informationsmangel zu Vertrauensverlust führt und die Mitarbeiter verunsichert. Darüber hinaus fällt es insbesondere älteren Mitarbeitern manchmal schwer, neue Systeme zu akzeptieren.

Für komplexe oder neuartige Aufgaben, wie dies die Implementierung eines Informationssystems darstellt, ist es sinnvoll zwischen den Phasen der Anforderungsanalyse, Entwicklung, Beschaffung und Einführung zu unterscheiden. Dazu ist eine Arbeitsgruppe gut geeignet, wobei die Kompetenz des Projektleiters eng begrenzt sein und sich nur auf Managementaufgaben erstrecken sollte. Oft ist festzustellen, dass dem Innovationsentschluss jedoch häufig Willens- oder Fähigkeitsbarrieren entgegenstehen. Willensbarrieren können im Wesentlichen mit den Beharrungskräften des Bekannten und Vertrauten erklärt werden. Ihre Überwindung ist oft schwierig und bedarf neben der Positionsmacht des Vorgesetzten meist auch Maßnahmen zur gezielten Motivation. Fähigkeitsbarrieren sind dagegen durch Fachwissen zu überwinden. Bei der Einführung von Informations- und Kommunikationssystemen sind sowohl Positionsmacht als auch Fachwissen von Bedeutung.

9.1.3 Probleme bei der Einführung

Bei den Problemen, die mit der Einführung von Informationssystemen einhergehen, lassen sich kognitive Probleme, Veränderungen der Arbeitsbedingungen und Veränderungen der Arbeitsanforderungen unterscheiden.

Kognitive Probleme lassen sich allgemein auf die selektive Informationsaufnahme und -verarbeitung zurückführen. Informationen werden subjektiv und gestaltorientiert wahrgenommen und verarbeitet. Unter diesem Blickwinkel ist bei Entscheidungen über technologische Investitionen die Bevorzugung von "harten" gegenüber "weichen" Informationen besonders wichtig. "Harte" Informationen bezeichnen alle konkreten, gut erfassbaren und gut nachprüfbaren Informationen. Durch eine entsprechend ausgerichtete Informationswahrnehmung und -verarbeitung lässt sich dieses Problem zumindest teilweise beseitigen.

Dies bedeutet allerdings nicht, dass "weiche" Informationen generell vernachlässigt werden oder ein Problem darstellen. Bei Entscheidungstypen wie strategischen Entscheidungen, Personalentscheidungen, Forschung und Entwicklung usw. stehen sie sogar im Mittelpunkt des Interesses. Beispielsweise werden auf der Ebene der strategischen Planung zunächst nur sehr allgemeine, globale Zusammenhänge erfasst. Den Aufgaben der strategischen Planung und dem Detaillierungsgrad dieser Informationen entsprechend können daraus wiederum nur allgemeine Ziele, generelle Vorgehensrichtlinien u. ä. abgeleitet werden, die dann auf der nächsten Planungsebene präzisiert und "erhärtet" werden. Bekannte kognitive Probleme bei technologischen Investitionsentscheidungen sind z. B. die Verharmlosung von Folgekosten, die (nicht) empfundene Verantwortlichkeit, die Anpassungsfähigkeit des Herstellers und das so genannte Gaming.

Die Diskussion über **Veränderungen von Arbeitsbedingungen** wird seit dem Beginn der kommerziellen Nutzung der Informationstechnologie zum Teil sehr heftig geführt. Im Einzelnen stehen sich sehr konträre Aussagen gegenüber. Dabei geht es vor allem um die Fragen, wie (und ob) sich der Aufgabengehalt von Stellen und die Häufigkeit sozialer Kontakte verändern. In beiden Fällen wird nach Veränderungen in Hinblick auf eine Auf- oder Abwertung von Aufgaben und Fähigkeiten gefragt.

Die Zusammenhänge zwischen Technologieeinsatz und Arbeitsbedingungen sind für die Arbeitsgestaltung wesentlich. Über diese Zusammenhänge wurden zahlreiche Vermutungen und spekulativ formulierte Thesen aufgestellt. Diese Vermutungen und Thesen (z. B. Verminderung sozialer Kontakte, Abnahme von Entscheidungsspielräumen) konnten in verschiedenen empirischen Untersuchungen, die in der Zwischenzeit vorliegen, sowohl nachgewiesen als auch widerlegt werden. Dieser zunächst widersprüchlich erscheinende Sachverhalt lässt jedoch nur den Schluss zu, dass beim Einsatz von neuen Informationssystemen ein großer organisatorischer Gestaltungsspielraum besteht. Neben technologischen Bedingungen sind vor allem die Unternehmensziele und die Bedürfnisse der Benutzer zu berücksichtigen. Unbestritten ist, dass viele Personen die Abnahme von monotonen Routinearbeiten als erleichternd empfinden und dass sie sich mehr dem qualitativen Teil ihrer Arbeit zuwenden können. Es bleibt also mehr Zeit zur Lösung wenig strukturierter Probleme, zur Abstimmung mit anderen Mitarbeitern etc. Diesen Aufwertungsargumenten wird von ihren Gegnern entgegengehalten, dass der überwiegende Teil der Aufgaben und Entscheidungen strukturiert und daher programmierbar ist. Dies kann in der Folge zu einer Angleichung der Aufgaben zwischen Gruppenleitern und ihren Mitarbeitern führen.

Aus einschlägigen Studien ist auch bekannt, dass Rationalisierungsmaßnahmen und Technikeinsatz für die überwiegende Anzahl der betroffenen Mitarbeiter verschiedene Risiken bergen, die zur Verschlechterung der Arbeitsbedingungen und der Beschäftigungsverhältnisse beitragen. Bekannte Gefährdungsbereiche werden nachfolgend wiedergegeben:

- Arbeitsplatzsicherheit
- Arbeitsintensität
- Qualifikation
- Verdienst
- Arbeitsbedingungen
- Arbeitsbeziehungen
- Arbeitszeitregelungen

Die Veränderungen in Bezug auf Arbeitsanforderungen betreffen u. a. Kompetenz, Qualifikation sowie Arbeitsinhalte und Arbeitsintensität.

- **Kompetenz**: Darunter wird „die Wahrnehmung von Lernmöglichkeiten und die damit gegebene Fähigkeit, die Grenzen des eigenen Arbeitsplatzes zu überschreiten“ verstanden. Generell zeigte sich, dass die Kompetenzzunahme durch IT bezogene Arbeit sehr breit gestreut ist und nahezu bei allen Beschäftigungsgruppen nachgewiesen werden kann.

- **Qualifikation**: Neue Informationssysteme können Angstgefühle und Stress auslösen. Angstgefühle entstehen beispielsweise wenn die Mitarbeiter befürchten, mit der neuen Technologie nicht zurechtzukommen oder das erforderliche Qualifikationsniveau nicht zu erreichen. Einer daraus resultierenden Überforderung kann durch verschiedene Maßnahmen wie frühzeitige Information der betroffenen Mitarbeiter über geplante Maßnahmen und deren voraussichtliche Auswirkungen, rechtzeitige und gründliche Schulung, eine gute Arbeitsanleitung oder ein entsprechendes Angebot an Umschulungs- oder Fortbildungsmaßnahmen entgegengewirkt werden. Die Bestimmung der tatsächlichen Qualifikationshöhe gestaltet sich auf Grund bestehender Interessensgegensätze schwierig. Arbeitnehmervertreter werden daran interessiert sein, die Qualifikation hoch anzusetzen und diese Höhe in die Lohnfestsetzung eingehen zu lassen. Umgekehrt dürften Unternehmer eher versuchen, mit einer geringeren Qualifikationserfordernis für computerunterstützte Arbeitsplätze zu argumentieren. Automationsarbeit wird auf diese Weise zu einer Arbeit für „Angelernte“.

- **Arbeitsinhalte und Arbeitsintensität**: Ganz im Gegensatz zur Qualifikation zeigten Untersuchungen in der Vergangenheit, dass sich der IT Einsatz z. B. im Büro auf die Arbeitsinhalte kaum ausgewirkt hat. Soweit Veränderungen genannt wurden, waren es aber eher Verschlechterungen. Die Veränderung ist allerdings vom Tätigkeitsschwerpunkt und vom Wirtschaftszweig abhängig. Die stärkste Verschlechterung wurde bei Beschäftigten mit überwiegender Eingabe- und Bedienungstätigkeit festgestellt. In Übereinstimmung mit Ergebnissen anderer vergleichbarer Untersuchungen sind dagegen beratende, leitende und organisierende Tätigkeiten am geringsten von einer Verschlechterung bei den Arbeitsinhalten betroffen. Zusammenfassend kann festgestellt werden, dass sich die Hoffnungen auf eine Bereicherung der Arbeitsinhalte eher selten erfüllen. Die Arbeitserleichterung, die nachweislich durch den Einsatz von Informationssystemen eintritt, wird meist sofort wieder mit zusätzlichen Tätigkeiten gefüllt. Die Arbeitserleichterungen werden also in Kostensenkung und Rationalisierung transformiert und wirken sich dann häufig in Form einer Steigerung der Arbeitsintensität aus.

9.2 Vorbereitung des Einführungsprojektes

9.2.1 Festlegung des Kernteams

Die Einführung eines MES ist ein komplexes Projekt und erfordert deshalb auch ein starkes Projektmanagement. MES wird immer mehr ein strategisches Instrument der Unternehmensleitung. Deshalb ist es erforderlich, dass die Geschäftsleitung/der Vorstand auch hinter diesem Projekt steht und allen Beteiligten den notwendigen Rückhalt gibt. Da die Einführung eines MES alle Aspekte der Produktion berührt, müssen auch alle betroffenen Abteilungen mit Ansprechpartner im Kernteam vertreten sein. Das sind in der Regel die Arbeitsvorbereitung, die Produktion, die Logistik, die Qualitätssicherung, die Instandhaltung, die interne IT, das Controlling und vor allem die **Unternehmensleitung**. Die Vertreter der Abteilungen müssen ausreichende Entscheidungskompetenz und für die Projektlaufzeit auch ein definiertes Zeitbudget für ihre zusätzliche Tätigkeit im Kernteam erhalten. Das Kernteam wird oft auch als „Steuerkreis" bezeichnet, da eine Hauptaufgabe in der übergeordneten Steuerung des Projektes liegt.

Das Kernteam soll folgende Aufgaben im Rahmen des Einführungsprojektes wahrnehmen:

- Projektsteuerung über die gesamte Laufzeit,
- Treffen der grundsätzlichen Entscheidung: „MES ja oder nein",
- Benennung eines Projektleiters und Projektteams für die eigentliche Einführung,
- Bereitstellung von Finanzmitteln,
- Freistellung von Mitarbeitern für Tätigkeiten im Rahmen der Einführung,
- Kontrolle des Projektfortschritts mittels Meilensteinen inklusive Kosten- und Terminkontrolle,
- Review und Erfolgskontrolle nach der Einführung,
- Erstellung eines Betriebskonzeptes für die nachhaltige Nutzung des Systems.

9.2.2 Die Grundsatzentscheidung – MES ja oder nein

Zur Begrenzung des Zeit- und Kostenaufwands bei der Systemeinführung eignet sich z. B. ein Phasenmodell, wobei ein Abbruch des gesamten Projektes nach bestimmten Phasen möglich ist. Die erste Phase umfasst eine grundsätzliche Analyse der Situation im Unternehmen. Am Ende dieser Analyse steht die Entscheidung „MES ja oder nein". Diese Grundsatzentscheidung, und alle weiteren Entscheidungsprozesse im Zuge der Einführung, sollten auf Basis belastbarer Kriterien vorbereitet und dokumentiert werden. Folgende Entscheidungsmatrix mit Kriterien kann z. B. die Grundsatzentscheidung „MES ja oder nein" erleichtern:

Criteria / importance:	low	medium	high
Process operations	< 5	5 - 10	> 10
Products	< 10	10 - 50	> 50
Self made sub assemblies	0	1 - 10	> 10
Product versions	0	1 - 10	> 10
Added value in production	low	medium	high
Information requests per month	< 20	20 - 100	> 100
MES required?	**no**	**recommended**	**yes**

Abbildung 9.1: Entscheidungsmatrix für die Grundsatzentscheidung „Wird ein MES benötigt?“.

9.2.3 Festlegung des Projektteams

Ist die grundsätzliche Entscheidung zur Einführung des MES getroffen, ist der nächste Schritt die Festlegung des Projektteams mit dem Projektleiter. Ob ein Projektteam zusätzlich zum oben erwähnten Kernteam benötigt wird, hängt von der Komplexität und Laufzeit des Einführungsprojektes ab. Auch der Anteil an „Eigenleistung“ (Leistungen, die im Rahmen der Einführung nicht durch den Systemlieferanten sondern durch das Unternehmen selbst erbracht werden) kann dafür ein Kriterium sein. Auf jeden Fall wird ein Projektleiter benötigt, der den Projektverlauf plant und überwacht, die Schnittstelle zum Systemlieferanten bildet, intern alle betroffenen Abteilungen einbezieht und über den Gesamtfortschritt im

Kernteam berichtet. Damit ist die Einbettung in die Unternehmensorganisation gewährleistet und die Vorbereitung des eigentlichen Projektes abgeschlossen.

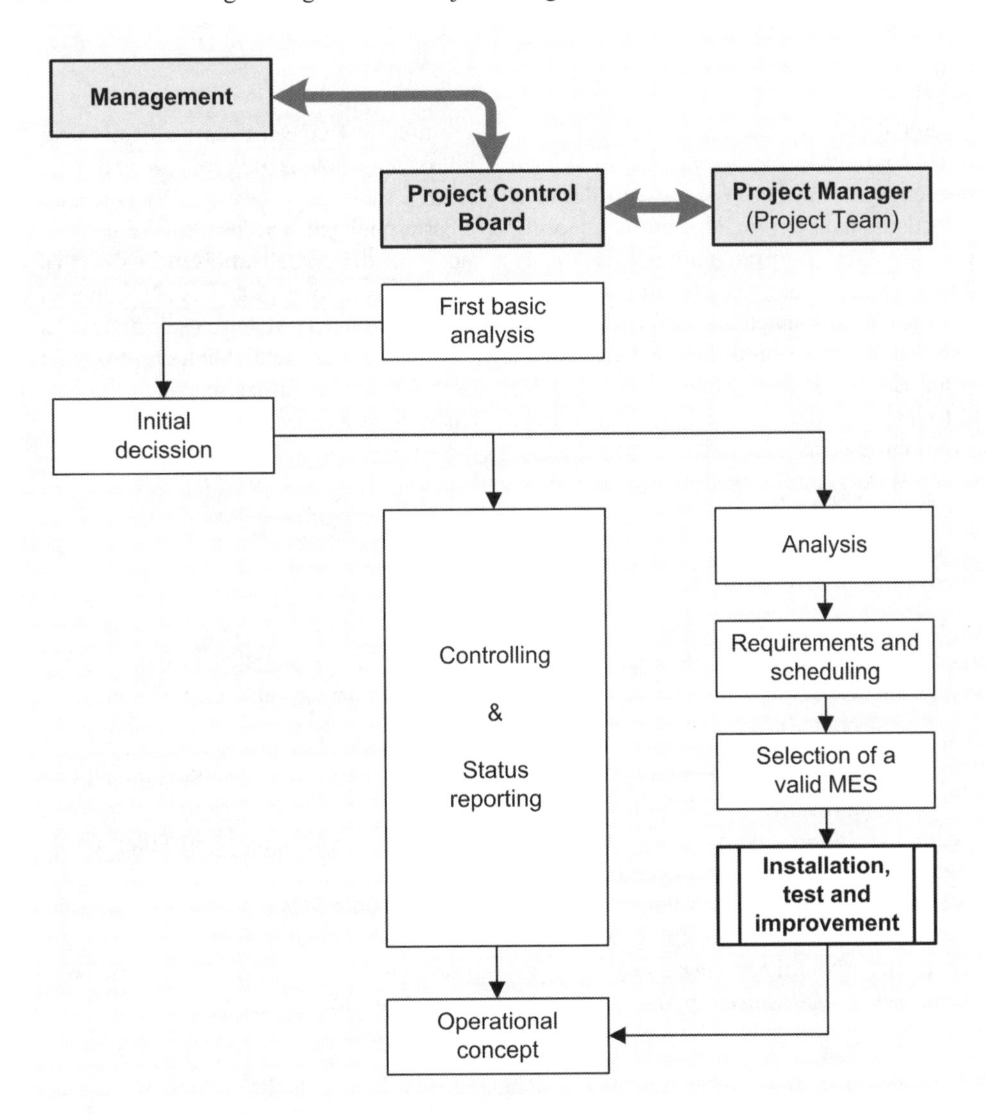

Abbildung 9.2: Überblick über den Projektablauf und Einbettung in die Organisation.

9.3 Analyse der Ist-Situation

9.3.1 Einleitung

Eine gründliche Analyse des Ist-Zustandes vor der Einführung eines (neuen) MES ist unerlässlich. Erst auf Basis dieser Analyse können Verbesserungspotenziale ermittelt und damit Anforderungen für das neue System definiert werden. Auch die Analyse der technischen Randbedingungen ist wichtig, um unangenehme Überraschungen bei den Projektkosten zu vermeiden. Das **Hauptaugenmerk** der Analyse muss auf die **Arbeitsabläufe in der Produktion** gerichtet sein. Daraus müssen die funktionalen Anforderungen an das MES abgeleitet und unter Umständen auch organisatorische Änderungen in den Abläufen selbst eingeleitet werden. Für das Controlling und die Unternehmensleitung muss schließlich der Projekterfolg auf Basis von verwertbaren Fakten nachgewiesen werden. Dafür sollten schon im Vorfeld Kennzahlen definiert und ermittelt werden. Genau diese Kennzahlen können dann über die Einführungsphase des (neuen) MES ständig erhoben werden und machen damit den Erfolg der Einführung für alle Beteiligten transparent.

9.3.2 Bestehende Infrastruktur

Die **Anbindung der Steuerungssysteme** aus der Produktion bietet, wie im Kapitel 7.3.2 dargestellt, erhebliche Vorteile gegenüber einer ausschließlich manuellen Datenerfassung. Um aber die vorhandenen Steuerungssysteme anbinden zu können, müssen die technischen Voraussetzungen dafür geprüft werden:

- Verfügen die Produktionssteuerungen über eine geeignete physikalische Schnittstelle zur Vernetzung (idealerweise Ethernet+TCP/IP-fähig)?
- Verfügen die Produktionssteuerungen über eine geeignete Softwareschnittstelle, um die benötigten Daten an MES übergeben zu können?
- Verfügen die Maschinen/Anlagen über Visualisierungs- oder SCADA Systeme, die alternativ zur eigentlichen Steuerung Daten an MES übergeben können?
- Sind die Produktionssteuerungen bzw. Visualisierungssysteme an ein Netzwerk angeschlossen (idealerweise Ethernet)?

Sind die beschriebenen Voraussetzungen nicht gegeben, können hohe Kosten für die gewünschte Anbindung der Steuerungssysteme entstehen. Dieser Aufwand ist dem Mehrwert, der durch verbesserte Datenqualität entsteht, gegenüberzustellen.

Im zweiten Schritt sollte untersucht werden, ob bereits "**Insellösungen**" zu verschiedenen **Teilfunktionen** existieren und ob diese Insellösungen weiter genutzt werden können und an MES angebunden werden müssen. Beispiele dafür sind MDE oder BDE System die bereits vorhanden sind und zufrieden stellende Daten liefern.

Eine weiterer wichtiger Aspekt ist die **Anbindung an das ERP System**. Ist dieses vorhanden, muss die Aufgabenverteilung zwischen ERP und MES genau festgelegt und die Schnittstellen exakt spezifiziert werden.

Schließlich sollte die vorhandene **IT Infrastruktur** untersucht werden, um festzustellen, welche Schnittstellen eventuell noch für MES erforderlich sind. Auch die Frage nach dem „gewünschten" Datenbanksystem muss mit der IT Abteilung geklärt werden. Eventuell stehen auf einem bereits vorhandenen Datenbankserver noch Kapazitäten für das MES zur Verfügung.

Aus dieser Bestandsaufnahme der technischen Randbedingungen können direkte Anforderungen an MES abgeleitet werden und in das Lastenheft einfließen.

9.3.3 Vorhandene Abläufe und benötigte Funktionen

Die Untersuchung der vorhandenen Abläufe ist eine Voraussetzung für das Auffinden von Verbesserungspotenzialen. Externe Berater sind für eine wirklich objektive Untersuchung besser geeignet als Angestellte des Unternehmens, die schon eine bestimmte „Prägung" haben. Ein mögliches Instrument für die Untersuchung ist die „Wertstromanalyse" („Value Stream Mapping"). Die Wertstromanalyse ist eine Methode der „Lean Production" (siehe Kapitel 8.2.2) und bildet den gesamten Material- und Informationsfluss (getrennt für jedes Produkt) der Wertschöpfungskette vom Endkunden bis zum Lieferanten des Rohmaterials ab. Als ein Ergebnis liefert die Wertstromanalyse die „echte" Bearbeitungszeit (Summe der wertschöpfenden Prozesse) und die Gesamtdurchlaufzeit eines Produktes. Nicht wertschöpfende Prozesse (im Sinne des TPS „Verschwendung") sollen damit erkannt werden.

Aus den Ergebnissen können aber auch funktionale Anforderungen an MES abgeleitet und z. B. durch eine optimierte Feinplanung der Aufträge gezielt Produktionslager reduziert und Durchlaufzeiten minimiert werden. Die tatsächlich benötigten Kernfunktionen von MES sind in folgender Tabelle festgelegt. Sind diese Funktionen bereits in vorhandenen IT Systemen als „Insellösung" (siehe Kapitel 9.3.2) vorhanden, kann eine Integration dieser Inseln in MES erwogen werden.

Funktion	Ist: manuelle Funktion	Ist: „Insellösung"	MES Integration
Feinplanung und Leitstand			
Betriebsdatenerfassung			
Maschinendatenerfassung			
Materialmanagement			
Tracking & Tracing			
Qualitätsmanagement			
Kosten-Controlling			
Leistungsanalyse (KPIs)			
Compliance Management			

Tabelle 9.2: Benötigte und vorhandene Teilfunktionen des MES.

9.3.4 Kennzahlen als Basis einer Erfolgskontrolle

Ziel der Erhebung

Die Einführung des MES verursacht Kosten und muss deshalb auch zu messbaren Verbesserungen in der Produktion führen. Eine belastbare Erfolgskontrolle erfolgt am besten über aussagekräftige Kennzahlen. Es gilt also Kennzahlen zu finden, die die aktuelle Situation (vor Einführung des MES) beschreiben und die durch das MES verbessert werden sollen, also eine Erhöhung der Effektivität widerspiegeln.

Qualität und Aktualität der Daten

Die Qualität der vorhandenen Daten, die zur Berechnung der Kennzahlen herangezogen werden, muss in Bezug auf Aktualität und Richtigkeit überprüft werden. Dies gilt sowohl für eventuell bereits automatisch erfasste Daten als auch für „Handaufzeichnungen", wie z. B. Störereignisse in „Schichtbüchern", Ansatzmengen mit den eingesetzten Rohmaterialien oder Nacharbeitsteilen an manuellen Nacharbeitsplätzen. Die Qualität dieser Daten kann über gezielte Stichproben sichergestellt werden. Es kann auch sinnvoll sein, einen definierten Zeitraum speziell für die Erfassung festzulegen (z. B. eine Woche), dessen Daten dann als Benchmark (Basisdaten für einen vergleichenden Leistungstest) herangezogen werden.

Exakte Definition des Blickwinkels - Vermeidung von „Moving Targets"

Ist die Qualität der Basisdaten sichergestellt, kann im nächsten Schritt die Berechnung der gewählten Kennzahlen erfolgen. Es muss unbedingt schon im Vorfeld ein Konsens über die Formeln zur Berechnung dieser Kennzahlen herbeigeführt werden. Eine Erfolgskontrolle kann nur verwertbare Ergebnisse liefern, wenn die Berechnungsmethoden mit der Einführung des MES nicht geändert werden; der berühmte Vergleich zwischen „Äpfeln und Birnen" ist zu vermeiden.

9.3.5 Geeignete Kennzahlen zur Erfolgskontrolle

Überblick

Die gewählten Kennzahlen sollten in Bezug auf das generelle Qualitätsniveau des Unternehmens aussagekräftig sein und natürlich auch im Wirkungsbereich des MES liegen. Die nachfolgend zusammengestellten „Kennzahlen" sind ein Auszug aus einer Vielzahl von Parametern, die ein Unternehmen „qualitativ" beschreiben können. Man sollte hier nicht zu viele Parameter erfassen und vergleichen, sondern sich auf wenige aber aussagekräftige beschränken. Meist existieren auch bekannte „Problemfelder", deren Ursachen durch die Einführung des MES behoben werden sollen. Dann lohnt es sich auch, genau diese Problemfelder zu betrachten.

Indirekte Wertschöpfung
Der Anteil indirekter Wertschöpfungstätigkeiten am gesamten Wertschöpfungsprozess ist eine Maßzahl für die „Schlankheit" der Produktion, also ein Benchmark der „Lean Production". Zur indirekten Wertschöpfung zählen z. B. Vertrieb, Einkauf, Controlling und Arbeitsvorbereitung. Aber auch direkt in der Produktion können, verursacht durch schlechte Ablauforganisation oder Logistik, nicht wertschöpfende Tätigkeiten vorhanden sein.

Die indirekte Wertschöpfung in Prozent kann wie folgt definiert werden(Wertschöpfung = WS):

$$Indirekte\ Wertschöpfung = \frac{Anzahl\ der\ Mitarbeiter\ aus\ indirekter\ WS}{Anzahl\ der\ Mitarbeiter\ aus\ gesamter\ WS} \times 100$$

Der ermittelte Anteil ist ein erster Hinweis auf mögliche Einsparungen (Personal, Belegwesen etc.). Dies kann durch Einsatz der RIW Methode (**R**eduzierung **i**ndirekter **W**ertschöpfung), die im Kapitel 8.2.3 erläutert wurde, untermauert werden.

Durchlaufzeiten der Aufträge
Ein wichtiges Ziel ist die Reduzierung der durchschnittlichen Durchlaufzeiten von Aufträgen (Produkten). Um das mögliche Potenzial auszuloten, müssen die aktuellen Durchlaufzeiten eines typischen Produktes aufgezeichnet werden. Für dieses Produkt wird in der Folge eine Simulation mit Hilfe der im MES integrierten Feinplanungskomponente durchgeführt. Der Aufwand der durch die Parametrierung des Systems entsteht, um die vorhandene Produktion abzubilden, ist möglicherweise relativ hoch. Andererseits liefert diese Simulation auch einen echten Ausblick auf das Einsparungspotenzial, das durch die Einführung des MES möglich ist.

Das Verbesserungspotenzial der Durchlaufzeiten (DZ) in Prozent kann wie folgt ermittelt werden:

$$Verbesserungspotenzial\ der\ DZ = \frac{DZ\_Ist - DZ\_Simulation}{DZ\_Ist} \times 100$$

Ausschuss/Nacharbeit
Die Quoten für Ausschuss/Nacharbeit sind ein Indikator für das Qualitätsniveau der Produktion. Durch Einsatz eines SPC/SQC Instrumentariums innerhalb eines MES und die Umsetzung von daraus abgeleiteten 6Sigma-Projekten nach der DMAIC Methode (siehe Kapitel 8.2.2) können diese Quoten verbessert werden. Die Erfassung des Ist-Zustandes kann auf Basis folgender Formel erfolgen. Der Sollzustand, der durch die Einführung des MES erreicht werden kann, muss im Einzelfall geschätzt oder als „Zielwert" willkürlich festgelegt werden.

$$Ausschussquote = \frac{Menge\_Ausschuss}{Menge\_gesamt} \times 100$$

OEE Kennzahl

Die wichtigste und am meisten verbreitete Kennzahl zur Beurteilung der Effektivität der vorhandenen Maschinen und Produktionsanlagen ist die OEE (**O**verall **E**quipment **E**fficiency). Die OEE ist ein Produkt aus drei weiteren Kennzahlen, die jeweils einen anderen Aspekt der „Leistung" einer Maschine abbilden:

- Verfügbarkeit = Availability = AV (in Prozent)
  Die Verfügbarkeit gibt an, für welchen Zeitanteil bezogen auf eine definierte Gesamtzeit (man spricht von der Planbelegungszeit), die Maschine tatsächlich zur Produktion bereit also verfügbar ist. Die Verlustanteile (keine Bereitschaft zur Produktion) sind z. B. Ausfälle durch Störungen oder Rüst- und Einrichtzeiten.
- Leistungsrate = Performance Rate = PR (in Prozent)
  Die Leistungsrate ist definiert als Verhältnis zwischen tatsächlich produzierter Menge je Zeiteinheit (z. B. Stück/Stunde) und theoretisch möglicher Menge je Zeiteinheit. Sie erfasst somit Leerlaufzeiten und die Überschreitung von geplanten Takt- und Bearbeitungszeiten an einer Maschine/Anlage.
- Qualitätsrate = Quality Rate = QR (in Prozent)
  Die Qualitätsrate ist definiert als Verhältnis zwischen der „brauchbaren" produzierten Menge und der gesamten produzierten Menge. Sie erfasst also Produktionseinheiten die durch Ausschuss oder Nacharbeit verloren gehen. Hieraus folgt:

$$OEE = AV \cdot PR \cdot QR$$

Diese Kennzahl sollte für definierte und gleich bleibende Zeiträume (z. B. für Schichten, Tage, Wochen) erfasst werden, um Änderungen der Situation sofort erkennen zu können.

Lagerumschlag für das Materiallager

Eine weitere Kennzahl für die Effektivität der Produktion ist der „Lagerumschlag" im Materiallager und die damit verbundenen Lagerzeiten. Der Lagerumschlag gibt an, wie oft der durchschnittliche Wert des Lagerbestandes im Jahr umgesetzt wird. Bei einer „fließenden" Fertigung mit bedarfsgerechter Bereitstellung des Materials kann das Material nur kurz gelagert oder direkt vom Lieferanten ans Band geliefert werden.

$$Lagerumschlag = \frac{Jahresumsatz}{\frac{Bestandswert\ zum\ Jahresbeginn + Bestandswert\ zum\ Jahresende}{2}}$$

$$Lagerzeit = \frac{365}{Lagerumschlag}$$

(Lagerzeit in Tagen)

Ein MES mit integrierter Materialwirtschaft und operativer Planung kann den Lagerumschlag erhöhen und die Lagerzeiten senken. Den Ersparnissen aus geringerer Kapitalbindung resultierend aus einem höheren Lagerumschlag steht das Risiko von Produktionsstillständen durch fehlendes Material gegenüber.

9.3.6 Andere Erfolgsfaktoren

Überblick

Die vorgenannten Kennzahlen sind mess- und damit nachprüfbare Faktoren und deshalb besonders für eine Zielkontrolle geeignet. Darüber hinaus existiert eine Reihe „weicher Faktoren", die nicht ohne Weiteres gemessen werden können, die aber trotzdem einen erheblichen Teil des Unternehmenserfolges ausmachen. Einige diese Faktoren sind im Folgenden aufgeführt.

Kundenzufriedenheit

Die Kundenzufriedenheit hängt von vielen Faktoren ab. Selbstverständlich müssen Produkte qualitativ hochwertig und preisgünstig sein. Aber auch zuverlässige Liefertermine, schnelle Reaktion auf Anfragen, kurzfristige Änderungen des Bestellumfanges oder die Möglichkeit zur transparenten Auskunft über den Auftragsfortschritt können entscheidend für die Kundenzufriedenheit sein. Die genannten Faktoren können durch Einführung eine MES verbessert werden. Im Einzelfall ist zu prüfen, welche dieser Faktoren für die Kundenzufriedenheit des Unternehmens besonders wichtig sind und deshalb im Fokus des Einführungsprojektes stehen sollten.

Mitarbeitermotivation

Die Wertschöpfung und Qualität wird auch in der hoch automatisierten Produktion entscheidend von der Motivation der Mitarbeiter abhängen. MES kann durch zuverlässige Planung und eine transparente (grafische) Darstellung des aktuellen Zustandes wesentlich zur Verbesserung der Motivation beitragen. Eventuell kann diese Zielsetzung noch über Kennzahlen wie durchschnittliche Auskunftszeit oder Gesamtlaufzeit einer Statusmeldung von der Produktionssteuerung bis zum Anzeigemedium untermauert werden.

Kostenkontrolle

Die Notwendigkeit einer Echtzeitkostenkontrolle ist im Einzellfall zu prüfen. Sie hat aufgrund des Kostendrucks zugenommen, weil damit der Ertrag des Unternehmens im Rahmen eines Frühwarnsystems kurzfristig beeinflusst werden kann. Kostenkontrolle heißt hier Kontrolle sämtlicher Kosten (direkter und indirekter). Ein qualifiziertes MES bietet eine Echtzeitkostenkontrolle auf Arbeitsgangebene.

Auftragsrückverfolgung

Ein funktionierendes Reklamationsmanagement (auch ein Faktor, der Kundenzufriedenheit beeinflusst) und in vielen Fällen auch gesetzliche Auflagen zur Haftung und Gewährleistung erfordern die Möglichkeit zur lückenlosen Rückverfolgung eines Auftrags. Die Antworten auf Fragen wie „In welchen Produkten wurden Lieferteile aus der Charge xy verwendet?" darf nicht erst nach Tagen oder Wochen erfolgen; es reicht also nicht, die Daten „irgendwie" zu speichern, sondern schnelle Reaktionen sind nötig.

Unterstützung von strategischen Initiativen

Es sollten und es werden heute eine Reihe von strategischen Initiativen in Fertigungsunternehmen ergriffen, um die Produktion so kostengünstig wie möglich zu gestalten. Dies sind meist die Ansätze von TPS, Lean Production und 6Sigma (siehe Kapitel 8.2). MES sollte ein begleitendes Instrument zur Umsetzung dieser Initiativen sein.

9.4 Erstellung eines Projektplans

Nachdem die Anforderungen und Ziele des Projekts erarbeitet wurden, muss ein Projektplan erstellt werden, der die Ecktermmine und die Belegung interner Ressourcen beinhaltet. Neben dem Projektleiter müssen punktuell auch andere Mitarbeiter aus dem Unternehmen Zeit für das Projekt reservieren. Die Systemeinführung ist in erster Linie eine Angelegenheit des Unternehmens – der Systemlieferant kann nur durch massive Unterstützung die festgelegten Ziele erreichen. Vor allem die Herausforderungen in den Bereichen Mitarbeiterqualifikation und Akzeptanz können von „außen" nur schwer bearbeitet werden.

Die im Folgenden dargestellte Liste mit Phasen und Meilensteinen kann als grobe Richtlinie gelten und muss auf die Bedürfnisse des Projektes zugeschnitten werden. Alle benötigten Punkte müssen mit klarer Zuordnung der Verantwortung und Ressourcen im Projektplan enthalten sein:

- Erstellen des Lastenheftes und Einholung von Angeboten.
- Bewertung der Angebote und Auftragsvergabe.
- Erstellung einer Spezifikation auf Basis des Lastenheftes.
- Ertüchtigung der internen Infrastruktur (z. B. Netzwerk, Produktionssteuerungen etc.).
- Beschaffung und Lieferung von Hardwaresystemen.
- Projektspezifische Anpassungen des Systems („Customizing").
- Lieferung und Installation von Softwarekomponenten.

- Durchführung mindestens eines Pilottests.
- Parametrierung des Systems.
- Parallelbetrieb mit bestehenden Systemen in Teilbereichen.
- Funktionstest(s) und Optimierung je Produktionsbereich.
- Trainingsmaßnahmen für die betroffenen Mitarbeiter.
- Abnahme des Systems.
- Erstellung eines Betriebskonzepts.
- Übergabe des Betriebs an den Betriebsverantwortlichen.

9.5 Lastenheft

Das Lastenheft dient als Grundlage für die Einholung von Angeboten und beinhaltet die im Zuge der Analysephase erarbeiteten Umfänge und Ziele. Der folgende Gliederungsvorschlag bezieht sich auf die in den Kapiteln 9.3 und 9.4 beschriebenen Umfänge:

- Beschreibung der Ist-Situation und Infrastruktur (siehe Kapitel 9.3.2)
- Allgemeine Ziele (siehe Kapitel 9.3.6)
- Quantitative Ziele (siehe Kapitel 09.3.5)
- Funktionale Anforderungen (siehe Kapitel 9.3.3)
- Mengengerüst für Maschinen, Artikel, Anzahl Terminals, Anzahl User etc.
- Schnittstellen mit technischer und inhaltlicher Beschreibung
- Projektplan (siehe Kapitel 9.4)
- Beschreibung des Liefer- und Leistungsumfanges (siehe Kapitel 9.4)
- Anhang mit Liefervorschriften, geltende Normen etc.

9.6 Auswahl eines geeigneten Systems

9.6.1 Marktsituation

Der Markt ist aus Sicht der Anwender sehr unübersichtlich. MES ist zu einem „Modebegriff“ geworden, der von jedem Anbieter aus seiner Sicht anders interpretiert wird. Vielfach wurden bestehende Produkte, die einen beliebigen Teilbereich eines MES abbilden, einfach in MES umbenannt. Das betrifft häufig BDE und MDE Systeme sowie Produkte zur Qualitätssicherung. Diesen „Basissystemen“ wurden neue Funktionen durch Eigenentwicklung oder Zukauf hinzugefügt. Die dadurch entstandenen „Patchwork-Systeme“ verfügen über kein durchgängiges Konzept und Design. Ein Teil der Anbieter von ERP Systemen bestreitet einfach den Bedarf von MES. Diese Anbieter haben die Vision, dass ERP alle Aufgaben der Produktionssteuerung und Datenerfassung übernimmt. Das bedeutet, die MES Funktionen werden vollständig im ERP integriert.

Für den potenziellen Anwender ist die Situation also schwierig aber nicht hoffnungslos. Zwischen „ERP mit MES Anteil“ und „Patchwork“ sind in den letzten Jahren auch einige Systeme entstanden, die den Namen MES zu Recht tragen. Es gilt aus diesen Systemen dasjenige herauszufinden, das für den Bedarf des Unternehmens am besten geeignet ist und gleichzeitig auf einer modernen und zukunftssicheren technologischen Basis aufbaut.

9.6.2 Vorauswahl und Eingrenzung auf zwei - drei Bewerber

Eine Vorauswahl unter den Anbietern und die endgültige Festlegung auf einen Systemlieferanten erfolgt durch das Kernteam (siehe Kapitel 9.2.1) ergänzt um mindestens einen kompetenten Werker/Anlagenführer und den Projektleiter. Werker und Anlagenführer sollten schon in dieser frühen Phase in das Projekt integriert werden, um die Akzeptanz des gewählten Anbieters/Systems sicherzustellen. Welche Firmen sollen eigentlich die Ausschreibung erhalten? Wenn sich das Kernteam bereits seit einiger Zeit mit der Thematik befasst, sind sicherlich auch schon einige potenzielle Anbieter bekannt. Andere Bewerber können durch den Einkauf vorgeschlagen werden. Die Anbieter sollten nicht zu weit entfernt vom Ort der Installation angesiedelt sein. Besonders bei kleineren Projekten ist ansonsten das Verhältnis von Anfahrtskosten zu den Gesamtkosten ungünstig.

Die eigentliche Vorauswahl kann z. B. anhand einer Frageliste erfolgen, die mit dem Lastenheft an die Anbieter übergeben wird. Diese Liste muss alle technischen und funktionalen Anforderungen (Requirements) aus dem Lastenheft und zusätzlich eine Reihe von allgemeinen Fragen zum Lieferanten und System enthalten:

Nr.	*Requirement/Frage*	*vorhanden*	*teilweise vorhanden*	*nicht vorhanden*	*Antwort/ Kommentar*
101	Leitstand mit Gantt-Plan				
102	Operative Feinplanung mit...				
103	- Ressourcenoptimierung				
104	- Rüstzeitoptimierung				
	....				
201	MDE automatisch über Schnittstelle zur Produktion				
202	MDE über Maschinenterminal				
203	Performance-Analyse (KPIs)				
204	- feste Kennzahlen				
	- eigene Kennzahlen (Formeln) definierbar				
	....				
501	Datenbanksystem				
502	Plattformen für Servermodule				
503	Technologie für Client				
901	Anzahl Installationen in einem ähnlichen Umfeld				
902	Durchschnittl. Anzahl Maschinen				
903	Durchschnittl. Anzahl Terminals				
904	Durchschnittl. Anzahl Artikel				
	.....				

Tabelle 9.3: Beispiel für eine Requirements-Sammlung zur Vorauswahl möglicher Systemlieferanten.

Die Requirements können nach der Abgabe mit dem Angebot noch mit Einschätzungen zur Situation des Lieferanten (Größe, Stabilität, Lieferfähigkeit, Termintreue, Anfahrtszeit etc.) und des Systems (aus einer Hand, zugekaufte Module etc.) versehen werden. Die möglichst objektive Auswertung der Requirements ist die schwierigste Aufgabe im Auswahlverfahren. Eine erste Einschätzung kann auf Basis von K.O.-Kriterien erfolgen. Wenn beispielsweise eine detaillierte Chargenverfolgung vom Endprodukt bis zum Rohmaterial eine Kernforderung ist, kann das Fehlen dieser Funktion nicht durch andere Punkte aufgewogen werden – die betroffenen Anbieter scheiden also aus.

Die Kostenbetrachtung sollte in dieser Auswahlphase nicht im Vordergrund stehen. Wenn die veranschlagten Kosten aus dem Angebot allerdings das festgelegte Budget bei Weitem übersteigen, kann auch das ein K.O.-Kriterium sein.

Ist eine weitere Eingrenzung nötig, sollten die einzelnen Punkte der Requirements mit einem Punktesystem gewichtet werden. Die Festlegung der Punkte (z. B. von 1 - 5) und der K.O.-Kriterien muss zur Wahrung der Objektivität immer im Team erfolgen und bereits vor Abgabe der Angebote feststehen.

9.6.3 Detaillierte Analyse der Favoriten und Entscheidung

Allgemeine Betrachtung

Die nach der Vorauswahl verbliebenen Bewerber sollten dann noch genauer betrachtet werden. Wenn der Aufwand vertretbar ist, und das auch von den Anbietern unterstütz wird, ist eine Testinstallation der optimale Weg, das System wirklich kennen zu lernen. Auch der Besuch eines Betriebes, in dem das System bereits installiert ist, kann aufschlussreich sein.

Die Menschen, die mit dem System arbeiten sollen, d. h. also Werker, Anlagen- und Maschinenführer, Instandhaltungstechniker etc. müssen in den Entscheidungsprozess einbezogen werden. Fragen der Benutzerfreundlichkeit und Praxistauglichkeit können von diesen Mitarbeitern am besten beurteilt werden. Das Kernteam muss deren Bewertungen sammeln und dokumentieren. Der Entscheidungsprozess muss transparent und für alle nachvollziehbar sein. Spätere Diskussionen im Stile von „Hätten wir doch besser…“ können damit vermieden werden.

Auch bei bester Vorbereitung der Entscheidung und ausführlicher Dokumentation der Argumente kann es „Gegner“ des Systems geben. Für den weiteren Fortgang des Projektes ergeben sich zwei Handlungsalternativen im Umgang mit diesem Personenkreis:

- Man versucht diese Mitarbeiter von den Vorteilen der Entscheidung zu überzeugen, was sich als schwierig oder gar unmöglich erweisen kann. Besonders wenn Altsysteme abgelöst oder Arbeitsabläufe komplett geändert werden sollen, sind die „Beharrungskräfte“ oft erstaunlich. Als Ausgleich für den „Verlust“, den die betroffenen Mitarbeiter erleiden, können hier nur echte Nutzenargumente helfen. Unter Nutzen ist hier nicht der Nutzen des Systems für das Unternehmen gemeint, sondern die der einzelnen Mitarbeiter bei der täglichen Arbeit. Das können Punkte wie z. B. kürzere Wege durch Installation zusätzlicher Terminals, einfachere Bedienung und damit Zeitersparnis in der Auftragsrückmeldung, geringerer Arbeits- und Rüstaufwand durch optimierte Reihenfolgeplanung etc. sein.
- Wenn es trotz der vorgenannten Bemühungen nicht gelingt Mitarbeiter zu überzeugen, sollte man diese Personen nicht unbedingt mit der weiteren Einführung des Systems beschäftigen. Skepsis und innerer Widerstand, auch wenn dies möglicherweise durch Direktiven vordergründig überdeckt wird, sind schlechte Voraussetzungen für ein erfolgreiches Projekt.

Simulation der Feinplanung

Zum Thema „Operative Auftragsplanung und Reihenfolgeoptimierung“, das ja in vielen Projekten ein Kernthema ist, bringt am ehesten eine Simulation Licht in das Dunkel. Die Betrachtung eines Referenzsystems ist hierfür nicht ausreichend, da jede Produktion andere spezifische Randbedingungen und Optimierungsziele aufweist. Als Basis der Simulation muss die Produktionsstruktur mit den wichtigsten Parametern und der Arbeitsplan für einen komplexen Artikel aus dem Produktspektrum im MES abgebildet werden. Der Simulationslauf selbst bringt dann Erkenntnisse über das zu erwartende Zeitverhalten. Das Ergebnis kann mit der real existierenden Planung verglichen und danach bewertet werden.

Technische Betrachtung
Die Reifegrad der Funktionen und die Aktualität der verwendeten Technologie sind logischerweise gegenläufige Anforderungen. Ein Produkt in der Version 1.0 auf Basis neuester Technik kann nicht gleichzeitig „ausgereift" sein. Im Zweifelsfall muss die Erfüllung der geforderten Funktion vorrangig betrachtet werden.

Die Flexibilität des Systems zur Einbindung in bestehende IT Strukturen und vor allem die Möglichkeit zur kundenspezifischen Anpassung (Customizing) sind technische Bewertungspunkte, die aber kaufmännische Auswirkungen haben. Ein ausgereiftes Releasemanagement beim Systemanbieter, das die Updatefähigkeit des Systems auf Jahre gewährleistet, ist essentiell. Die Investition ist nur nachhaltig, wenn das System auch für eine längere Laufzeit, das Ziel sollte größer 10 Jahre sein, betrieben werden kann.

Ebenfalls eine technische Randbedingung mit kaufmännischen Auswirkungen ist das Lizenzierungsmodell. Bei einem Lizenzierungsmodus, der auf der Anzahl von Systembenutzern aufbaut, muss eine Hochrechnung für die nächsten Jahre durchgeführt werden. Die TCO Betrachtung (**T**otal **C**ost of **O**wnership) des Systems kann dadurch entscheidend verändert werden.

Kaufmännische Betrachtung
Die Kosten der Systeme können am besten durch eine Bewertung der Gesamtkosten (TCO) bezogen auf die geplante Laufzeit verglichen werden. Neben den im Angebot des Systemanbieters enthaltenen Kosten für Hardware, Software und Dienstleistungen im Rahmen der Einführung sollten hier noch folgende Kosten einbezogen werden:

- für geplante Erweiterungen der Nutzung nach der eigentlichen Einführung (z. B. Anbindung anderer Bereiche, Einsatz zusätzlicher Module, zusätzliche Terminals, zusätzliche Benutzer für webbasierte Lösung, ...),
- für Ausbau und Bereitstellung der Infrastruktur (z. B. Server, Netzwerk, ...),
- für die Einbindung in die bestehende Infrastruktur (z. B. Anbindung an ERP, Anbindung an LDAP Server, ...),
- für zusätzliche Schulungsmaßnahmen,
- für regelmäßige Pflegemaßnahmen intern (z. B. Datenbankadministrator anteilig),
- für regelmäßige Pflegemaßnahmen extern (z. B. Softwarewartungsvertrag mit Update-Service),
- für Anwendersupport und Hotline.

Neben dieser Betrachtung der direkten Kosten muss auch die vorhandene Terminplanung zur Einführung bewertet werden. Die Einführung verursacht durch Belegung interner Ressourcen und Testläufe in der Produktion indirekte Kosten, die mit steigender Einführungsdauer zunehmen. Deshalb ist ein durchdachter Projektplan mit realistischen Terminen und die Fähigkeit des Lieferanten die notwendigen Ressourcen bereitzustellen, ein indirekter Kostenfaktor.

Zusammenfassung und Entscheidung
Nach einer schriftlichen Zusammenfassung der oben genannten Kriterien kann die Entscheidung im Kernteam herbeigeführt werden. Wenn sich auf Basis der technischen und kaufmännischen Faktoren kein eindeutiges Ergebnis abzeichnet, sollten die „weichen Argumente“ nochmals betrachtet werden. Der Beratungskompetenz des Anbieters für strategische Instrumente wie „Lean Manufacturing“ und 6Sigma sollte besonderes Augenmerk geschenkt werden. Ist der Anbieter auch als Berater für diese strategischen Themen kompetent, kann der Gesamterfolg des MES signifikant verbessert werden. Das Unternehmen führt nicht nur ein Softwaresystem ein, sondern „verschlankt“ bzw. verbessert Abläufe und steigert damit den Unternehmenserfolg insgesamt.

9.7 Einführungsprozess

9.7.1 Projektmanagement

Projektleitung
Neben dem bereits feststehenden Projektleiter des Kunden muss auch der Systemlieferant einen Projektleiter und Stellvertreter benennen. Beide Projektleiter müssen von anderen Aufgaben freigestellt werden, um sich ganz der Systemeinführung widmen zu können. Diese beiden Schlüsselpersonen müssen auch mit genügend Kompetenz ausgestattet werden, technische und kaufmännische Entscheidungen selbst treffen zu können. Das Risiko von Verzögerungen im Projektablauf wird damit geringer.

Projektplan
Der bereits im Lastenheft definierte Projektplan wird nochmals verifiziert und gegebenenfalls detailliert. Die Meilensteine der Einführung bis zur Abnahme des Systems werden hier festgelegt. Allen wichtigen Aufgaben werden Namen von Mitarbeitern des Systemlieferanten oder Kunden zugeordnet. Zwei Schwerpunkte im Projektverlauf, die häufig mit zu geringer Priorität (und damit mit zu geringem Zeitbudget) gewichtet werden, sind die Spezifikation und die Mitarbeiterqualifikation. Ein Richtwert für den Zeitbedarf zur Erstellung der Spezifikation, besonders für projektspezifische Umfänge und Schnittstellen, ist die geplante Zeit zur Implementierung. Die Zeit für die Spezifikation sollte also mindestens so groß sein, wie die Zeit zur Implementierung. Nur so kann gewährleistet werden, dass für die Einbeziehung

der Beteiligten für Diskussion und Meinungsbildung ausreichend Zeit zur Verfügung steht. Die Freistellung von Produktionsmitarbeitern für Schulungs- und Trainingsmaßnahmen ist bei laufender Produktion schwierig. Deshalb müssen diese Termine und die zugehörigen organisatorischen Regelungen frühzeitig geplant werden.

Spezifikation
Die Spezifikation wird auf Basis des Lastenhefts und der enthaltenen Requirements durch den Systemlieferanten erstellt. Besonders detailliert müssen hier alle Umfänge beschrieben werden, die nicht durch das Standardprodukt abgedeckt sind. Das können z. B. projektspezifische Sonderfunktionen oder Schnittstellen zu anderen IT Systemen sein. Zur Vorbereitung der Abnahme werden die geplanten Abnahmekriterien möglichst in Form einer nummerierten Liste festgehalten. Diese enthält die technischen Anforderungen (Requirements) und die bereits im Lastenheft definierten messbaren Zielgrößen. Vor dem Start der eigentlichen Implementierung muss die Spezifikation durch den Kunden schriftlich freigegeben werden. Die genaue Festlegung und Anerkennung der Umfänge bringt beiden Partnern die erforderliche Sicherheit. Zeit- und nervenraubende Diskussionen über den zu erwartenden Lieferumfang können damit vermieden werden.

Regelbesprechung
Das Kernteam mit den Projektleitern sollte sich mindestens einmal je Monat, in der Spezifikations- und Einführungsphase sogar wöchentlich, zu einer Regelbesprechung treffen. Fragen und offene Punkte sollten möglichst sofort geklärt und, wenn das nicht möglich ist, in eine „Liste offener Punkte“ mit Zuständigkeit und Termin aufgenommen werden.

9.7.2 Ausbildungsmanagement

MES kann wie jedes Softwaresystem seine Wirkung nur entfalten, wenn es von den Mitarbeitern der Produktion auch „richtig“ genutzt wird. Diese „richtige“ Nutzung erfordert einerseits die Akzeptanz des Systems (der Mitarbeiter **will** mit dem System arbeiten) und andererseits Wissen über den Umgang mit dem System (der Mitarbeiter **kann** mit dem System arbeiten).

Beides, also Wollen und Können, fördert man am besten durch eine offene Informationspolitik und die Einbeziehung der Mitarbeiter in möglichst allen Phasen des Projektes. Ein Anlagenführer kann z. B. schon bei der Spezifikationserstellung für eine spezielle Bedienoberfläche in seinem Bereich mitwirken und später den Systemlieferanten bei den ersten Testläufen unterstützen. Systemkenntnisse und Akzeptanz werden durch diese „Mitarbeit“ im Projekt ganz automatisch erreicht. Fundierte und systematische Schulungen können dadurch aber nicht ersetzt werden. Deshalb sollten Trainingspläne für alle Gruppen von Nutzern erstellt werden. Die Unterlagen sollten auf die jeweilige Gruppe zugeschnitten sein und müssen auch die spezifischen Eigenschaften der Applikation enthalten. „Standardunterlagen“, die nicht auf die speziellen Anforderungen der Applikation eingehen und das „Customizing“ nicht abbilden, sind wenig hilfreich. Training sollte z. B. für folgende Nutzergruppen durchgeführt werden:

- System-Administratoren
  Die technischen Aspekte des Systems, wie z. B. Installationsanleitungen, Datensicherung/Rücksicherung und Auswertung von Logbüchern sollten vermittelt werden. Als Basis für diese Schulung eignet sich auch ein bereits erstelltes Betriebshandbuch (siehe Kapitel 9.7.3).
- Applikationsverantwortliche
  Die Applikationsverantwortlichen müssen in der Lage versetzt werden MES zu parametrieren, Schnittstellen zu erweitern, neue Terminals oder neue Anlagen/Maschinen einzubinden und spezielle Reports erstellen zu können. Dafür müssen sie mit allen Werkzeugen des MES vertraut sein und haben einen entsprechend hohen Schulungsbedarf.
- Produktionsleiter und andere Führungskräfte
  Diese Personen müssen mit allen Funktionen vertraut gemacht werden, die sie für ihr „Tagesgeschäft" benötigen. Das sind vor allem die Planungs- und Auskunftsfunktionen des MES.
- Mitarbeiter der Instandhaltung
  Für diese Gruppe sind Funktionen des Alarmmanagements, Schwachstellenanalysen und unterstützende Funktionen zur vorbeugenden Wartung interessant.
- Werker
  Die Werker sollten neben einer kurzen Einführung in die Bedienphilosophie nur eine Schulung für Inhalte und Funktionen erhalten, die an ihrem Arbeitsplatz verfügbar sind. Diese Schulung kann in regelmäßigen Zeitabständen wiederholt, muss aber für alle neuen Mitarbeiter durchgeführt werden.

9.7.3 Betriebskonzept

Nach erfolgreicher Abnahme des Systems muss sicher sein, dass auch ohne die Anwesenheit des Systemlieferanten alle Funktionen des MES zuverlässig zur Verfügung stehen und richtig genutzt werden. Dafür ist ein Betriebskonzept erforderlich, das beispielsweise in Form eines Betriebshandbuchs dokumentiert wird. Die Erstellung dieses Konzepts ist damit die letzte Aufgabe des Kernteams und Projektleiters im Projekt.

Vor der Erstellung des Betriebshandbuchs müssen folgende Fragen geklärt werden:

- Wer übernimmt den Hardware-/Infrastrukturbetrieb?
  Sind für ähnliche Systeme bereits Richtlinien im Unternehmen vorhanden, sollten diese angewendet werden. Die Betreuung der Infrastruktur kann durch interne Mitarbeiter oder ein externes Dienstleistungsunternehmen übernommen werden. In beiden Fällen muss MES als neues System in die Vereinbarung eingeschlossen werden.
- Wer installiert Updates und neue Releases?
  Vorausgesetzt, Updates und neue Releases werden vom Systemlieferanten im Rahmen eines Softwarewartungsvertrages geliefert, entsteht Aufwand für die Installationen und

die Tests (unter Umständen sogar Schulungsaufwand) der neuen Versionen. Eine Zusammenarbeit von internen Stellen mit dem Systemlieferanten scheint der geeignete Weg dafür zu sein.
- Wer übernimmt den 1st-Level-Applikationssupport?
Die erste Anlaufstelle bei Fragen und Problemen sollte ein Mitarbeiter des Unternehmens (kein externes Dienstleistungsunternehmen) sein. Die Aufgabe kann z. B. durch den Applikationsverantwortlichen übernommen werden. Der 1st-Level-Support ist auch die Schnittstelle zu internen oder externen Supportteams. Er gibt Fragen, die er nicht selbst beantworten kann, an diese Gruppen weiter.
- Wer übernimmt den 2nd-/3rd-Level-Applikationssupport?
Auch dieser Servicelevel kann theoretisch durch interne Mitarbeiter abgedeckt werden. Hier ist aber ein sehr hoher Schulungsaufwand erforderlich um das notwendige Know-how zu erarbeiten. Deshalb werden diese Servicelevel in der Praxis oft durch einen Supportvertrag vom Systemlieferanten abgedeckt.
- Welche Betriebszeiten müssen abgedeckt werden und welche Supportzeiten (unter Berücksichtigung der Nutzung in anderen Standorten und evtl. Zeitverschiebungen) werden benötigt?

Nach Beantwortung dieser Fragen und Erstellung des Betriebshandbuchs können bei Bedarf Verträge mit spezialisierten Dienstleistungsunternehmen oder dem Systemlieferanten geschlossen werden. Zwei generelle Arten von Vereinbarungen sind dabei üblich: Ein Softwarewartungsvertrag regelt das Releasemanagement für die Software und legt fest, unter welchen Voraussetzungen und in welcher Form neue Versionsstände der Software geliefert werden. Installation und Test der neuen Umfänge kann in diesem Vertrag optional geregelt sein. Ein Supportvertrag regelt die Beantwortung von Fragen (Anwendersupport) und den Umgang mit Störungen des Systems (Hotlinesupport). Die benötigte Systemverfügbarkeit bestimmt auch die Erreichbarkeitszeiten des Lieferanten für den Hotlinesupport. Die Vergütung eines solchen Vertrages erfolgt z. B. mit einem festen Basisbetrag und zusätzlich einem variablen Anteil, der abhängig vom tatsächlichen Volumen (Anzahl von Supportfälle) ist.

9.8 Zusammenfassung

Zu Beginn des Kapitels wurde die Einführung von IT Systemen allgemein betrachtet. Die Auswahl der geeigneten Hardware gestaltet sich meistens einfacher als die der Software. Die Vor- und Nachteile von Standard- und Individualsoftware wurden umrissen. Verschiedene Einführungsstrategien wurden kurz vorgestellt und näher auf die zu erwartenden Probleme bei der Einführung eingegangen.

Im weiteren Verlauf wurden die notwendigen Maßnahmen (Festlegung eines Projektteams etc.) zur Vorbereitung eines Einführungsprojektes für ein MES vorgestellt. Nach einer Analyse des Ist-Zustands im Unternehmen schließt die Erstellung eines detaillierten Projektplans an. Ist die Auswahl eines geeigneten Systems getroffen, startet der eigentliche Einführungsprozess.

Um sicherzustellen, dass das eingeführte MES sowohl richtig genutzt als auch von allen Mitarbeitern als IT System akzeptiert wird, ist es besonders wichtig schon frühzeitig die Mitarbeiter in möglichst allen Phasen des Einführungsprozesses einzubeziehen, zumindest zu informieren. Nur hierdurch ist sichergestellt, dass sich der Investitionsaufwand bei der Anschaffung von MES rechnet. Ein Betriebskonzept sichert die Investitionen über die gesamte Laufzeit.

10 Beispiele für den Einsatz

10.1 Mischprozesse

Im Zuge der Recherchen für dieses Buch wurden verschiedenste Beispiele betrachtet. Ein vollständiges und integriertes MES, wie in diesem Buch dargestellt, war in keinem Unternehmen vorhanden. Der Bedarf für ein integriertes Produktionsmanagementsystem wird zwar zunehmend erkannt, umgesetzt sind aber meist nur funktionsspezifische Insellösungen in Teilbereichen. Eine starre Einteilung nach den Produktionsformen

- diskrete Fertigung,
- prozessorientierte Fertigung und
- kontinuierliche Fertigung

ist eher die Ausnahme. Im Regelfall werden Mischprozesse, d. h. prozessorientierte **und** diskrete Abläufe, benötigt. Eine Sonderform stellt die Fertigung von Rollenmaterial mit ihrem Veredelungsprozess und der nutzenoptimierten Formaterstellung dar. Betrachtet man den standardisierten Ansatz zu einem integrierten MES, verschwimmen die Grenzen zwischen den oben genannten Produktionsformen vollends. Die Kernthemen des MES bleiben unabhängig von der Produktionsform immer gleich:

- Abbildung der Produkte in einem Arbeitsplan als Reihenfolge einer Kombination aus Arbeitsgängen und Maschinen/Anlagen.
- Operative Reihenfolgeplanung der Aufträge über die gesamte Prozesskette.
- Steuerung des Produktionsprozesses mit
  - Materialmanagement (Rohmaterial, eigen gefertigte Artikel, Kaufteile),
  - Aufzeichnung der Betriebsdaten bzw. Maschinendaten meist mit SPC Funktionalität,
  - Instruktionsmanagement in den unterschiedlichsten Funktionen,
  - Wartungsmanagement für Maschinen und Betriebsmittel,
  - Qualitätsmanagement an den Maschinen und im Labor,
  - Auftragsrückverfolgung,
  - Leistungskontrolle.

Gewichtung und Detaillierungsgrad dieser Anforderungen sind in den einzelnen Unternehmen höchst unterschiedlich. Die hier gewählten Beispiele können deshalb nur einen kleinen Teil der vielen möglichen Ausprägungen zeigen. Das erste Beispiel beinhaltet einen prozessorientierten Mischprozess mit der Abfüllung der Produkte in verschiedene Verpackungseinheiten. Das zweite Beispiel behandelt die Eigenheiten der Produktion von Rollenmaterial.

10.2 Sensient Technologies – Emulsionen

10.2.1 Informationen zur Sensient Technologies Corporations

Sensient Technologies Corporations ist einer der weltweit führenden Lieferanten von Aromen, Duftstoffen und Farben, die in einer Vielzahl von Produkten der Lebensmittel-, Pharma-, Kosmetik- und IT Branche eingesetzt werden. Die Produkte werden an verschiedenen Standorten weltweit hergestellt und stehen für höchste Qualität. Der deutsche Standort ist nach DIN EN ISO 9001:2000 und nach dem International Food Standard zertifiziert.

10.2.2 Beschreibung des Produktionsablaufs

Emulsion – allgemeine Beschreibung
Bei einer Emulsion handelt es sich um ein so genanntes halbstabiles System, das sich aus zwei nicht (oder nur begrenzt) miteinander mischbaren Flüssigkeiten zusammensetzt. Die Grundbestandteile sind Wasser bzw. wasserlösliche Stoffe sowie Öle bzw. öllösliche Stoffe. In der Emulsion ist eine der beiden Flüssigkeiten in Form feinster Tröpfchen in der anderen Flüssigkeit verteilt. Die dispergierten Flüssigkeitströpfchen bilden die innere Phase, die sie umgebende Flüssigkeit die geschlossene oder äußere Phase. Diese Grundsubstanzen werden auch als **Ölphase** bzw. **Wasserphase** bezeichnet.

Da sich Wasser und Öl von Natur aus nicht mischen, ist der Zusatz eines **Emulgators** notwendig, um der Emulsion Stabilität zu verleihen. Der Emulgator ermöglicht eine dauerhafte Mischung von Wasser- und Ölphase, indem er die Grenzflächenspannung zwischen beiden Phasen herabsetzt.

Produktionsablauf zur Herstellung einer Emulsion
Die Wasserphase und Ölphase werden als Vorprodukte in der eigenen Produktion hergestellt. Für beide Vorprodukte gilt ein ähnlicher Herstellungsprozess mit ähnlichem Ablauf:

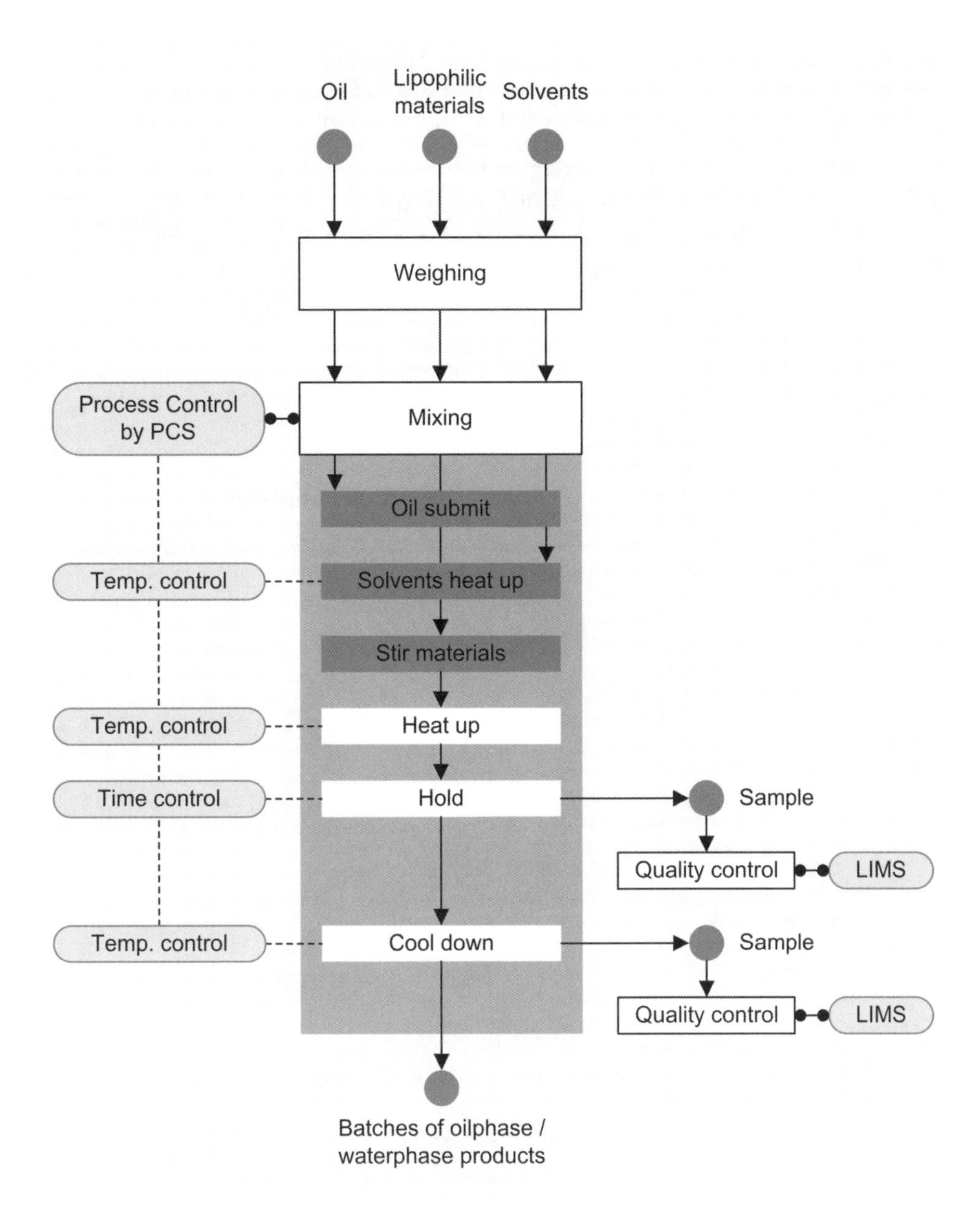

Abbildung 10.1: Ablauf zur Erstellung des Vorproduktes Ölphase (Vorprodukt Wasserphase mit ähnlichem Ablauf) .

Nach dem Wiegen der Rohmaterialien wird das Öl, verschiedene lipophile Stoffe und Lösungsmittel (Solvents) einem Mischprozess zugeführt. Dieser Mischprozess wird von einem

Prozessleitsystem (siehe Kapitel 3.4.3) in mehreren Schritten halbautomatisch durchgeführt und überwacht. In verschiedenen Stufen des Prozesses werden Proben entnommen und im Labor mit Hilfe eines „**L**abor-**I**nformations-**M**anagement-**S**ystems" (LIMS) geprüft.

Die Herstellung dieser Vorprodukte erfolgt in Form von „Batches", die dann als Grundlage zur Bereitung der eigentlichen Emulsion zur Verfügung stehen. Diese Herstellung erfolgt in einer speziellen Emulsions-Anlage, die ebenfalls von einem Prozessleitsystem mit folgendem Ablauf gesteuert wird:

- Zuführen der Wasserphase
- Erhitzen der Wasserphase
- Zuführen der Ölphase
- Erhitzen der Ölphase
- Mischen der Ölphase
- Zuführen des Emulgators
- Mischen der Vorprodukte mit dem Emulgator zu einer „Prä-Emulsion"
- Abkühlung
- Homogenisieren
- Pasteurisieren
- Abkühlen
- Filtrieren

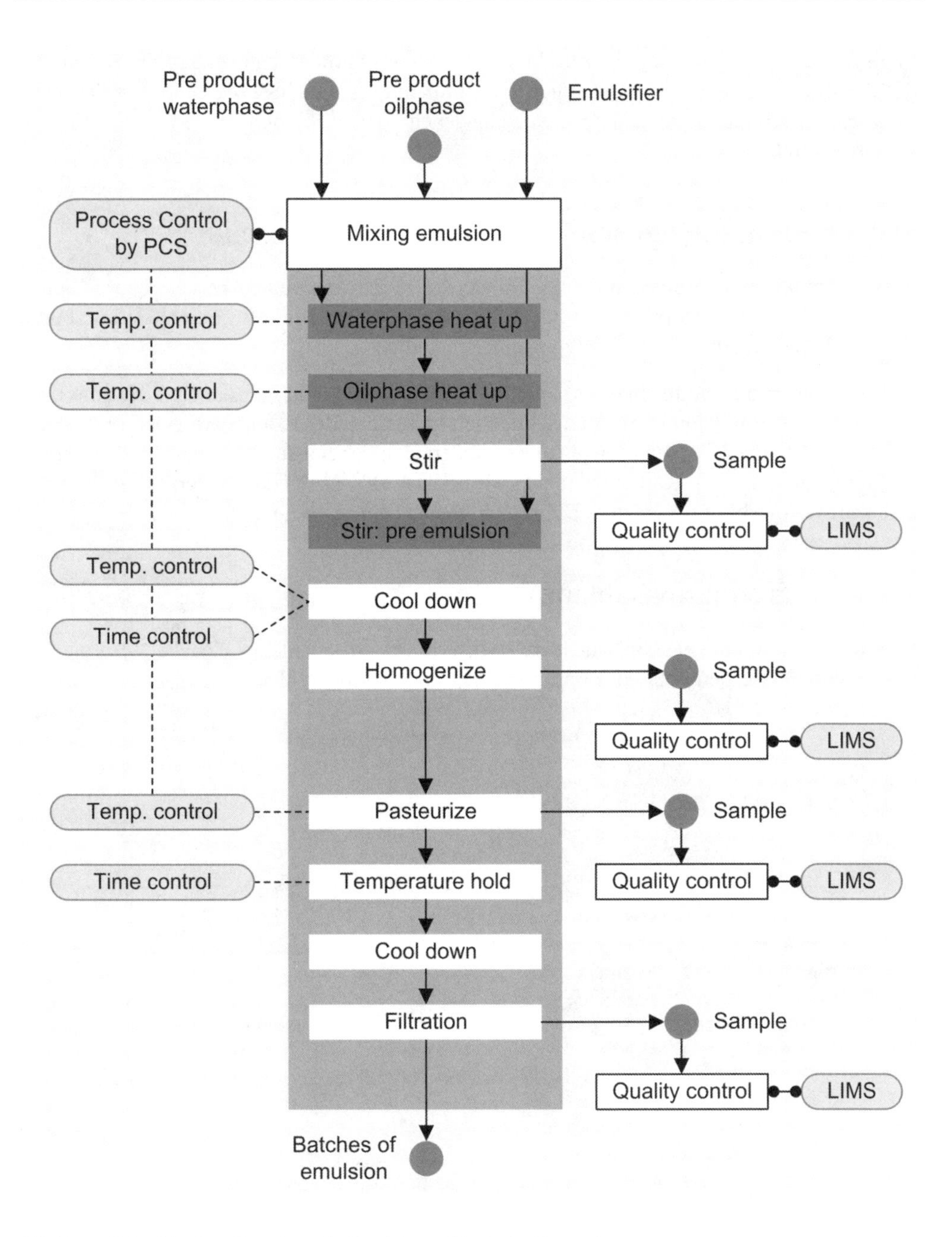

Abbildung 10.2: Ablauf zur Erstellung der Emulsion auf Basis der Vorprodukte.

Die fertig gestellte Emulsion wird abschließend in einer Abfüllanlage verarbeitet. Durch die Abfüllung in verschiedene Gebindetypen entsteht damit erst im Zuge dieses letzten Schrittes das eigentliche Endprodukt, d. h. die verschiedenen Artikel werden erst durch die Verpackung bestimmt.

10.2.3 Basismengeneinheiten und Produktionseinheiten

Die Vorprodukte Wasserphase und Ölphase werden in der Maßeinheit kg als „Charge" produziert. Jede Charge wird in „Ansätzen" gefertigt. Ein Ansatz wird als „Batch" definiert und erhält zur Steuerung und Nachverfolgung eine eindeutige ID.

Die Emulsion wird ebenfalls in der Maßeinheit kg in Batches mit eigenständiger ID gefertigt. Die Batches der Emulsion (l) werden schließlich in verschiedene Behälterformen (z. B. Flaschen mit 0,3l) abgefüllt. Die Mengeneinheit ändert sich dabei also von Liter in Stück. Diese Behälter werden dann in Kartons verpackt, wobei sich in verschiedenen Verpackungen eine verschiedene Anzahl von Behältern befinden können (1 Stück : x Stück).

10.2.4 Produktionsablaufplan

Der gesamte Produktionsablauf wird durch MES in drei Arbeitsplänen (für die Vorprodukte Ölphase und Wasserphase und das Endprodukt Emulsion) abgebildet.

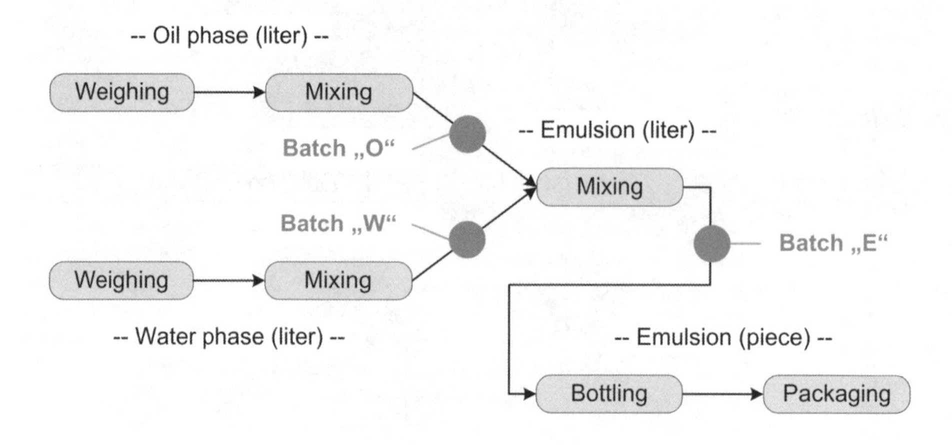

Abbildung 10.3: Grobstruktur des Produktionsablaufs mit Produktionseinheiten und Mengeneinheiten.

10.2.5 Herausforderungen für das MES

Überblick

Im Mittelpunkt stehen Mischungsprozesse auf der Basis von Rezepten. Ein Rezept beinhaltet die einzelnen Komponenten mit ihren Anteilen und einen Prozessablaufplan, der den Mischungsprozess steuert. Der beschriebene Gesamtprozess ist nicht sehr komplex, die Herausforderung liegt vielmehr in der Steuerung der Teilanlagen (z. B. Mischer). Es handelt sich dabei eigentlich um ein „Teil MES“ innerhalb der Anlage im Sinne der ISA S88 (siehe Kapitel 3.2.1). Hier werden sukzessive einzelne Rohstoffe dosiert, zugeführt und die Prozessschritte mittels eines Prozessablaufplans gesteuert. Die Menge wird auch in ähnlichen Prozessen oft aufgrund von Volumenbeschränkungen festgelegt und in so genannten „Ansätzen“ definiert. Der entstehende Output eines Ansatzes wird dann als „Batch“ bezeichnet. Neben der automatisierten Steuerung und Kontrolle des Leistungsprozesses werden an bestimmten Prozessschritten Proben genommen, die ins Labor zur Prüfung gehen. Bei positiver Bewertung wird der nächste Schritt freigegeben, andernfalls erfolgt eine Korrektur.

Besonderheiten bei Mischungsprozessen sind z. B. Verzögerungszeiten bei einzelnen Prozessschritten, um das Produkt „reifen“ zu lassen. Speziell bei Lebensmittelprodukten sind Reinigungsprozesse vorgeschrieben, die exakt gemäß der FDA Richtlinie 21 CFR Part 11 (siehe Kapitel 3.2.4) abgearbeitet und elektronisch quittiert werden müssen.

Diesen Mischungsprozessen gehen meist Wiegeprozesse voraus, in denen die einzelnen Komponenten mit ihren Anteilen an der Rezeptur exakt verwogen werden. Dazu ist eine regelmäßige Überwachung des Betriebsmittels „Waage“ wichtig, um korrekte Ergebnisse des Prozesses nachhaltig zu gewährleisten.

Die Mischungsprodukte werden im Regelfall abgefüllt in verschiedenste Verpackungseinheiten, d. h. eine Mischungscharge bedient mehrere Abfüllchargen verschiedener Artikel, die sich durch Verpackungsgröße, Etikettierung und Verpackungsform unterscheiden.

Auch wenn die Prozessschritte in der prozessorientierten Fertigung meist hoch automatisiert ablaufen, ist ein übergeordnetes Leitsystem erforderlich, das Aufträge plant und die Leistungsdaten in einem Produktionsmanagementsystem auftragsspezifisch speichert, dokumentiert und auswertet.

Im beschriebenen Beispiel wurden mit der Einführung eines MES folgende Ziele verfolgt:

- Produktrückverfolgung
- Durchlaufzeiten
  Transparenter Vergleich zwischen Soll- und Istzeiten; Reduzierung der Durchlaufzeiten
- Erhöhung des First-Pass-Yield (FPY)
- Erhöhung der Auslastung
- Erhöhung der Gesamteffizienz (OEE)

- Verbesserung der Transparenz durch Tracking des WIP Bestands und der aktuellen Verbrauchsdaten
- Ermittlung von Abweichungen zum Plan für Prozessabläufe
- Analyse und Bewertung von Prozessparametern (SPC, 6Sigma)
- Verbrauchsplanung und Reduzierung des Energieverbrauchs
- Detaillierte Ressourcenplanung
- Ermittlung der tatsächlichen Fertigungskosten „online"
- Onlinebestandsführung für Lagerbestände inklusive Bewertung
- Instandhaltungsmanagement mit Bewertung von Inspektionsbefunden und Instandhaltungsmaterial
- Erhöhung der Planungseffektivität (geplante Produktion vs. tatsächlichem Absatz)

Das Erreichen dieser Ziele ist eng verbunden mit der Integration der heute schon vorhandenen Prozessleitebene im Sinne eines Collaborative Production Management Systems.

Kontrollfunktion als Ergänzung zur Automatisierungsebene

Die Mischungsergebnisse der einzelnen Batches, die damit verbundenen Materialeinsatzkosten und weiteren Leistungsdaten mit Soll-/Ist-Vergleichen zu den Zeiten, dem Energieverbrauch und verschiedenen Prozessparametern müssen durch MES erfasst und kontrolliert werden. MES ist also der „Überbau" der Prozessautomatisierung. Voraussetzung ist eine stabile und performante datentechnische Anbindung der Automatisierung an MES.

Produktrückverfolgung

Für das erzeugte Endprodukt, die Emulsion, muss die gesamte Prozesskette mit allen eingesetzten Rohmaterialien, Verpackungsmaterialien etc. und den relevanten Prozesswerten dokumentiert werden. Durch das Auflösen dieser Prozesskette, ausgehend vom Endprodukt, können dann z. B. die Lieferchargen zu den eingesetzten Rohmaterialien ermittelt werden.

Onlinekostenkontrolle

Eine detaillierte Betrachtung der Kostensituation bei der Erstellung der Emulsion, d. h. der direkten Fertigungskosten, der Kosten der Sekundärprodukte, eventueller Lagerbindungskosten, der Kosten des Energieverbrauchs und der Gemeinkosten soll durchgeführt werden.

Leistungserfassung

Für den Abfüllprozess muss ein Gesamtüberblick über die Leistungssituation der Abfüllanlage erstellt werden. Enthalten sind Soll-/Ist-Vergleiche zu Mengen, Zeiten und Kosten, sowie Kennzahlen (KPIs) zur Anlageneffizienz und zum Zustand der Maschinen/Anlagen. Außerdem werden Daten zum eingesetzten Personal und Grenzwertverletzungen, hier insbesondere aufgrund von SQC Prüfungen, erfasst. Einzelne Messdaten können für weitere Analysen abgerufen werden.

10.2.6 Umsetzung und Einführung

Zurzeit werden die Anforderungen an MES als Grundlage für einen Evaluierungsprozess erarbeitet. Die Prozessleitsysteme für die verschiedenen Mischungsprozesse sind bereits im Einsatz. Eine Simulation des Prozesses mit Hilfe eines MES ergab, dass die drei Hauptforderungen:

- Übergeordnete Steuerung und Kontrolle des Prozesses,
- Onlinekostenkontrolle und
- Leistungserfassung

sich problemlos abbilden lassen. Die Anbindung der vorhandenen Automatisierungstechnik ist mit zusätzlichem Aufwand verbunden.

10.3 Acker – Gewirke aus Synthesefasern

10.3.1 Informationen zur Firma Acker

Die Firma Acker wurde 1949 in Seligenstadt/Hessen gegründet. Aus einer Produktpalette, die anfänglich aus Gardinen bestand, entwickelten sich schon Mitte der 60er-Jahre erste Ansätze für technische Gewirke. Seit Anfang der 70er-Jahre stellen diese den Hauptzweig der Produktion der Firma Acker dar. Acker ist einer der führenden Hersteller für technische Gewirke.

Die Produkte der Firma Acker werden in den meisten Fällen durch andere Unternehmen (z. B. Automobilzulieferer) bezogen und zu Produkten für den Endkunden (in der Regel noch nicht der Konsument) weiter verarbeitet. Beispiele aus der Produktpalette sind Autonetze, Kofferraumabdeckungen, Gewirke für Heftpflaster und Sonnenrollos.

10.3.2 Beschreibung des Produktionsablaufs

Überblick
Die Produktion der technischen Gewirke wird vollständig im Hause Acker durchgeführt. Sie beginnt in der Regel aufgrund eines vorhandenen Bedarfs der Veredelung mit der Herstellung so genannter **Rohwarenstücke** (Schären und Wirken). Jedes Rohwarenstück ist einer „Artikelfamilie" zugeordnet und kann im Verlauf der Fertigung jede definierte Variante (Identität = Artikel) innerhalb der Familie annehmen. Die Artikelfamilie legt das Garn und die Konstruktion fest, die zur Herstellung der Rohwarenstücke durch eine geeignete Wirkmaschine benötigt werden. Die Lenkung der Fertigung übernimmt der Verkauf mit Hilfe von so genannten „Blockaufträgen". Blockaufträge sind per Definition nicht artikelbezogen.

Abbildung 10.4: Gatter mit Garnrollen als Rohmaterial für die Produktion.

Die **Veredlung** fasst geeignete Rohwarenstücke zu **Partien** zusammen. Die Lenkung der Fertigung innerhalb der Veredlung übernimmt der Vertrieb mit Hilfe von so genannten „Einteilungsaufträgen“. Diese sind einem Artikel fest zugeordnet (besitzen also eine Artikelidentität), die sich jedoch im Verlauf der Fertigung im Bedarfsfall noch ändern kann. Bei der Zusammenstellung der Partie wird mit einer Sollkennzahl die Kilogrammware in Laufmeter (Metrage) umgerechnet. Diese Kennzahl basiert auf der periodischen Erfassung von Istwerten.

Die Partie durchläuft verschiedene Fertigungsschritte innerhalb der Veredlung auf Basis der Definition im Artikelstamm. Gegebenenfalls können Daten im Einteilungsauftrag den Work Flow ergänzen (Beispiel: Verfahrensschritt Färben). Jeder einzelne Schritt des Work Flows wird durch einen der fest vorgegebenen Verfahrenstypen (z. B. Waschen, Rauhen, Endausrüstung) klassifiziert. Über den Artikeldatenstamm ist festgelegt, mit welchen konkreten Arbeitskarten (Arbeitsanweisungen) die Fertigung eines Schrittes durchgeführt werden kann. Durch den Bezug der Arbeitskarte auf die konkrete Fertigungsmaschine wird hier auch eine Auswahl der potentiellen Fertigungsressourcen vorgegeben.

Eine Arbeitskarte beschreibt demnach die Durchführungsanweisung und die Prozessdaten zur Bearbeitung eines Verfahrensschritts auf einer bestimmten Maschine (Anlage). Die jeweilige Produktionsplanung legt fest, welche Arbeitskarte für einen konkreten Fertigungsschritt verwendet werden soll. Die Planung wird vom MES vorgeschlagen (Vorplanung) und durch den Produktionsleiter verfeinert (Feinplanung bzw. Endplanung). Die manuelle Feinplanung wird vom MES überwacht, um auf Fehler oder Risiken hinzuweisen. Als Ergebnis der Planung erhält die Produktion die abzuarbeitenden Arbeitsgänge zu den notwendigen Verfahrenschritten des Artikels (Reihenfolge der Schritte).

Je nach Neuplanung des Bedarfs an Artikeln durch Änderungen des Bestands und Inhalts der Einteilungsaufträge kann die Artikelidentität einer Partie, abhängig vom aktuellen Produktionsschritt, angepasst werden. Hierzu können außerordentlich eingeplante oder weggelassene Produktionsschritte auf die Partie zu einem Wechsel der Artikelidentität führen.

Schären

Abbildung 10.5: Schärmaschine.

Die Wirkerei beauftragt die Schärerei zur Bereitstellung von Ketten (Reihung mehrerer Teilkettbäume). Die Schärerei stellt diese Ketten beziehungsweise die für die Ketten benötigten

Teilkettbäume mit Hilfe von Schärmaschinen her. Jede Kette liefert mehrere Fäden für den Wirkvorgang, aus dem dann das Rohwarenstück zur späteren Veredlung des technischen Gewirkes durch den Fertigungsschritt Wirken hergestellt wird. Für das Schären von Teilkettbäumen stehen 8 Schärmaschinen zur Verfügung.

Wirken

In der Wirkerei werden mehrere „Teilkettbäume“ zu einer Kette zusammengefasst. Eine Wirkmaschine wird mit einer oder mehreren Ketten bestückt. Die Einplanung der richtigen Wirkmaschine übernimmt der Produktionsleiter im Rahmen der Feinplanung. Hierzu stehen 50 Wirkmaschinen unterschiedlichen Typs zur Verfügung. Der Einzug der Fäden in die so genannten Legeschienen und die Steuerung der Bewegung der Legeschienen wird manuell eingerichtet. Die Wirkmaschine fertigt dann in Maschentechnik Rohwarenstücke einer bestimmten Länge und Breite, die für eine Artikelfamilie benötigt wird. Die entsprechenden Rohwarenstücke werden gewogen (Einheit kg) und von der Veredlung erfasst und abgerufen.

Abbildung 10.6: Wirkmaschine.

Veredlung
Die Prozesse der Veredlung behandeln eine aus mehreren Rohwarenstücken zusammengesetzte Partie (eine Art Charge) zum gewünschten Artikel. Folgende Verfahrensschritte sind dabei (optional) möglich:

- Vorkontrolle
  Die Rohwarenstücke einer Partie werden mit Hilfe einer „Warenschaumaschine" einer Sichtprüfung unterzogen. Fehler im Gewirke werden markiert und statistisch erfasst. Gegebenenfalls werden verschiedene Rohwarenstücke zu einem Stück zusammengenäht.

- Rauen
  Beim Rauen wird die Oberfläche des technischen Gewirkes zu einem Velour aufgeraut

- Waschen
  Durch das Waschen wird das Rohwarenstück gereinigt.

- Färben
  Im Färbeapparat werden die Rohwarenstücke einer Partie eingefärbt.

- Trocknen
  Eine gewaschene/gefärbte Partie wird vor dem eigentlichen Veredlungsprozess im Spannrahmen mit Hilfe von erhitzter Luft von Wasserrückständen befreit.

- Appretieren
  Als „Appretieren" bezeichnet man die Behandlung des Gewirkes mit Hilfe einer Rezeptur aus chemischen Hilfsstoffen auf Wasserbasis (Appretur), Die Appretur wird im Tauchverfahren mit anschliessendem Abquetschen auf definierte Restfeuchte auf das Gewirke aufgebracht. In maximal 5 Trockenfeldern wird dann die Ware im breiten Zustand mit Heissluft auskondensiert.

  Die Appretur kann verschiedene Aufgaben erfüllen, z. B. steifer oder weicher Griff oder flammhemende Effekte. Sie wird zeitgleich mit dem Prozess am Spannrahmens durch eine rechnergesteuerte Dosieranlage zusammengesetzt. Die Dosieranlage versorgt kontinuierlich die Spannrahmen mit der benötigten Appreturmenge.

  Die fertig ausgerüstete Ware kann optional am Auslass des Spannrahmens längs geschnitten werden (symetrisch und asymetrisch).

- Fixieren
  Die thermische Behandlung der Ware mit oder ohne Appretur nennt man fixieren. Sie dient insbesondere dazu die Ware im Gebrauch schrumpfarm zu machen.

- Endausrüstung
  Den letzten von einem oder mehreren Arbeitsgängen am Spannrahmen nennt man Endausrüstung.

Prozesse am Spannrahmen werden (zur Qualitätskontrolle) mit Hilfe des MES vollautomatisch ausgesteuert, aufgezeichnet und überwacht. Die aus dem Spannrahmen resultierenden Fertigstücke werden dem Versand zur Nachkontrolle und Konfektion weitergeleitet.

Abbildung 10.7: Dosieranlage.

- Versand
  Der Work Flow der Produktion eines Artikels endet in der Veredlung mit der Endausrüstung am Spannrahmen. Danach geht die Partie zum Versand. Fallls die Nachkontrolle nicht am Spannrahmen stattfindet wird sie durch den Versand während eines Umwickelvorgangs an der Warenschaumaschine vorgenommen. Fehler werden markiert und erfasst und gegebenenfalls dem Kunden vergütet. Im schlimmsten Fall kann es auch vorkommen, dass Teile einer Partie gesperrt werden (Sperrlager). Die Fertigware wird dabei auch auf eine bestimmte Rollenaufmachung gebracht und nach Kundenvorschrift verpackt.

- Labor
  Parallel zum Versand wird ein von der Partie entnommenes Musterstück zum Labor für die Qualitätsprüfung weitergeleitet. Das Labor prüft die Eigenschaften, die im Rahmen des Auftrags vom Kunden vorgegeben sind. Es werden Prüfmerkmale wie beispielsweise Brennverhalten, Dehnungsverhalten und Reißfestigkeit am Muster getestet. Die dabei

ermittelten Istwerte werden anhand der Sollvorgaben im Rahmen der dort festgelegten Toleranzen ausgewertet (IO/NIO Prüfung). Werden Muster aus einer Partie geprüft, so wartet der Versand auf die Freigabe der Partie, bevor diese zur Lieferung freigegeben wird.

10.3.3 Basismengeneinheiten und Produktionseinheiten

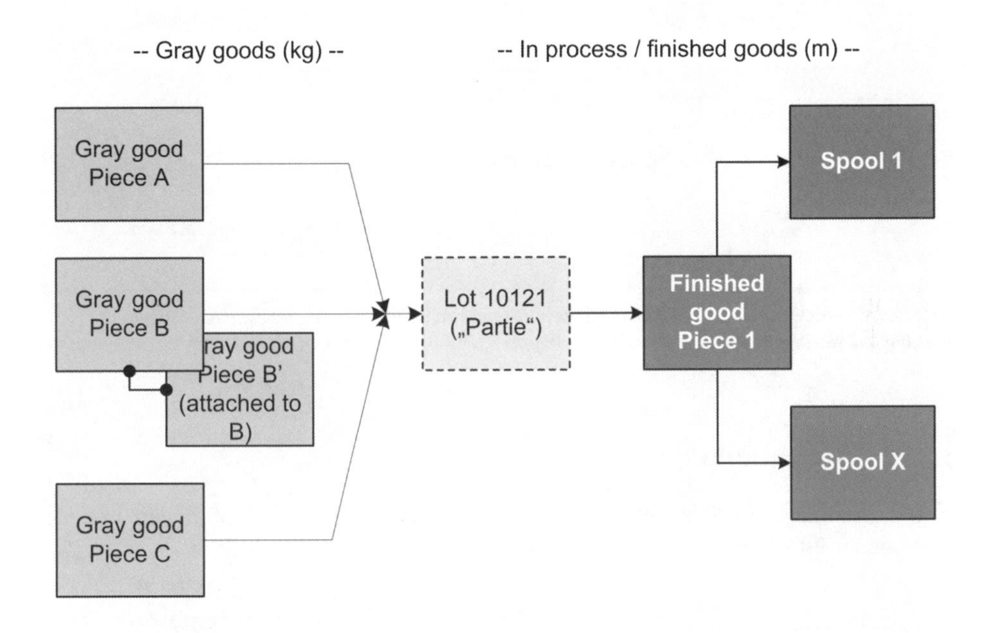

Abbildung 10.8: Zusammenhang der Produktionseinheiten Rohwarenstücke, Partie, Fertigstücke und Rollen.

10.3.4 Produktionsablaufplan

Der gesamte Produktionsablauf wird durch MES in zwei Arbeitsplänen (für die Rohwarenproduktion und die Veredlung) abgebildet.

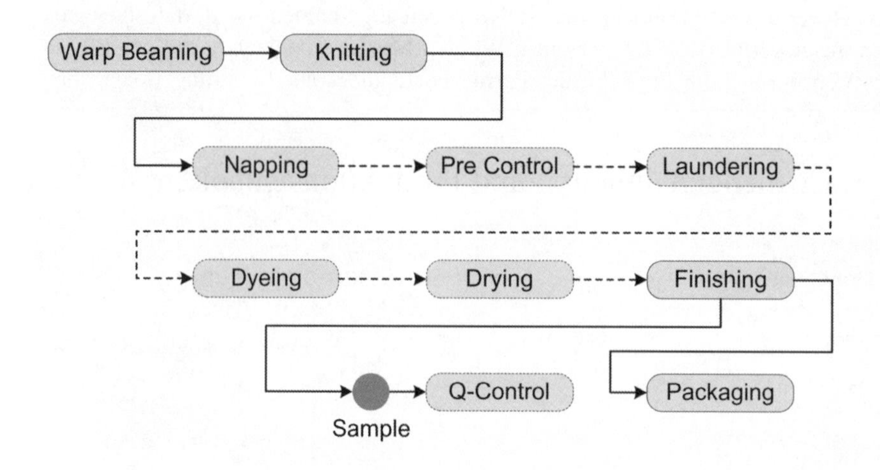

Abbildung 10.9: Grobstruktur des Produktionsablaufs mit Produktionseinheiten (Warp Beaming = Schären, Knitting = Wirken, Napping = Rauen, Laundering = Waschen, Dyeing = Färben).

10.3.5 Aufgaben des MES

Neben der Erhöhung der Transparenz, der Reproduzierbarkeit von Vorgängen und der Absicherung der Prozesse werden folgende Aufgaben durch MES abgedeckt:

Stammdatenverwaltung

- Artikelverwaltung mit
  - Appreturen
  - Arbeitskarten für alle Produktionsabteilungen

Auftragsüberwachung und Rückmeldedaten

- Auftragsüberwachung
  - Rückmelden der Arbeitsgänge zu Fertigungsschritten
  - Aufzeichnung der Dauer von Arbeitsgängen
- Ressourcenüberwachung
  - Überwachung des Verbrauchs von Rohmaterialien und Hilfsmitteln (Dosieranlage)
  - Überwachung des Gebrauchs von Betriebsmitteln (Rollen, Färbebäume)

Produktionsdatenerfassung (MDE/BDE)

- Anbindung der Wirkmaschinen zur Erfassung von Wirkfehlern (Fadenrisse) und zur Tourenüberwachung

- Anbindung der Spannrahmen zur Steuerung der Produktion, Erfassung und Aufzeichnung von Prozesswerten und Verbrauch von Appreturen
- Anbindung der Dosieranlage mit Verbrauchsüberwachung der Hilfsmittel und der Versorgung der Spannrahmen
- Anbindung der Abwasseranlage zur Prozessaufzeichnung zum Nachweis der Einhaltung rechtlicher Vorschriften (für Umweltbehörde)

Qualitätssicherung
- Fadenüberwachung an der Schärmaschine
- Ermittlung von Fehlern an der Wirkmaschine
- Ermittlung von Fehlern am Spannrahmen
- Ermittlung von Fehlern bei der Nachkontrolle
- Prüfungen im Labor und Auswertungen der Prüfmerkmale von Artikeln über statistische Methoden und Erfassung von Istwerten anhand Prüfplänen des Kunden für einen Artikel
- Auswertung von Prüfergebnissen (Labor)
- Artikelbezogene Auswertung
- Kundenbezogene Auswertung
- Chargenbezogene (Partie) Auswertung

Feinplanung und Steuerung
- Fertigungsplanung für alle Produktionsabteilungen
- Technische Prozessteuerung

Produktrückverfolgung
Für das erzeugte Endprodukt muss die gesamte Prozesskette mit allen eingesetzten Materialien und den relevanten Prozessen dokumentiert werden. Eine Rückverfolgung wird mit Hilfe lückenloser Kennzeichnung und kontrollierter Prozessführung und Aufzeichnung erfolgen (z.B Teilkettbäume, Ketten, Rohwarenstücken, Partien, Fertigstück und Rollen). Durch das Auflösen der Prozesskette, ausgehend vom Endprodukt, kann dann beispielsweise eine Rückverfolgung bis hin zu der eingesetzten Garnliefercharge durchgeführt werden.

Instandhaltung (TPM)
- Wartung und Überwachung der mechanischen Einheiten (Walzenlager etc.) auf Basis wiederkehrenden Prüfungen
- Durchführung von Wartungen anhand von Wartungsplänen
- Verwaltung eines Ersatzteillagers
- Verwaltung von Prüfmitteln

Erfassen der Produktionsleistung
Ermittlung der schnellsten, mittleren und höchsten Durchlaufzeit der Artikel für alle Produktionseinheiten.

Materialmanagement
Verwaltung von Lagerbeständen für

- Garn
- Kettbaumlager
- Rohwarenlager
- Fertigwarenlager
- Sperrwarenlager
- Hilfsmittel (Dosieranlage)
- Werkstückträger/Transportmittel (Rollen, Bäume etc.)

10.3.6 Herausforderungen

Die beschriebene Produktion ist vor allem im Hinblick auf den Variantenreichtum und die geforderte Dynamik sehr anspruchsvoll. Folgende Randbedingungen müssen durch das MES berücksichtigt werden:

- Bis zum Fertigungsschritt der „Endausrüstung“ kann aber eine Partie oder der Teil einer Partie zu jeder Zeit eine andere Artikelidentität (in Form einer Variante) annehmen. Dies wird durch dynamische Umlenkung innerhalb der Veredlung auf Anweisung erreicht. Dies bedeutet z. B., dass eine Partie unter der Artikelidentität A geplant wird und als Ganzes oder in Teilen im Ergebnis die Artikelidentitäten B und C einnehmen kann (beispielsweise durch Modifikation der Appretur oder Farbe).

- Die Produktion hat sowohl den Charakter einer Stückgutfertigung (Fertigung der Rohwarenstücke der Wirkerei) als auch einer Chargenfertigung (Partie), aus der wiederum Stückgut (Fertigstücke, Rollen) hervorgehen.

- Die Produktion kann zur Herstellung bestimmter Artikel Appreturen benötigen, die aus einem kontinuierlichen Prozess (Dosieranlage) gewonnen werden. Aus Sicht des Spannrahmens die Versorgung kontinuierlich. Die Dosieranlage selbst kann die Appretur jedoch nur in definierten Einzelmengen (Ansätzen) herstellen. Die Versorgung erfolgt automatisch, der Verbrauch der Appretur im Hinblick auf den Artikel muss dabei überwacht und aufgezeichnet werden (kalkulatorisch und qualitätsrelevant).

- Aus Obigem folgt, dass ein vorgegebener Work Flow eines Artikels dynamisch in den Work Flow eines anderen Artikels nach bestimmten Kriterien überführt werden kann. Das MES System muss eine Überführung bei Bedarf vorschlagen und die korrekte Überführung auch überwachen.

- Bei der Fertigung handelt es sich um keine klassische Linienfertigung. Einzelne Abfolgen im Work Flow können jedoch als Linienfertigung interpretiert werden (Abfolgen am Spannrahmen).

- Theoretisch muss das MES zwei Teilbereiche umfassen. Zum einen die Wirkerei, die Rohwarenstücke termingerecht der Veredlung bereitstellt und zum anderen die Veredlung, die zusammen mit dem Versand für eine termingerechte Lieferung der Ware verantwortlich ist. Innerhalb dieser Einheiten wird autark auf Basis interner Lenkung koordiniert.

10.3.7 Umsetzung und Einführung

Für die Umsetzung wurde ein stufenweises Vorgehen gewählt. In der ersten Stufe wurden bereits vorhandene Insellösungen (z. B. PPS Teilsystem zur Einplanung der Spannrahmen) auf die Integration in den Verbund eines MES erweitert. Diese Migration war zur Erhaltung des bestehenden Datenhaushalts zwingend notwendig, auch wenn im Endziel der Umsetzung einige Insellösungen komplett durch das MES System abgelöst werden. Die Aufgaben des Labors wurden aufgrund des sehr speziellen Charakters in einem eigenen Softwaremodul mit eigener Datenbasis realisiert. Dieses Modul kann über eine gemeinsame Datenbasis vollständig in das endgültige MES integriert werden.

Im zweiten Schritt wurden für alle Aufgabenbereiche (Abteilungen) einheitliche Softwarefrontends (auf Basis des .NET Frameworks 2.0) erstellt, die mit Hilfe der eigenen Datenbasis die kundenspezifischen Geschäftsprozesse fachgerecht anbieten.

Zusammen mit dem zweiten Schritt wurde ein Standardprodukt für den Kern der vollständigen MES Datenbasis eingeführt. Dieses Standardprodukt übernimmt unter anderem vollständig das geforderte Informationsmanagement, die Datenerfassung (MDE, BDE) und die Prozessankopplung an die Steuerungen. Aufgaben des Standardprodukts umfassen ebenso das Tracking und Tracing (Rückverfolgbarkeit), Aufgaben zum TPM und das Ressourcenmanagement. Die einzelnen MES Terminals nutzen die Web-Technologie des Standardprodukts zur Umsetzung des geforderten Informationsmanagements. Somit stehen alle Informationen und Abfragen über eine Web-Visualisierung im Frontend auf jedem PC zur Verfügung.

Im weiteren Verlauf ist angedacht die einzelnen im Vorfeld analysierten Geschäftsprozesse in das MES System zu integrieren. Dabei wird die Anzahl der Datenbasen von 5 auf 2 reduziert (MES Standarddatenbasis und kundenorientierte Datenbasis).

Durch den Mix von kundenorientierter Softwareentwicklung und eingesetzter Standardsoftware besitzt Acker ein für seinen Betrieb optimal abgestimmtes und zukunftsorientiertes System. Durch den hohen Grad an Standardkomponenten sind die Wartungskosten des Systems überschaubar.

10.4 Zusammenfassung

Um die theoretisch vermittelten Inhalte des Buchs dem Leser zu veranschaulichen, werden zwei Anwendungsbeispiele aus der Praxis gegeben. Im Regelfall werden bei industriellen Anwendungen Mischprozesse, d. h. prozessorientierte und diskrete Abläufe, benötigt.

Das erste Beispiel beinhaltet einen prozessorientierten Mischprozess mit der Abfüllung der Produkte in verschiedene Verpackungseinheiten. Sensient Technologies Corporations stellt Aromen, Duftstoffe und Farben, die in einer Vielzahl von Produkten der Lebensmittel-, Pharma-, Kosmetik- und IT Branche eingesetzt werden her. Es wurde exemplarisch der Fertigungsprozess einer Emulsion dargestellt.

Das zweite Beispiel behandelt die Eigenheiten der Produktion von Rollenmaterial. Die Firma Acker stellt ebenfalls Produkte zur Weiterverarbeitung in andere Produkte her. Beispiele aus der Produktpalette sind Trennnetze für Fahrzeuge, Kofferraumabdeckungen, Gewirke für Heftpflaster und Sonnenrollos.

11 Visionen

11.1 Zusammenwachsen der Systeme

Die am Markt befindlichen Produktionssysteme (ERP, PLM und MES) sind aus ihrem jeweiligen Anwendungsbereich heraus entstanden und gewachsen. Zu den ursprünglich spezifizierten Kernfunktionen sind jeweils eine Vielzahl weiterer Funktionen hinzugekommen, die teilweise durch andere am Markt befindliche Systeme auch abgedeckt werden. Dies hat zur Folge, dass sich die Systeme bezüglich ihrer Eigenschaften überschneiden.

Des Weiteren haben die Systeme unterschiedliche Bedienphilosophien, Oberflächen und Datenbanken die die Handhabung für den Anwender teilweise erschweren. Aus Sicht des Anwenders wäre es wünschenswert ausschließlich ein Frontend für alle Funktionen zur Verfügung zu haben. Die verschiedenen Insellösungen mit ihren individuellen Datenstrukturen und eigener Sprache verschmelzen zunehmend. Dies geschieht über Architekturen wie SOA (siehe Kapitel 7.1.6) oder auch über neue Produkte, die alle benötigten Funktionen in einem System abdecken und dem Anwender zur Verfügung stellen. Allerdings ist hierbei zu bedenken, dass zu komplexe Software-Architekturen nur mit hohem Aufwand pflegbar sind.

Ein weiteres Problem ist die Redundanz der Daten. Diese führt zu erhöhtem Aufwand bei Betrieb und Pflege. Außerdem besteht bei mehrfacher Abbildung von Strukturen die Gefahr der Dateninkonsistenz. Entscheidend für zukünftige Systeme wird ein konsistentes Datenmodell, in dem die Daten der Produkte und der damit verbundenen Prozesse umfassend und redundanzfrei beschrieben werden. Ob dies mit der Methode des MDM (**M**aster **D**ata **M**anagement) gelingt, bei der verschiedene Datenbestände verknüpft werden können, wird sich zeigen.

Dieses Datenmodell sollte sich an praktikablen Richtlinien ausrichten. Die Administration übernimmt eine neutrale Stelle im Unternehmen. Alle Beteiligten sämtlicher Ebenen partizipieren an diesem Datenmodell (siehe Abbildung 11.1). Die Objekte erhalten eine generell gültige Kopfdatenstruktur, an die eine Vielzahl von Detaildateien für die einzelnen Funktionsbausteine (hierdurch können auch individuelle Eigenschaften abgebildet werden) angegliedert sind.

Diese Kopfdaten besitzen folgenden für alle Objekte (Produkte und Ressourcen wie Maschinen, Materialien, Personal, Transportmittel, Betriebsmittel, Instruktionen) gültigen Aufbau:

Identifikation des Objekts, Phase des Objekts, Beschreibung, Objektgruppe, Einheit, Ort, Bereich, Erstellungsdatum und Status.

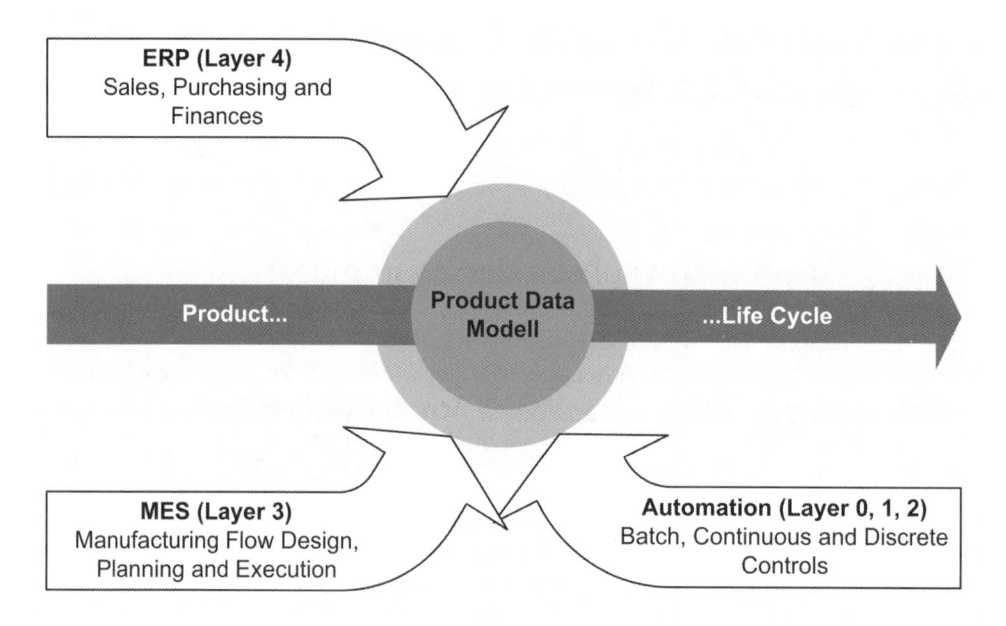

Abbildung 11.1: Zentrales Datenmodell für alle Beteiligten im Unternehmen.

Das zentrale „Objekt" ist das Produkt. Dem Produkt wird im Unterschied zu den anderen Objekten ein Attribut zugeordnet, aus dem ersichtlich wird, in welcher Phase sich das Produkt in seinem Lebenszyklus (gemeint ist hierbei der gesamte Zyklus von der Produktidee bis hin zum Recycling/zur Verschrottung) befindet.

Das Produktdatenmodell muss daher so aufgebaut sein, dass es sämtliche Daten des Produkts aufnehmen kann. Es dient zur Abbildung des gesamten Lebenszyklus (siehe Kapitel 3.5). Dies betrifft die Anfragephase, die Konzeptionsphase, die Phase der eigentlichen Entwicklung, die Phase der Prozessablauffestlegung und schließlich die Phase der eigentlichen Produktion. In der Produktionsphase durchläuft das Produkt wieder verschiedene Änderungsversionen bis zur Abkündigung. Die Lebenszyklusdaten selbst stehen aber zum weiteren Gebrauch im Datenarchiv zur Verfügung.

Dieser Gedankenansatz zeigt, wie sehr bei solcher Betrachtungsweise die einzelnen Begriffe und Welten miteinander verschmelzen. Ziel eines solchen Gedankenansatzes muss sein, die beherrschende Stellung Einzelner zu eliminieren und die gesamte Unternehmens IT auf ein neutrales Datengerüst zu stellen. Diese neutrale Drehscheibe stellt allen Beteiligten in einer durchdachten Struktur die notwendigen Daten zur Verfügung (siehe Abbildung 11.1).

Die Datenentstehung soll nachfolgend am Produktlebenszyklus in abstrakter Form verdeutlicht werden. Die Produktdateninhalte wachsen kontinuierlich im Lebenszyklus. Es wird zwischen Daten der Produktentwicklung und des Produktionsprozesses unterschieden.

11.2 MES als Träger des Produktentwicklungsmanagements

11.2.1 Phasen der Produktentwicklung

Die gesamte Produktentwicklung ist ein kreativer Wertschöpfungsprozess, der über einen kontrollierten Work Flow realisiert wird. Der Anstoß für die Entwicklung kann mehrere Quellen haben:

- **Technologische Entwicklungen**
  Technologische Entwicklungen können in Firmen zu neuen Produkten führen.
- **Individuelle Kundenanforderung**
  Bei Kundenanfragen zu neuen Produkten ist als Erstes die Realisierbarkeit zu prüfen.
- **Markttrends**
  Der Markt zwingt Firmen oft, sich mit neuen Produkten an Trends zu beteiligen.
- **Individuelle Ideen**
  Firmenintern entstandene Ideen sind auf ihre Realisierbarkeit zu prüfen.

Eine Entwicklungsphase kann dabei wie ein spezieller Arbeitsplan gesehen werden, der den geistigen Wertschöpfungsprozess mittels eines „Entwicklungs MES" dokumentiert. Eine Phase besteht aus Tätigkeiten, die mit Hilfe von Ressourcen ausgeführt werden. Diese können eine Einzelperson, ein Team oder Entwicklungstools sein. Ihnen werden Planzeiten für die Tätigkeiten zugeordnet. Der Entwicklungsprozess der Phase selbst besteht aus geistigen Wertschöpfungstätigkeiten wie Nachdenken, Informationssuche, Diskutieren, Konzipieren und schließlich Dokumentieren.

Die Aufzeichnung des kreativen Wertschöpfungsprozesses erfolgt nach den Prinzipien eines MES. Für den Entwicklungsauftrag werden je Phase die Leistungsdaten (Ressourceneinsatz, Zeitverbrauch) erfasst, mit einem permanenten Soll-/Ist-Vergleich kontrolliert und anschließend dokumentiert. Die einzelnen Phasen sind folgender Abbildung zu entnehmen.

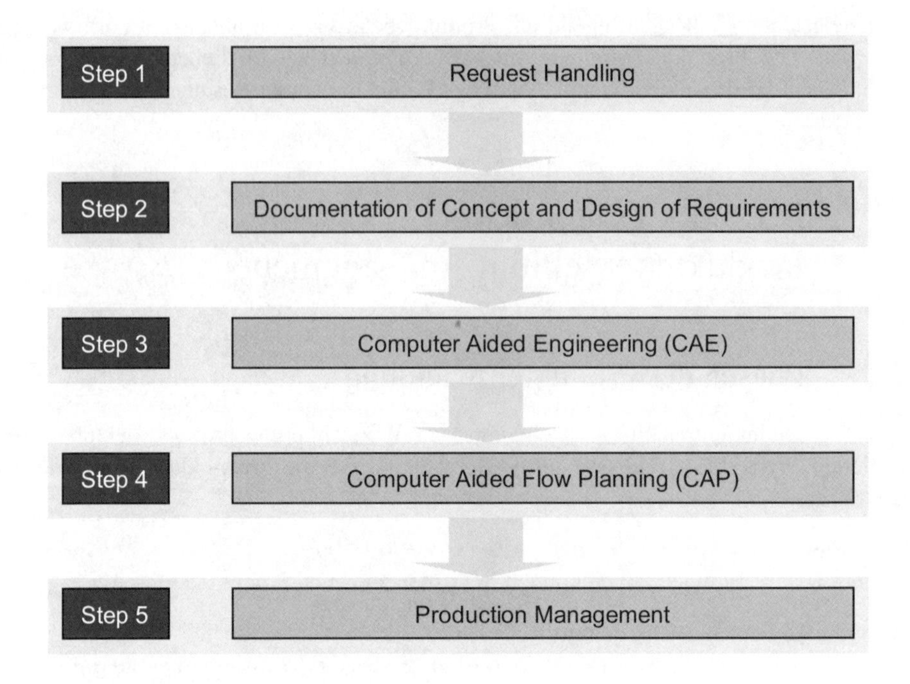

Abbildung 11.2: Phasen der Produktentwicklung.

11.2.2 Anfragebearbeitung

Beruht eine mögliche Produktentwicklung auf der Anfrage eines Kunden mit individuellen Anforderungen, die in einem Angebot münden sollen, besteht der Arbeitsplan aus den Arbeitsschritten „Bearbeitung der Kundenanforderung“ und „Erstellung eines Angebots“.

Für dieses „neue“ mögliche Produkt wird bereits in dieser Phase der für den Lebenszyklus gültige Kopfdatensatz des Objektes „Produkt“ vergeben. Diese Datendefinition stößt der Vertrieb an und gleicht sie mit der neutralen Stelle, die für das Produktdatenmodell zuständig ist, ab.

Da im Entwicklungsprozess weitgehend kreative Wertschöpfung vollzogen wird, muss dieser Prozess strukturiert und wieder verwendbar dokumentiert werden.

Dabei werden zuerst die Anforderungen von Kundenseite in einem standardisierten Dokument erfasst. Über ein intelligentes Filtersystem werden Unterlagen und Angebote aus dem Produktdatensystem herausgefiltert, um schnell ein Angebot erstellen zu können. Im zweiten Arbeitsschritt erfolgt die eigentliche Kalkulation, bei der mittels der erfassten Anforderungen und einem allgemein gültigen Kalkulationssystem ein Angebot erstellt wird. Wird aus dem Angebot ein Auftrag, wird die eigentliche Entwicklung angestoßen. Sind die Quellen für die Entwicklung eines neuen Produkts eine neue Technologie, der Markt (Bedürfnisse, Notwendigkeiten) oder eine individuelle Idee, beginnt der Entwicklungsprozess mit Phase 2.

11.2.3 Ideendokumentation und Konzipierung der Anforderungen

Man kann diese Phase in zwei Arbeitsschritte unterteilen, die sich im Arbeitplan widerspiegeln. Wie bei einem realen Produktionsprozessablauf wird jeder Schritt mit Bearbeitungsplanzeiten belegt. Den einzelnen Arbeitsplatz entsprechen z. B. „Teamcentern".

Der erste Schritt bearbeitet die Ideen und Anforderungen. Als Materialeinsatz werden Bearbeitungsmaterialien eingesetzt oder bei einer Auftragserteilung auf Basis eines Angebots werden von Phase 1 die erstellten Unterlagen übernommen.

Innerhalb der Bearbeitung der Ideen werden die einzelnen Ideenbeiträge der Mitglieder des Teamcenters gesammelt, strukturiert und wie schon beschrieben in standardisierten Dokumenten gespeichert.

Ist dieser Arbeitsschritt abgeschlossen, wird im nächsten Arbeitsschritt „Konzipierung der Anforderungen" das Ergebnis des ersten Schritts in eine Anforderungskonzeption überführt, die alle Vorgaben für die Konstruktion mittels 3D CAD und DMU Systemen zusammenstellt.

Ein wesentlicher Schritt dafür ist das Herausfiltern von Informationen aus der Produktdatenbank. Dabei geht es darum, schon gefertigte Artikel zu finden, deren Eigenschaften ähnlich denen des zu entwickelnden Produkts sind.

Die Suchkriterien sind häufig eine Artikelgruppe, bei welchen Artikeln ein bestimmtes Material eingesetzt ist, bei welchen Artikeln eine bestimmte Arbeitsgang-/Maschinenkombination benötigt wird oder welche Artikel ähnliche Geometriedaten haben. Das Ganze ist firmenspezifisch auf eine Reihe anderer Eigenschaften als Suchkriterien auszuweiten. Damit kann sehr viel Zeit gespart werden, weil man auf bereits bearbeitete Bausteine zurückgreifen kann.

Das Ergebnis der Konzeptionsphase wird wieder in standardisierten Dokumenten zusammengestellt und in der Produktdatenbank gespeichert. Vor Abschluss dieser Phase sind die Unterlagen nochmals durch das Team zu prüfen, dann wird diese Phase freigegeben und der Status des Artikels geändert.

11.2.4 Konstruktion des Produkts

In dieser Phase wird das neu zu entwickelnde Produkt auf der Basis der bereitgestellten Informationen mittels 3D CAD bzw. finiter Elementrechnung zu einem virtuellen Produkt entwickelt (DMU = **D**igital **M**ock-**up**). Diese anspruchsvollen Tools spielen insbesondere bei den Montageprozessen und ihrer Simulation eine große Rolle und werden von spezialisierten Anbietern geliefert und entsprechend eingebunden. Mit DMU wird der Entwicklungsprozess wesentlich beschleunigt, da z. B. real existierende Prototypen weitgehend vermieden werden können.

DMU liefert eine Vielzahl von Daten für die Entwicklung realer Prozessabläufe wie Daten für die numerische Steuerung, Stücklistendaten, QS Daten und Produktionsanweisungen. Bei chemischen Prozessen erfolgt die Datenermittlung im Versuchslabor ohne CAD Tools. Hier werden Rezepte mit ihren Ablaufprozeduren unter Einhaltung der zulässigen Substanzinhalte entwickelt.

All diese Daten werden der nächsten Phase der Produktionsablaufplanung übergeben.

Der Arbeitsplan für die CAD Phase wird aufgeteilt in die Arbeitsgänge des eigentlichen Konstruierens und das Zusammenstellen der Daten für den Folgeprozess der Prozessablaufplanung. Die Arbeitschritte müssen frei definierbar sein. Jeder Arbeitsschritt ist mit einer Planzeit für die Bearbeitung belegt. Als „Materialeinsatz" werden die Unterlagen des Vorgängers zugeordnet, als Betriebsmittel das entsprechende CAD Programm, dessen zeitlicher Einsatz kostenseitig bewertet wird und in das Kostenkontrollmanagement einfließt. Der Bearbeiter kann nun auswählen aus den Instruktionen, die ihm vom Vorgänger der Konzeptionsphase übergeben wurden. Diese werden ihm angezeigt.

Mit der Auswahl des CAD Programms wird das System gestartet und es beginnt die Konstruktionsphase. Das Ergebnis und die Daten zur Geometrie des Produkts werden in der Regel in einer objektrelationalen, dreidimensionalen Datenbank mit einer entsprechenden Indexstruktur verwaltet. Diese unterstützt die mehrstufige Anfragebearbeitung und trägt daher maßgeblich zur Beschleunigung von geometrischen Anfragen für DMU und zur Ähnlichkeitssuche bei.

Am Ende des Arbeitschritts werden wieder, wie in den Vorgängerphasen, Instruktionsanweisungen erstellt. Zu den einzelnen Funktionen werden aus einer Liste von standardisierten Formularen die entsprechenden Dokumente gewählt, um darin die für den Nachfolger wichtigen Daten zu hinterlegen.

11.2.5 Computergestützte Ablaufplanung

Es wird immer wieder versucht aus den DMU Daten automatisch einen Arbeitsplan zu entwerfen. Die Ergebnisse sind bisher bescheiden, weil zu viele Daten manuell ergänzt werden müssen. Es sind dies Daten für Prozessablauffolge, Zeitvorgaben, Personalqualifikation, Materialauswahl und Zuordnung, Betriebsmittel, Qualität etc.

Die Arbeitsplanung besteht aus den Arbeitsschritten „Entwicklung des Prozessablaufs mit seinen Ressourceneinsätzen", der virtuellen Simulation und falls erforderlich des realen Prototypings.

In dieser Phase werden auch die benötigten Ablaufprozeduren in Maschinen und Anlagen entwickelt (CAM - **C**omputer **A**ided **M**anufacturing). Dies sind einmal numerische Kontrollprogramme bei diskreten Prozessen sowie Ablaufprozeduren von Rezepten bei Batch orientierten Prozessen. Das Zusammenspiel der einzelnen Phasen kann auch rückwirkend geschehen. Ändert beispielsweise der Werker aus Toleranzgründen in der Produktionsphase das NC Programm, ist zu entscheiden, ob dies nur bei der aktuellen Produktionscharge notwendig war oder es sich um einen Fehler handelt, der in der Konstruktion zu ändern ist. Die NC Daten werden aber aus dem CAM Modell abgeleitet. Dieses wiederum basiert auf einer CAD Zeichnung.

Die Ergebnisse werden speziell in Erstmusterprüfberichten dokumentiert und mit den Mustern dem Kunden übergeben. Das Ganze geschieht im Rahmen der „Product Part Approval Process Methode". Nach einer Freigabe durch den Kunden existiert dann eine umfassende Produktbeschreibung für den eigentlichen Produktionsprozess.

Am Phasenkonzept ist ersichtlich, dass die Produktbeschreibung über die Phasen laufend verfeinert wird, bis die verabschiedete Prozessablaufbeschreibung für das Produkt in den realen Betrieb übernommen werden kann. Die einzelnen Inhalte des Produktdatenmodells wurden in Kapitel 4 beschrieben.

Egal welchen Begriff man für dieses verschmolzene IT System verwendet, das Entwicklungsmanagement beinhaltet wesentliche Gesichtspunkte eines MES, nur in einer etwas abgewandelten Form. Es liefert folgende, entscheidende Ergebnisse:

- Produktionsflussorientiertes Design als Basis für ein Produktions MES.
- Umfassende Leistungsaufzeichnung und -kontrolle der Produktentwicklung.
- Erfassung der Entwicklungskosten für das Produkt, die einfließen in die neuen Kalkulationssysteme mit produktbezogener Verteilung der Gemeinkosten.

11.2.6 Produktionsmanagement

Mit der Übernahme der Entwicklungsdaten des Arbeitsplans in das eigentliche MES sind die Grundlagen für die Planung und Aufzeichnung des realen Leistungsprozesses gelegt. Die Produktstammdaten für den Produktionsprozess werden in dieser Phase gepflegt. Es werden Änderungen vorgenommen, die in verschiedenen Versionen des Arbeitsplans festgehalten sind. Dies können Änderungen sein, die die Entwicklungsseite nicht betreffen, z. B. die Veränderung von Toleranz- bzw. Eingriffsgrenzen sowie Änderungen, die für die Entwicklungsseite wichtig sind, da sie Veränderungen in den Prozessabläufen vornehmen und diese mit der Konstruktionsabteilung abgestimmt werden müssen. Diese Daten werden in einer Produktionshistorie dokumentiert.

Erwähnenswert ist, dass das Finanzmanagement (heute die dominierende Stelle in der Unternehmens IT) im Lebenszyklus eines Produktes erst aktiv wird, wenn Aufträge generiert werden und damit wesentliche kaufmännische Daten wie Preise, Warenkonten, Kostendaten aus der Betriebsbuchhaltung etc. entstehen.

Der Lebenszyklus eines Produkts endet wenn es abgekündigt wird, beispielsweise weil der Markt dafür keine Verwendung mehr hat oder es durch ein moderneres/kostengünstigeres Produkt ersetzt wird.

11.3 Vereinheitlichung von Funktionsbausteinen

Durch ein konsistentes Datenmodell besteht auch die Möglichkeit, „Funktionsbausteine“ (Stücklistenfunktion, Materialbedarfsplanung, Personaleinsatzplanung etc.) zu vereinheitlichen. Dies trägt zu einer Rationalisierung der Abläufe bei.

Ein Beispiel ist die Planung, die unter verschiedenen Gesichtspunkten erfolgt. Ein Aspekt ist die strategische Planung mit dem Schwerpunkt auf der Betrachtung des mittel- und langfristigen Ressourcenbedarfs. Diese Funktion wird heute von allen ERP Systemen angeboten. Ein weiterer Gesichtspunkt ist die operative Planung mit dem Schwerpunkt auf der Reihenfolgeoptimierung unter Berücksichtigung des kurzfristigen Ressourcenbedarfs. Diese Funktion ist wie in Kapitel 5 dargelegt heute nur mit einem integrierten MES möglich.

Es wird künftig ausschließlich ein Planungssystem geben, das beiden Gesichtspunkten gerecht wird; somit entfällt der Daten- und Informationsabgleich bei Änderungen der Planung.

11.4 Zusammenwachsen von Beratertätigkeit und IT Systemen

Integrierte Systeme dieser Art erfordern eine entsprechende Qualität seitens der Anwender, der Berater und der Softwareanbieter. Firmen, die sich mit den Anforderungen der Fabrik der Zukunft auseinandersetzen und strategische Rationalisierungsinitiativen planen, werden verstärkt in die Ausbildung der Mitarbeiter investieren.

Die Beraterseite wird ihre Dienstleistungen verbreitern, um qualitative Beratung im Umgang mit MES (Lean Sigma) leisten zu können. Die Softwareanbieter müssen sich den Herausforderungen an integrierte Systeme durch Neuentwicklungen stellen. Nur die Kombination aus Analyse/Beratung und ausgereiften Produkten führt zu optimalen Ergebnissen.

11.5 Zusammenfassung

Es wurde versucht eine durchgängige Produktdatenstruktur zu skizzieren die neutral ist und allen Bedarfsträgern im Unternehmen gleichermaßen zur Verfügung steht. Dies bedeutet, dass die Systeme hinsichtlich ihrer Funktionalität verschmelzen und eine gemeinsame Datenbasis nutzen. Dabei ist auch entscheidend, dass die Struktur der Daten, die bisher in mehreren Tools abgebildet waren, vereinheitlicht wird.

Die funktionale Trennung zwischen ERP und MES konnte in den vorhergehenden Hauptkapiteln klar erfolgen. Allerdings gibt es auch hier die Problematik der gemeinsamen Datenbasis, die heute weitgehend redundant abgebildet wird. Ansätze wie SOA und MDM werden diese Thematik entschärfen.

Die vorgestellten Visionen enthalten keine Aussagen, welche bestehenden Systeme wahrscheinlich durch andere abgelöst werden. Es sollte lediglich der Handlungsbedarf zur Harmonisierung aufgezeigt und ein Lösungsansatz gegeben werden.

12 Zusammenfassung des Buchs

Um die am Markt befindlichen Systeme vergleichen und hinsichtlich ihrer Eignung beurteilen zu können, wird das entsprechende Grundwissen bezüglich MES neutral vermittelt. Entscheidungsträger eines Unternehmens haben hierdurch die notwendigen Mittel an der Hand, ein geeignetes System zu finden und bei der Anschaffung bereits im Vorfeld der Einführung die Investition hinsichtlich der Rentabilität beurteilen zu können.

Sowohl durch die neutrale Darstellung als auch durch die breite Aufarbeitung des Themas MES ist das Buch als Einführung in produktionsnahe IT Systeme geeignet. Erweiterte Informationen über Technologien, Umsetzungsmöglichkeiten etc. werden zusätzlich vermittelt, sodass nicht auf Vorwissen zurückgegriffen werden muss. Es folgt eine kurze Zusammenfassung des Inhalts:

MES entwickelt sich zu einem strategischen Instrument der flexiblen und vernetzten Produktion. Alle Aufgaben des Produktionsmanagements sind in einer integrierten Plattform zusammengefasst. Als Datenbasis benötigt MES ein vollständiges und konsistentes Datenmodell, das neben einem Abbild der Produktion mit allen Ressourcen auch die Produktdaten beinhaltet. Damit benötigt MES eine enge Anbindung zum PLM System und arbeitet Hand in Hand mit diesem. Um die Aufgabenstellung an die Fabrik der Zukunft erfüllen zu können, bedarf es zusätzlicher neuer Funktionen. Hierdurch wird MES zum zentralen strategischen Werkzeug.

Bevor ein Lösungsansatz für die identifizierten Anforderungen an die Fabrik der Zukunft in den Kernkapiteln entwickelt wird, sind zunächst existierende Standards und Technologien, die zur Lösung des Problems herangezogen werden können, hinsichtlich ihrer Güte zu betrachten. Die Analyse der relevanten Normen und Richtlinien zeigt, dass einige Ansätze zum Themengebiet MES vorhanden sind. Allerdings ergibt eine nähere Betrachtung auch, dass alle Normen, Richtlinien, Empfehlungen u. ä. zu einem erheblichen Teil auf ISA S88 und S95 beruhen.

MES als Instrument der Produktionsmanagementebene benötigt für seine Aufgabe eine vollständige Produktdefinition. Die gesamte Verwaltung der Produktdaten sollte dem MES zugeordnet werden. Durch transparente Strukturen und geeignete Softwaretechnologien müssen die Produktdefinitionsdaten von MES allen anderen Anwendungen zur Verfügung stehen.

Im Kern des Datenmodells steht der Arbeitsplan, der den Produktionsprozess eines Artikels als Folge von Tätigkeiten/Prozessen mit allen benötigten Ressourcen beschreibt. Da zwischen verschiedenen Produkten technologisch und strukturell große Unterschiede bestehen, muss ein allgemeingültiges Datenmodell flexibel und erweiterbar aufgebaut sein. Insbesondere müssen Aspekte einer „Mischfertigung" mit verfahrenstechnischen und diskreten Produktionsschritten und damit einhergehend verschiedenen „Mengeneinheiten" berücksichtigt werden.

Des Weiteren verfügt ein qualifiziertes MES über ein operatives Planungssystem, das situationsbezogen einen Auftragspool kollisionsfrei unter Berücksichtigung der Ressourcensituation plant. Es wird durch das System sichergestellt, dass die Auftragsdurchführung einem realistischen Rahmen unterliegt und eventuelle Abweichungen unmittelbar durch einen permanenten Soll-/Ist-Vergleich erkannt werden. Grundlegend muss ein solches System Planungsalgorithmen zur Optimierung beinhalten, die auf realistischen Arbeitsplandaten beruhen. Das Ergebnis einer Planungsrechnung ist zur besseren Übersicht grafisch in einem Gantt-Diagramm anzuzeigen.

Bei der Auftragsdurchführung sind verschiedene Bereiche des Unternehmens sowohl direkt als auch indirekt involviert. Jedem dieser Bereiche wird durch MES ein passendes Werkzeug an die Hand gegeben, das die Durchführung der Arbeit optimal ermöglicht und den Mitarbeiter anhand eines definierten Work Flows leitet.

In der Fertigung bekommt der Maschinenbediener über Terminals die abzuarbeitenden Aufträge angezeigt. Alle benötigten Zusatzinformationen sind online einsehbar. Des Weiteren werden alle relevanten Daten der Maschine über entsprechende Schnittstellen dem MES zur Auswertung weitergegeben. Andere produktionsnahe Bereiche wie Logistik und Instandhaltung beziehen gleichfalls aus dem MES die notwendigen Informationen und Arbeitsaufträge. Die aufbereiteten Daten werden wiederum in geeigneter Form dem Produktionsleiter, dem Controlling und der Geschäftsleitung zur Verfügung gestellt. Der Datenzugriff erfolgt unternehmensweit mittels Web-Technologien.

Nach der Vorstellung der Kernfunktionen von MES wird auf die technischen Möglichkeiten und deren Umsetzung näher eingegangen. Die allgemeine Software-Architektur eines MES, zentrale Komponenten des Systems etc. werden erläutert. Der Kern eines MES wird von einer leistungsfähigen Datenbank gebildet. Die Voraussetzungen hierfür und die notwendigen Technologien werden beschrieben. Dabei spielen Maßnahmen zur Archivierung eine genauso wichtige Rolle wie die laufende Pflege entsprechender Systeme; denn nur hierdurch ist der einwandfreie Betrieb des MES gewährleistet. Anschließend erfolgt eine detaillierte Betrachtung der Schnittstellen sowohl zu anderen Systemen als auch zum Benutzer. Verschiedene Technologien und Kommunikationsmechanismen, die im Umfeld eines MES heute zum Einsatz kommen, werden betrachtet.

Im weiteren Verlauf des Buches werden existierende Maßnahmen zur gezielten Reduzierung der Verlustquellen in der Produktion aufgeführt. Diese Maßnahmen sind größtenteils nur durch die Unterstützung eines geeigneten IT Systems möglich. Wie in den Ausführungen dargestellt, kann ein integriertes MES einem Fertigungsunternehmen immensen Nutzen bezüglich der Reduzierung der gezeigten Verlustquellen bringen. Eine professionelle Projekteinführung ist zur Sicherstellung des Erfolgs unumgänglich.

Die Auswahl der geeigneten Hardware gestaltet sich meistens einfacher als die der Software. Die Vor- und Nachteile von Standard- und Individualsoftware werden umrissen. Verschiedene Strategien werden kurz erläutert und näher auf die zu erwartenden Probleme bei der Einführung eingegangen. Notwendige Maßnahmen (Festlegung eines Projektteams etc.) zur Vorbereitung eines Einführungsprojektes für ein MES werden vorgestellt.

Um sicherzustellen, dass das eingeführte MES sowohl richtig genutzt als auch von allen Mitarbeitern als IT System akzeptiert wird, ist es besonders wichtig, schon frühzeitig die Mitarbeiter in möglichst allen Phasen des Einführungsprozesses einzubeziehen, zumindest zu informieren. Nur hierdurch ist gewährleitstet, dass sich der Investitionsaufwand bei der Anschaffung von MES rechnet.

Um die theoretisch vermittelten Inhalte von MES dem Leser anschaulich darlegen zu können, folgen zwei Anwendungsbeispiele aus der Praxis. Das erste Beispiel beinhaltet einen prozessorientierten Mischprozess mit der Abfüllung der Produkte in verschiedene Gebindeeinheiten. Das zweite Beispiel behandelt die Eigenheiten der Produktion von Rollenmaterial.

Abschließend folgen Visionen zur zukünftigen Gestaltung produktionsnaher IT Systeme. Es wird u. a. versucht, eine durchgängige Datenstruktur zu skizzieren, die neutral ist und allen Bedarfsträgern im Unternehmen gleichermaßen zur Verfügung steht. Eine Verschmelzung der bestehenden Systeme wird prognostiziert.

A1 Abbildungsverzeichnis

A2 Tabellenverzeichnis

A3 Literaturverzeichnis

Anderl 02	Anderl, R.: *Produktdatentechnologie 1*. Hypermediales Skriptum zur Vorlesung. Internetquelle URL: http://www.iim.maschinenbau.tudarmstadt.de /pdt1/frames/PDT1.html.
ARC 03	ARC Advisory Group: *ARC Referencesheet - Collaborative Production Management*. Internetquelle URL: http://www.arcweb.com/Brochures/Collaborative%20Production%20Management%20Ref%20Sheet.pdf.
Arnold et. al. 05	Arnold, V. et. al.: *Product Lifecycle Management beherrschen - Ein Anwenderhandbuch für den Mittelstand*. 1. Auflage, Springer-Verlag, Berlin, Heidelberg: 2005.
Balzert 1998	Balzert, H.: *Lehrbuch der Softwaretechnik – Software-Management, Software-Qualitätssicherung, Unternehmensmodellierung*. Spektrum Akademischer Verlag, Heidelberg, Berlin: 1998.
DIN 19222	DIN 19222: *Leittechnik - Begriffe*. Beuth-Verlag, Berlin: 2001.
DIN 19233	DIN 19233: *Prozessautomatisierung - Begriffe*. Beuth-Verlag, Berlin: 1998.
DIN 44300	DIN 44300: *Informationsverarbeitung - Begriffe*. Beuth-Verlag, Berlin: 2000.
Elpelt Hartung 07	Elpelt B.; Hartung J.: *Multivariate Statistik: Lehr- und Handbuch der angewandten Statistik*. 7. Auflage, Oldenbourg Wissenschaftsverlag GmbH, München: 2007.
Früh Maier 04	Früh, K. F.; Maier, U.: *Handbuch der Prozessautomatisierung - Prozessleittechnik für verfahrenstechnische Anlagen*. 3. Auflage, Oldenbourg Industrieverlag, München: 2004.
IEC 61512	IEC 61512: *Chargenorientierte Fahrweise - Teil 1: Modelle und Terminologie*. Beuth-Verlag, Berlin: 1999.
ISA S88	ISA S88-1: *Batch Control*. ISA, Research Triangle Park (USA): 1995.

ISA S95-1 ISA S95-1: *Enterprise-Control System Integration Part 1: Models and Terminology*. ISA, Research Triangle Park (USA): 2000.

ISO 10303 ISO 10303: *Industrial automation systems and integration*. International Organization for Standarization, Genf: 1994.

ISO 9000 DIN EN ISO 9000: *Quality management systems - Fundamentals and vocabulary*. International Organization for Standarization, Genf: 2005.

ISO 9001 DIN EN ISO 9001: *Quality management systems - Requirements*. International Organization for Standarization, Genf: 2000.

Kaplan Norton 92 Kaplan, R. S.; Norton, D. P.: *The Balanced Scorecard Measures That Drive Performance*. Harvard Business Review, USA: 1992.

Krump 03 Krump, F.: *Diffusion prozessorientierter Kostenrechnung*. 1. Auflage, Deutscher Universitäts-Verlag / GWV Fachverlage GmbH, Wiesbaden: 2003.

McClellan 97 McClellan, M.: *Applying Manufacturing Execution Systems*. 1. Auflage, CRC Press, Boca Raton (USA): 1997.

MESA 97 *MESA International:* The Benefits of MES - A Report from the Field. Manufacturing Enterprise Systems Association, USA: 1997.

Modbus 07 Modbus-IDA: *Homepage*. Internetquelle URL: http://www.modbus.org.

NE 59 NE 59: *Funktionen der Betriebsleitebene bei chargenorientierter Produktion*. NAMUR, Leverkusen: 2002.

OPC 08 OPC Foundation: *Homepage*. Internetquelle URL: http://www.opcfoundation.org.

PNO 07 Profibus Nutzerorganisation e. V.: *Homepage*. Internetquelle URL: http://www.profibus.com.

Syska 06 Syska, A.: *Produktionsmanagement - Das A-Z wichtiger Methoden für die Produktion von heute*. 1. Auflage, Gabler-Verlag, Wiesbaden: 2006.

VDA 08 Verband der Automobilindustrie: Homepage. Internetquelle URL: http://www.vda.de.

VDI 2219 VDI 2219: *Informationsverarbeitung in der Produktentwicklung - Einführung und Wirtschaftlichkeit von EDM/PDM-Systemen*. Beuth-Verlag, Berlin: 2002.

VDI 5600	VDI 5600: *Fertigungsmanagementsysteme.* Beuth-Verlag, Berlin: 2007.
VDMA 08	Verband deutscher Maschinen- und Anlagenbauer: Homepage. Internetquelle URL: http://www.vdma.de.
W3C 07	Word Wide Web Consortium: *Homepage.* Internetquelle URL: http://www.w3c.org.
Zarnekow Brenner Pilgram 05	Zarnekow, R.; Brenner, W.; Pilgram, U.: *Integriertes Informationsmanagement.* Springer-Verlag, Berlin: 2005.
Zimmermann 05	Zimmermann, Z.: *Möglichkeiten zur Unternehmensweiten Harmonisierung von Stammdaten.* Grin - Verlag für akademische Texte, München: 2005.

A4 Glossar

6Sigma

6Sigma ist ein statistisches Qualitätsziel (Standardabweichung bezogen auf die Fehlerfreiheit) und zugleich der Name einer Qualitätsmanagement-Methode deren Ziel eine „Null-Fehler-Produktion“ ist. Der Name 6Sigma kommt aus der Forderung, dass die nächstgelegene Toleranzgrenze mindestens 6 Standardabweichungen vom Mittelwert entfernt liegen soll (6Sigma-Level). Nur wenn diese Forderung erfüllt ist, kann man davon ausgehen, dass praktisch eine „Nullfehlerproduktion“ erzielt wird, die Toleranzgrenzen also so gut wie nie überschritten werden.

ActiveX

Microsoft-Technik, um fremde Anwendungen als Komponente in das eigene Programm zu integrieren.

Activity-based Costing (ABC)

Activity-based Costing ist ein Verfahren, bei dem die Gemeinkosten der Produktion artikelspezifisch zugeordnet werden. Bei diesem Ansatz der Kostenrechnung geht man davon aus, dass die Ressourcen des Unternehmens für Aktivitäten zur Leistungserbringung (im Sinne eines MES also zur Produktion) genutzt werden. Die Kosten der Ressourcen werden den Aktivitäten zugeordnet, die diese Ressourcen in Anspruch nehmen. Die Summe der Ressourcenkosten einer Aktivität bilden die Aktivitätskosten. Die Kosten des Produktes ergeben sich schließlich als Summe der Aktivitätskosten. Man bezieht sich dabei auf alle Kostenbestandteile, die nicht als Einzelkosten verrechnet werden können, also auch insbesondere auf die Fertigungsgemeinkosten. Die Produktion wird also beim Einsatz von Activity-based Costing (im Gegensatz zu verschiedenen anderen Ansätzen zur Kostenrechnung) ausdrücklich mit einbezogen.

ADO

Abkürzung für ActiveX Data Objects.

AJAX

Abkürzung für Asynchronous JavaScript and XML; Konzept zur Erstellung von Webanwendungen, das die Vorteile einer schlanken Weblösung (keine Applets oder andere Objekte, die geladen werden müssen) mit der Agilität eines Rich-Client verbindet. Vereinfacht ausgedrückt werden nur geänderte Daten zwischen Client und Server ausgetauscht und nur geänderte Elemente der verwendeten Ansichten aktualisiert.

Andon-Board

Der Begriff „Andon" stammt ursprünglich aus Japan und ist ein System zur Auslösung von Verbesserungsmaßnahmen. Werker können mit Hilfe von Andon-Systemen, z. B. bei Qualitätsproblemen oder Störungen, optische und/oder akustische Signale auslösen. Im heutigen Sprachgebrauch ist ein Andon-Board ein Anzeigesystem, das meist unter der Hallendecke angebracht wird und weithin sichtbar Statusinformationen aus dem Produktionsbereich visualisiert.

ANSI

Abkürzung für American National Standards Institute.

API

Abkürzung für Application Programming Interface. Dokumentierte Schnittstelle zur Einbindung von Funktionen auf Basis von Bibliothekselementen in eigene Anwendungen. Z. B. erlaubt das Win32-API die Nutzung von Windows-Funktionen.

APS

Abkürzung für Advanced Planning and Scheduling. Erweitert die Planungsstrategien von ERP dahingehend, dass im operativen Umfeld der Produktion ein Auftragsvorrat unter Berücksichtigung der Ressourcenverfügbarkeit kollisionsfrei verplant wird. Mit den in APS vorgesehenen Planungsalgorithmen wird auch eine optimale Reihenfolge für die Abarbeitung der Aufträge nach Prioritäten und Regeln ermittelt (siehe auch „Feinplanung").

ASCII

Abkürzung für American Standard Code für Information Interchange; Zeichensatz, der lediglich 128 Zeichen umfasst, wobei die ersten 33 Steuerzeichen sind (z.B. Zeilenumbruch).

Audit

Als Audit (vom Lateinischen "Anhörung") werden allgemein Untersuchungsverfahren bezeichnet, die dazu dienen, Produkte oder Prozessabläufe hinsichtlich der Erfüllung von Anforderungen und Richtlinien zu bewerten. Die Audits werden von einem speziell hierfür geschulten Auditor durchgeführt. Z. B. führt der TÜV Audits zur DIN EN ISO 9001:2000 durch.

Auftragsrückverfolgung

In verschiedenen Richtlinien (ISO, EN, etc.) wird eine vollständige Prozessdokumentation gefordert, d. h. es müssen sämtliche Leistungsdaten aller Arbeitsschritte dokumentiert und über eine „Tracing-Funktion“ rückverfolgbar sein. Auf Basis einer Produkt-ID (z. B. Seriennummer) des Endprodukts müssen alle relevanten Bestandteile und Prozesse nachträglich ermittelt werden können.

ATP

Abkürzung für „Available to Promise”. Eine Ware ist "available to promise", wenn dem Käufer ein verbindlicher Liefertermin zugesagt werden kann. Dies kann durch APS (Advanced Planning and Scheduling) sicher gestellt werden.

AV

Abkürzung für Arbeitsvorbereitung.

Balanced Scorecard

Die Balanced Scorecard ist ein Konzept für die ausgewogene und umsetzungsorientierte Steuerung der Produktion mit Hilfe von Kennzahlen. Die Leistung einer Organisation wird hierbei als Gleichgewicht (Balance) zwischen der Finanzwirtschaft, den Kunden, der Geschäftsprozesse und der Mitarbeiterentwicklung gesehen und in einer übersichtlichen Form (Scorecard) dargestellt.

Basismengeneinheit

Diese Mengeneinheit bezieht sich auf den zu produzierenden Artikel und wird als Bezugsgröße für alle Angaben und Berechnungen in den Arbeitgängen verwendet. Z. B. beziehen sich die Zeitangaben, die Anzahl von verwendeten Vorprodukten oder die benötigte Menge von Rohstoffen immer auf diese Basismengeneinheit. In der diskreten Fertigung ist die Basismengeneinheit ein Stück. In verfahrenstechnischen Prozessen kann diese Einheit z. B. „10 kg“ oder „100 Liter“ sein.

BDE

Abkürzung für Betriebsdatenerfassung. BDE beinhaltet die Erfassung von Leistungsdaten zum Leistungsobjekt „Auftrag“. Es soll festgehalten werden wer, zu welchem Zeitpunkt, in welchem Zeitraum, an welchem Arbeitsplatz und wie viel produziert hat.

Benchmark

Vergleichsgröße bzw. Zielgröße zur Messung und Orientierung in einer „Rangliste“. Z. B. vergleicht ein Unternehmen seine Umsatzrendite mit dem Marktführer, der in diesem Fall eine Benchmark setzt.

Bill of Material

Englische Bezeichnung für Stückliste.

Bill of Process

Englische Bezeichnung für Arbeitsplan.

CAD

Abkürzung für Computer aided Design.

CAE

Abkürzung für „Computer aided Engineering”. Der Begriff CAE (dt.: rechnergestützte Entwicklung) fasst alle Möglichkeiten der Computerunterstützung in der Entwicklung zusammen. Der Begriff ist ähnlich zu verstehen wie CAD, welches ein Teil des CAE ist. Zusätzlich zur Modellierung und Konzeption beinhaltet CAE aber auch fortschrittliche Analysen, Simulationen vieler physikalischer Vorgänge oder Optimierungswerkzeuge.

CAM

Abkürzung für „Computer aided Manufacturing“. CAM ist die Unterstützung der Produktion durch Automatismen, die in der Maschine/Anlage ablaufen, wie z. B. NC Programme oder Ablaufprozeduren bei Batch Prozessen.

CAP

Abkürzung für „Computer aided Process Planning”. CAP steht für computergestützte Arbeitsplanung. Diese Planung baut auf den konventionell oder mit CAD erstellten Konstruktionsdaten auf, um Arbeitsplandaten zu erzeugen.

CAQ

Abkürzung für „Computer aided Quality Assurance“ (deutscher Begriff = Computergestützte Qualitätssicherung). Siehe auch Qualitätsmanagement, SPC, SQC und TQM.

Charge

„Charge“ ist eine häufig verwendete Bezeichnung für Produktions- oder Liefereinheiten. Ähnlich wie Aufträge werden Chargen über eindeutige IDs identifiziert. Damit verbunden sind in der Regel ein Fertigungs- bzw. Beschaffungszeitpunkt und eine Menge. Häufig ist eine Charge eine Untereinheit zu einem Auftrag. Über eine Chargennummer kann auch die Auftragsrückverfolgung gesteuert werden.

CI

Abkürzung für Corporate Identity. Bezeichnet das gesamte Erscheinungsbild eines Unternehmens in der Öffentlichkeit.

CIM

Abkürzung für Computer Integrated Manufacturing. CIM bezeichnet den integrierten EDV Einsatz in allen mit der Produktion zusammenhängenden Betriebsbereichen; CIM setzt sich aus den Komponenten CAD, CAE, CAM, CAP und CAQ zusammen.

COM/DCOM

Abkürzung für Component Object Model/Distributed Component Object Model. Von Microsoft entwickelte Technologie zur Kommunikation zwischen Objekten/Prozessen auf einer Windows-Plattform. DCOM erweitert COM um die Netzwerkfähigkeit, ermöglicht also die rechnerübergreifende Nutzung der COM Objekte in einem verteilten System.

Cp/Cpk

Cp und Cpk sind Kennzahlen, die ausdrücken, ob ein (Produktions-) Prozess stabil ist bzw. beherrscht wird. Cp steht für Process Capability (Prozessfähigkeit) und Cpk für Process Capability Index (Prozessfähigkeitsindex). Wenn die Qualitätsmerkmalausprägungen nur zufällig streuen und wenn die Ausprägung (Prozesslage) nur innerhalb der Eingriffs- bzw. Toleranzgrenzen liegt, spricht man von einem fähigen Prozess. Diese Kennzahlen ersetzen häufig die Maschinenfähigkeitsindizes, da auf die Maschinenfähigkeit zu viele Einflussgrößen (Messmittel, Umgebung, Mitarbeiter,...) einwirken. Ein Prozess wird bezüglich eines Merkmals als fähig bezeichnet, wenn dieses Merkmal eines Produktionsteiles mit einer Wahrscheinlichkeit von 99,63 % (+/- 3-fache Standardabweichung) innerhalb von vorgegebenen Toleranzgrenzen liegt.

CPM

Abkürzung für Collaborative Production Management. In einem CPM System werden die Funktionen eines MES mit anderen Bausteinen wie ERP, CRM und SRM kombiniert, d. h. die einzelnen Funktionsbausteine arbeiten zusammen. Die Zusammenarbeit kann dabei auch zwischen Programmen verschiedener Hersteller erfolgen.

CRM

Abkürzung für Customer Relationship Management. CRM Systeme sind Softwaresysteme zur Verwaltung der Beziehungen zwischen Lieferanten und Kunden. Alle Daten dieser Beziehungen, beginnend bei der Anfrage- und Auftragsbearbeitung, werden aufgezeichnet. Gezielte Auswertungen dieser Daten sind Grundlage für das Marketing und für die Optimierung des Dienstleistungsangebots. Ein CRM ist in der Unterlebensleitebene als eigenständiges System angesiedelt oder integrierter Bestandteil eines ERP Systems.

CSV

Abkürzung für Comma/Character Separated Values. Liste von Werten, die durch ein eindeutiges Zeichen getrennt sind.

Data Warehouse

Ein Data Warehouse ist eine zentrale Datenbasis, meist in Form einer relationalen Datenbank, deren Inhalt sich aus Daten unterschiedlicher Quellen zusammensetzt. Die Daten werden von den Datenquellen in das Data Warehouse geladen und dort allen Anwendungen im Unternehmen zentral zur Verfügung gestellt. Die Daten werden vor allem für die Datenanalyse und zur betriebswirtschaftlichen Entscheidungshilfe auch langfristig gespeichert.

DBMS

Abkürzung für Datenbankmanagementsystem.

Digital Mock-Up (DMU)

Digital Mock-Up (dt.: digitales Model) ist die Fortsetzung des CAE Gedankens. Schon in der Konstruktionsphase liefert es ein komplettes virtuelles digitales 3D Modell des Produktes. Beim "digitalen Prototypenbau" geht es in erster Linie um die virtuelle Montage und um Zusammenbauuntersuchungen von einfachen Bauteilgruppen bis hin zu komplexen Produktstrukturen. Die Untersuchungen auf Basis von 3D CAD Modellen umfassen vor allem die Überprüfung der Kollisionsfreiheit, die Einhaltung von Mindestabständen, Montierbarkeit etc.

Dispatching

Unter dem Fachbegriff „Dispatching“ versteht man im Umfeld von MES die Reihenfolgebildung und Verteilung für Aufgaben und Funktionen an Maschinen/Anlagen.

Disponieren

Unter „Disponieren“ versteht man im Umfeld von MES die Auswahl, Reservierung und Planung von Materialien und Ressourcen für die Produktion. Z. B. werden Material und Werker einem geplanten Auftrag zugeordnet.

DMAIC

DMAIC steht für Define, Measure, Analyze, Improve und Control und definiert einen Regelkreis zur Umsetzung von Maßnahmen: „Define“ = erkennen und definieren der Probleme, „Measure“ = Messen der verbundenen Parametern, „Analyze“ = Analyse der Ergebnisse, „Improve“ = Verbessern des Zustands, „Control“ = Kontrolle der getroffenen Maßnahmen durch erneute Messungen. Dieses Konzept zielt auf eine 6Sigma Produktion ab.

DNC

Abkürzug für Distributed Numerical Control oder Dynamic Numerical Control. Bezeichnet in der Fertigungstechnik die Einbettung von computergesteuerten Werkzeugmaschinen (CNC Maschinen) in ein Computernetzwerk. Die Bearbeitungsprogramme (NC Programme) werden bei Bedarf mit Hilfe des DNC Systems von einem der angeschlossenen Computer in die Steuerung der Maschine geladen.

Durchlaufzeit

Zeitdauer zwischen Beginn der ersten Aktivität und dem Ende der letzten Aktivität bezogen auf eine bestimmte Aktivitätsfolge. Innerhalb der Fertigung bezeichnet die Durchlaufzeit die Zeitspanne, die von Beginn der Bearbeitung (Start erster Arbeitsgang im Arbeitsplan) bis zur Fertigstellung eines Erzeugnisses (Ende letzter Arbeitsgang im Arbeitsplan) benötigt wird. Die Durchlaufzeit setzt sich zusammen aus Rüstzeit, Bearbeitungszeit und Liegezeit.

EAN Code

EAN steht für International Article Number (früher European Article Number) und ist eine Produktkennzeichnung für Handelsartikel in Form eines Barcodes. EAN ist eine Zahl, bestehend aus 13 oder 8 Ziffern, die zentral verwaltet und an Hersteller auf Antrag vergeben wird. Der Code beinhaltet folgende Daten zur eindeutigen Identifizierung eines Artikels: Länderkennzeichnung, Teilnehmernummer und Artikelnummer.

Echtzeitkostenkontrolle

Bei der Aufzeichnung des Leistungsprozesses werden die direkten Kosten für Material- und Zeitverbrauch sofort ermittelt und für einen sofortigen Soll-/Ist-Vergleich der Kosten herangezogen. Diese Kontrolle ist Inhalt eines Frühwarnsystems.

EDI

Abkürzung für Electronic Data Interchange. Elektronischer Datenaustausch, in der Regel überbetrieblich; wobei die Bezeichnung noch keine Aussage über das verwendete Standardprotokoll (z. B. UN/EDIFACT) macht.

EDM

Abkürzung für Engineering Data Management. EDM beinhaltet die ganzheitliche, strukturierte und konsistente Verwaltung aller Abläufe und Daten, die bei der Entwicklung von neuen oder bei der Änderung von vorhandenen Produkten während ihres gesamten Produktlebenszyklus anfallen.

EJB

Abkürzung für Enterprise JavaBeans. Technologie für die Abbildung von Funktionen innerhalb eines Applicationservers; ursprünglich entwickelt von IBM und SUN auf Basis von Java.

ERP

Der Begriff Enterprise Resource Planning (ERP, auf Deutsch in etwa „Planung des Einsatzes/der Verwendung von Unternehmensressourcen") bezeichnet die unternehmerische Aufgabe, die in einem Unternehmen vorhandenen Ressourcen (wie zum Beispiel Kapital, Betriebsmittel oder Personal) möglichst effizient für den betrieblichen Ablauf einzuplanen. ERP Systeme sollten alle Geschäftsprozesse abbilden. Typische Funktionsbereiche einer ERP Software sind: Materialwirtschaft, Finanz- und Rechnungswesen, Controlling, Human Resource Management, Forschung/Entwicklung und Verkauf/Marketing.

Eventmanagement

Ereignisse (Events) in der Produktion sind z. B. Aktionen des Benutzers, Warnmeldungen/Störmeldungen von einer Maschine oder auch Kontrollmeldungen eines Softwaremoduls des MES (z. B. SPC). Das Eventmanagement übernimmt die Verarbeitung und Reaktion für solche Ereignisse.

FDA

Die Food and Drug Administration (FDA) ist eine öffentliche US-Behörde des Gesundheitsministeriums. Sie ist verantwortlich für die Sicherheit und Wirksamkeit von Human- und Tierarzneimitteln, biologischen Produkten, Medizinprodukten, Lebensmitteln und strahlen- emittierenden Geräten. Sie überwacht Herstellung, Import, Transport, Lagerung und Verkauf dieser Produkte. Die Durchsetzung ihrer Richtlinien zur Produktion dieser Produkte soll den Schutz des amerikanischen Verbrauchers sicherstellen. Dies gilt für in den USA hergestellte sowie importierte Produkte. Deshalb sind diese Richtlinien auch für europäische Firmen bindend, die in die USA exportieren.

FDA 21 CFR Part 11

Die Richtlinie 21 CFR Part 11 der FDA definiert Kriterien, bei deren Erfüllung die FDA die Verwendung elektronischer Datenaufzeichnungen und elektronischer Signaturen als gleichwertig zu Datenaufzeichnungen und Unterschriften auf Papier akzeptiert. Schwerpunkt ist dabei der Qualitätssicherungsprozess im Bereich der Lebensmittel- und Pharmaindustrie.

Feinplanung

Die operative Auftragsplanung ist die Kernfunktion von MES und wird auch oft als „Feinplanung“ bezeichnet.

Fertigungssteuerung

Die Fertigungssteuerung hat die Fertigungsaufträge für die Fertigung freizugeben, Einzelkapazitäten kurzfristig festzulegen (Arbeitsverteilung), den Fertigungsfortschritt zu verfolgen und für die termingerechte Ablieferung der Fertigungsaufträge zu sorgen. Dabei ist die Reihenfolge der Aufträge so zu wählen, dass bei möglichst kurzer Durchlaufzeit die Kapazitäten an Betriebsmitteln und Personal möglichst gleichmäßig und voll ausgelastet sind. Zu beachten ist dabei die aktuelle Verfügbarkeitssituation des Materials, das durch die Disposition gesteuert wird.

Fertigungstiefe

Die Fertigungstiefe ist ein Maß für die Anzahl der Produktionsstufen im Unternehmen. Werden nur noch vorgefertigte Komponenten montiert, spricht man von einer geringen Fertigungstiefe – werden alle Bestandteile in der eigenen Produktion hergestellt, spricht man von einer hohen.

FIFO-Prinzip

FIFO steht für „First in – First out" und beschreibt ein Prinzip für die Verwaltung von Puffern, wobei das zuerst eingelagerte Objekt auch wieder zuerst ausgelagert wird.

FMEA

FMEA steht für „Fehlermöglichkeits- und Einflussanalyse" und ist eine Methode, um potenzielle Fehlermöglichkeiten bereits frühzeitig zu erkennen (also schon im Entwicklungsprozess), und diese durch geeignete Maßnahmen zu vermeiden. Sie wird aber auch im laufenden Prozess angewandt. Man unterscheidet daher zwischen Konstruktions- und Prozess - FMEA.

FPY

Abkürzung für First Yield Pass. FDY ist eine Messgröße der Qualitätssicherung, die den Anteil der Produkte ohne Nacharbeit an der produzierten Gesamtmenge beschreibt.

Höchstbestand

Der Maximal- oder Höchstbestand ist der Bestand, der auf Grund von Kapazitätsbeschränkungen maximal in einem Lager vorhanden sein kann.

HRM

Abkürzung für „Human Resource Management". Softwarefunktion für Verwaltung, Controlling und Lohnabrechnung der Mitarbeiter des Unternehmens. Ein HRM ist meist eine in das ERP System integrierte Funktion.

HTTP

Abkürzung für Hypertext Transfer Protocol. HTTP ist das gebräuchliche Protokoll zum Austausch von Daten über das Internet.

ID

Abkürzung für Identifier. Eine ID dient der eindeutigen Kennzeichnung eines Objektes (z. B. Seriennummer eines Gerätes oder Fahrgestellnummer eines KFZ) in einer Klasse von Objekten.

Instruktionsmanagement

Instruktionsmanagement in der Produktion beinhaltet die Verwaltung und Bereitstellung von Informationen für den Werker über Anzeigesysteme oder in Papierform. Im Umfeld des

MES sind das z. B. Einbauvorschriften für Werkzeuge, Verfahrensanweisungen oder Maschineneinstellungen.

IPC

Abkürzung für Industrie PC. PC in robuster Ausführung, der für den Einsatz unter extremen Umgebungsbedingungen (in Bezug auf Temperatur, Erschütterungen, Feuchtigkeit etc.) konzipiert ist.

ISA

Die Abkürzung steht für "The Instrumentation, Systems and Automation Society". Die Organisation ist international tätig und hat derzeit mehr als 28.000 Mitglieder aus über 100 Ländern. Zu den Aufgaben und Zielen gehört das Verfassen von Richtlinien rund um die Themen Messtechnik, Steuern und Regeln von Prozessen und die Durchführung von Kongressen und Messen zu diesen Themen.

ISA S88

Die Richtlinie S88 der ISA definiert im Teil 1 Referenzmodelle für Batch-Steuerungen der Prozess-Industrie, Zusammenhänge und Beziehungen zwischen den Modellen und den Abläufen. Im Teil 2 werden Datenmodelle und deren Strukturen für Batch-Steuerungen in der Prozess-Industrie definiert, die die Standardisierung der Kommunikation innerhalb und zwischen den einzelnen Batch-Steuerungen erleichtern sollen.

ISA S95

Der internationale Standard ANSI/ISA S95 definiert im Teil 1 die grundlegende Terminologie und Modelle, mit denen die Schnittstellen zwischen den Geschäftsprozessen und den Prozess- und Produktionsleitsystemen definiert werden können. Teil 2 definiert die Schnittstelleninhalte zwischen den Steuerungsfunktionen in der Produktion und der Unternehmensführung. Teil 3, erschienen 2005, liefert detaillierte Definitionen der Hauptaktivitäten von Produktion, Wartung, Lagerhaltung und Qualitätskontrolle.

Just in Sequence (JIS)

Sequenzgerechte (taktgenaue) Anlieferung von Teilen und Vorprodukten für eine getaktete Produktion (meist ein Montageprozess).

Just in Time (JIT)

Der Begriff Just-in-time bezeichnet ein Konzept zur Materialbereitstellung, das auf die Verkleinerung der Zwischenlager und eine allgemeine Rationalisierung des Produktionsprozesses abzielt. Teile und Vorprodukte werden mit minimalen Vorlauf am Produktionsort bereitgestellt.

Kaizen

Kaizen ist ein japanischer Begriff (Kai = Wandel; Zen = zum Besseren) und beinhaltet Maßnahmen zur ständigen Prozessablaufverbesserung.

Kanban

Der japanische Begriff bedeutet „Begleitkarte" und bezeichnet ein System zur Steuerung des Teilenachschubs nach dem „Pull-Prinzip" mit dem Ziel niedriger Vorort-Bestände. Die Verbrauchsstelle meldet den Zulieferstellen einen Bedarf durch das Bereitstellen eines Leerbehälters an einem definierten Übergabeplatz und gibt die Art und Menge des benötigten Artikels an.

Kapazität

In einer definierten Periode erzielbare Menge oder Leistung.

Kapazitätskonten

Je Ressource wird ein Kapazitätskonto verwaltet. Auf dem Kapazitätskonto werden Kapazitätszu- und -abgänge verbucht. Der Saldo des Kapazitätskontos gibt somit die aktuelle Verfügbarkeit bzw. Auslastung der Ressource an.

Kapazitätsplanung

Planung des Ressourcen-Einsatzes auf Basis der aktuellen Kapazitätskontostände und der geplanten Aufträge.

KPI

Abkürzung für „Key Performance Indicator" (KPI). Ein KPI ist eine Kennzahl, die den Erfüllungsgrad in Bezug auf eine Zielsetzungen oder einen kritischen Erfolgsfaktor wiedergibt. Die bekanntesten Beispiele aus dem MES Umfeld sind „Verfügbarkeit", „Qualitätsrate" und OEE (Overall Equipment Efficiency).

LIMS

Die Abkürzung steht für „Laboratory Information Management System".

Lagerumschlag

Der Lagerumschlag ist eine Kennzahl für die Effektivität der Produktion und gibt an, wie oft der durchschnittliche Wert des Lagerbestandes im Jahr umgesetzt wird.

LDAP

Abkürzung für Lightweight Directory Access Protocol. LDAP ist ein Zugriffsverfahren auf einen "Directory-Server". Verwendet z.B. für die zentrale Verwaltung von Benutzerkonten.

Lean Manufacturing

Das Schlagwort „Lean-Manufacturing" geht zurück auf die bereits in den 50er-Jahren des letzten Jahrhunderts von Toyota formulierten Maßnahmen zur Effizienzsteigerung der Produktion. Das unter dem Oberbegriff TPS (Toyota Production System) bekannte Konzept beinhaltet prinzipiell die Vermeidung bzw. Reduzierung von Verlustquellen, insbesondere Warte-, Liege- und Transportzeiten. Ein entscheidendes Instrument zur Umsetzung ist, neben konventionellen Maßnahmen, ein MES.

Leistungsrate/Leistungsgrad

Die Leistungsrate ist definiert als Verhältnis zwischen tatsächlich produzierter Menge je Zeiteinheit (z. B. Stück/Stunde) und theoretisch möglicher Menge je Zeiteinheit. Sie erfasst somit Leerlaufzeiten und die Überschreitung von geplanten Takt- und Bearbeitungszeiten an einer Maschine/Anlage. Die Leistungsrate ist ähnlich zum „Nutzungsgrad".

Lieferantenbewertung

Die Bewertung eines Lieferanten, z. B. im Rahmen einer DIN EN ISO 9001:2000-Zertifizierung, kann im Rahmen eines Audits oder auf Basis von Dokumenten stattfinden. Mögliche Kriterien sind z.B. Liefertreue, Produktqualität, Bonität oder QM System.

Los/Losgröße

Ein Los ist eine häufig verwendete Bezeichnung für Produktions- oder Liefereinheiten. Ähnlich wie Aufträge werden Lose über eindeutige IDs identifiziert. Damit verbunden sind in der Regel ein Fertigungs- bzw. Beschaffungszeitpunkt und eine Menge (→ Losgröße). Häufig ist ein Los eine Untereinheit zu einem Auftrag. Über eine Losnummer kann auch die Auftragsrückverfolgung gesteuert werden.

Make to Order

Englischer Begriff für die Auftragsfertigung. Produkte werden erst nach Bestelleingang produziert. Damit werden Lagerbindungskosten reduziert.

Make to Stock

Englischer Begriff für Lagerproduktion. Die Produktion erfolgt meist in einem anonymen Markt, in dem aufgrund eines gemittelten Bedarfs ein Vorrat produziert und gelagert wird. Im Gegensatz zur Methode „Make to order" sind die Lagerbindungskosten höher.

Materialmanagement

Materialmanagement in der Produktion beinhaltet die Verwaltung der benötigten Materialien für den Produktionsprozess und den auftragsbezogenen Einsatz. Dabei ist das gesamte Beschaffungswesen integriert. Neben der Lagerwirtschaft für das Rohmaterial werden auch Produktionslager für Teilprodukte verwaltet.

MDE

Abkürzung für Maschinendatenerfassung. MDE steht für die Online-Erfassung von Ereignissen, Messdaten und Parametern aus Maschinensteuerungen durch übergeordnete Systeme. MDE ist eine Teilfunktion eines qualifizierten MES.

MDM

Abkürzung für „Master Data Management". Als MDM bezeichnet man ein System zur zentralen Harmonisierung und Pflege von Stammdaten (englisch: Master Data), um system- und anwendungsübergreifende Datenkonsistenz sicherzustellen. Durch den zentralen Ansatz wird auch redundante Datenhaltung vermieden. Der Begriff der „Stammdatenverwaltung" wird teilweise als Synonym für MDM benutzt.

MESA

Die Manufacturing Enterprise Solution Association (MESA) ist ein US amerikanischer Industrieverband mit dem Fokus Geschäftsprozesse im produzierenden Gewerbe durch die Optimierung von bestehenden Anwendungen und die Einführung von innovativen Informationssystemen zu verbessern. Dabei spielt sowohl die vertikale als auch die horizontale Integration von Informationssystemen eine wesentliche Rolle. Nur kurze Zeit vor der ISA hat sich die MESA als erste Organisation dem Thema MES ausführlich gewidmet.

Mindestbestand

Der Mindestbestand ist der Bestand eines Lagers, bei dessen Erreichung oder Unterschreitung ein Beschaffungsprozess ausgelöst wird. Andere Bezeichnungen sind Sicherheitsbestand, Bestellpunkt oder Meldebestand.

Multithreading

Eine Software-Anwendung kann in mehreren „Threads" (eigenständig lauffähige Teilprozesse) erstellt werden, um die Prozessorleistung besser zu nutzen.

MRP

Abkürzung für „Material Resource Planning". Ein „MRP Lauf" wird normalerweise vor der operativen Auftragsplanung durch ein ERP System durchgeführt und hat die Aufgabe den Materialbestand für den Auftragspool zu prüfen bzw. zu reservieren. Man spricht auch von „Materialdisposition". Die MRP Funktion kann auch von einem qualifizierten MES, als Teilfunktion der operativen Planung wahrgenommen werden.

NC

Abkürzug für Numerical Control. Bezeichnet in der Fertigungstechnik die digitale (numerische) Steuerung von Werkzeugmaschinen (CNC Maschinen). Die Bearbeitungsprogramme (NC Programme) werden bei Bedarf mit Hilfe des DNC Systems von einem der angeschlossenen Computer in die Steuerung der Maschine geladen.

Nettobedarf

Ergibt sich aus dem Bruttobedarf abzüglich des verfügbaren Bestandes einer Ressource. Der verfügbare Bestand ist der Saldo aus dem physikalischen Bestand plus Bestellbestand minus reservierter Bestand.

Nutzungsgrad

Der Nutzungsgrad ist definiert als Verhältnis zwischen der produktiven Laufzeit einer Maschine zur möglichen Nutzungszeit der Maschine innerhalb einer definierten Zeitperiode. Der Nutzungsgrad ist ähnlich der „Leistungsrate".

OEE

Die OEE (Overall Equipment Efficiency) ist eine Leistungskennzahl (KPI) für Maschinen und Anlagen. Im deutschen Sprachgebrauch wird auch der Begriff GAE (Gesamtanlageneffizienz) verwendet. Die OEE ist definiert als Produkt aus "Vefügbarkeit", "Leistungsrate" und "Qualitätsrate" an einer Maschine.

OLAP

Abkürzung für „Online Analytical Processing”. OLAP ist eine statistische Methode zur multidimensionalen Analyse von Daten. Für ein effektives Informationsmanagement sind bereits beim Design des Datenmodells geeignete Datenstrukturen vorzusehen. OLAP Tools beinhalten auch multivariate Auswertefunktionen.

OLE

Abkürzung für „Object Linking and Embedding“. Eine auf der COM Technologie basierende Technik zur Kommunikation und zum Datenaustausch zwischen Windows-Anwendungen, die die Einbettung von Objekten einer Anwendung in andere Anwendungen erlaubt.

OPC

OPC steht für “Openness, Productivity, Collaboration” (vormals für “OLE for Process Control”) und ist eine standardisierte Software-Schnittstelle, die es Anwendungen unterschiedlichster Hersteller ermöglicht Daten auszutauschen. Ursprünglich basiert OPC auf DCOM. Die zuletzt verabschiedete Spezifikation, OPC UA (Unified Architecture), vereint alle bisherigen Spezifikationen plattformunabhängig (ohne DCOM Technologie). Der Kern dieser Spezifikation beschreibt eine serviceorientierte Architektur mit Webservices und folgt damit dem aktuellen Trend in der IT.

PAA

Abkürzung für „Part Average Analyses“. PAA ist eine Methode zur frühzeitigen Erkennung von stochastischen und systematischen Fehlern im Wertschöpfungsprozess.

Personalmanagement

Siehe HRM (Human Resource Management).

Personalzeiterfassung

Bei der Personalzeiterfassung (PZE) wird unterschieden zwischen der Anwesenheitserfassung im Rahmen eines Zutrittskontrollsystems und der auftragsspezifischen Personalzeiterfassung. Die auftragsspezifischen Zeiterfassung ist in Verbindung mit Schicht- und Lohnmodellen die Basis zur Berechnung der Löhne.

PLC

Siehe SPS (Speicherprogrammierbare Steuerung).

PLM

Abkürzung für „Product Lifecycle Management“. PLM ist ein ganzheitliches Konzept zum IT gestützten Management aller Produktdaten, beginnend beim Entstehungsprozess (Design und Engineering) über den gesamten Lebenszyklus hinweg (Change Management) bis zur Verschrottung.

PLS/PCS

Abkürzung für Prozessleitsystem (englisch = „Process Control System“). Ein Prozessleitsystem steuert und überwacht vor allem prozessorientierte Anwendungen.

PPM

Abkürzung für „parts per million“ (in deutsch „Teile pro Million“). Kennzahl für Genauigkeit bzw. für die Qualität eines Produktionsprozesses, die angibt, wie viele Elemente, aus einer Menge von einer Million, ein bestimmtes Kriterium erfüllen.

PPS

Abkürzung für „Production Planning and Scheduling“.PPS waren die Vorläufer von MES und erfüllten schon wichtige Teilaufgaben.

Produktdaten/Product Definition Management

Die wesentlichen Daten der „Produktdefinition“ sind der Arbeitsplan und die Stückliste. Beides sind Kernbestandteile von MES. Deshalb sollte auch die Verwaltung der Produktdefinitionsdaten im MES erfolgen.

Produktionseinheit

Die Produktionseinheit (englisch = Production Unit/nicht zu verwechseln mit dem Begriff aus dem Ebenenmodell der ISA) ist eine vom eigentlichen Auftrag unabhängige definierte Menge eines Artikels. Beispiele dafür sind ein Los (in der Serienfertigung) oder ein Batch bzw. Ansatz (in verfahrenstechnischen Prozessen). Eine Produktionseinheit kann mehrere Aufträge beinhalten und ein Auftrag kann sich über mehrere Produktionseinheiten erstrecken. Die Produktionseinheit erhält eine vom Auftrag unabhängige Identifikation (z. B. Losnummer, Seriennummer, Chargennummer oder eindeutige ID eines Artikels), die mit dem daraus abgeleiteten Auftrag/den Aufträgen verknüpft wird. Damit dient sie vor allem als Basis für die Produktverfolgung und Aufzeichnung aller produktionsspezifischen Daten.

Produktbegleitkarte/Warenbegleitschein

Ein „Warenbegleitschein" begleitet eine „Produktionseinheit" und enthält die zur Identifikation des Auftrags notwendigen Daten wie Auftragsnummer, Artikel, Mengeneinheit und Menge. Diese Dokumente haben meist nur eine begrenzte Gültigkeit innerhalb eines Produktionsbereichs. MES muss diese Dokumente mit der Freigabe eines Auftrags erzeugen und ausdrucken bzw. bei Verlust neu erstellen können.

Produktionslogistik

Die Produktionslogistik steuert den Materialfluss innerhalb der Wertschöpfungskette unter Berücksichtigung von Vorgänger- und Nachfolgebeziehungen.

Prozessfähigkeit

Die Fähigkeit eines Prozesses wird mittels Fähigkeitsindizes ermittelt. Es wird kontrolliert, inwieweit die Messergebnisse von gewählten Merkmalen innerhalb bestimmter zulässiger Toleranzen liegen. Wenn die 6-fache Streuung der Messwerte rechts und links vom Mittelwert innerhalb der Toleranz- bzw. Eingriffsgrenzen liegt, kann von einem fähigen Prozess gesprochen werden (6Sigma-Methode).

Prüfplan

Im Prüfplan sind sämtliche Merkmale hinterlegt, die bei einem Produkt überprüft werden sollen, um es bewerten zu können. Dabei wird unterschieden zwischen variablen und attributiven Merkmalen. Variable Merkmale sind Messgrößen mit einem Sollwert und Toleranzen, bei attributiven Merkmalen wird eine Beurteilung (o.k., n.i.O, Note etc.) abgegeben.

Pull-Prinzip

Das „Pull-Prinzip" (deutsch = „Holprinzip") bedeutet, dass eine Verbrauchsstelle benötigtes Material und Vorprodukte bei Bedarf anfordert ("Ziehen" der Fertigung). Dieses Prinzip ist Kernelement der Kanban-Methode (siehe auch „Kanban").

Qualitätsmanagement

Das Qualitätsmanagement organisiert die Überwachung des Produktionsprozesses mit Prüfplanung, Prüfdatenerfassung und Kontrolle der Prüfparameter. Neben einer entsprechenden Organisation, der Einbindung des Personals und deren ständige Weiterbildung ist ein CAQ System (Abkürzung für „Computer aided Quality Assurance"; deutscher Begriff = Computergestützte Qualitätssicherung) in der Regel ein entscheidendes Hilfsmittel. Siehe auch SPC, SQC, CAQ und TQM.

Qualitätsrate

Die Qualitätsrate ist definiert als Verhältnis zwischen der „brauchbaren“ produzierten Menge und der gesamten produzierten Menge. Sie erfasst somit Produktionseinheiten, die durch Ausschuss oder Nacharbeit verloren gehen.

Reichweite

Quotient aus dem aktuellen Bestand und dem durchschnittlichen Verbrauch einer Ressource oder eines Artikels pro Tag. Die Maßzahl gibt an, wie lange der Bestand, in Tagen gemessen noch ausreicht.

Resource Management

Das „Resource Management“ beinhaltet die Definition und Verwaltung der einzelnen Ressourcen wie Material, Maschinen, Personal, Betriebs- und Transportmittel, sowie deren Disposition und Bereitstellung an die einzelnen Arbeitsgängen. Das Management der Produktionsressourcen ist eine Teilaufgabe von MES.

Rezept (Rezeptur)

Ein Rezept umfasst Parameter und Grundstoffe (Materialien), die im funktionalen oder verfahrenstechnischen Zusammenhang stehen und eine zugehörige Verarbeitungsvorschrift. Das Rezept definiert das Verhältnis der Grundstoffe und ein Ablaufprogramm, das den Prozess steuert.

RFC

Abkürzung für „Remote Function Call“. Durch SAP definierte Sonderform eines RPC (siehe RPC).

RFID

Abkürzung für „Radio Frequency Identification“. Automatische Identifikation von Objekten mit hochfrequenten Signalen und Transpondern (Datenträger). Im Umfeld von MES wird die RFID Technologie vor allem zur Steuerung und Verfolgung von „Produktionseinheiten“ eingesetzt.

RPC

Abkürzung für „Remote Procedure Call“. Kommunikation zwischen Softwareprozessen durch Aufruf einer „entfernten“ (also auf einem anderen Rechner befindlichen) Prozedur.

SCADA

Abkürzung für „ Supervisory Control and Data Acquisition“ (SCADA). System für maschinennahes Bedienen und Beobachten das lokal auch Teilaufgaben eines MES übernehmen kann bzw. eine Schnittstelle zwischen Maschinensteuerung und MES bildet.

SCM

Abkürzung für „Supply Chain Management“. Siehe „Supply Chain Management“.

SOA/SOAP

Abkürzung für „Service-oriented Architecture“ (SOA). Der Grundgedanke der „serviceorientierten Architektur“ sieht vor, die Geschäftsprozesse in einzelne Dienste („Services“) zu gliedern. Der Client ruft einen Service für eine definierte Aufgabe auf (Auftrag an den Service), dieser Auftrag wird dann durch den Server bearbeitet und das Ergebnis (Antwort vom Server) an den Client zurückgegeben. Der etablierteste technologische Ansatz zur Umsetzung von SOA sind die so genannten „Webservices“. Das W3C (World Wide Web Consortium) hat eine weitreichende Standardisierung von Webservices und dem Datenaustausch mittels SOAP (Protokoll zum Datenaustausch über HTTP und TCP/IP) durchgeführt, und damit den Einsatz der Technologie in heterogenen Umgebungen ermöglicht (siehe auch WSDL).

SPC

Abkürzung für „Statistical Process Control“. Mit SPC (deutsch = statistische Prozesskontrolle) werden einzelne Prozessparameter auf ihre Prozessfähigkeit überprüft. Insbesondere wird mit statistischen Methoden kontrolliert, ob sich eine signifikante Veränderung in der Lage, Streuung und Verteilung des Prozesses ergibt. SPC erfolgt auf der Basis von online gemessenen Daten im Produktionsprozess. Abweichend von SPC erfolgt durch „SQC“ eine statistische Kontrolle von gefertigten Teilen (siehe auch Cp/Cpk, Qualitätsmanagement, SQC, CAQ und TQM).

SPS

Abkürzung für Speicherprogrammierbare Steuerung. Programmierbares Steuerungssystem für den Produktionsbereich, das sich durch Robustheit, Betriebssicherheit und Echtzeitfähigkeit auszeichnet. Der englischsprachige Begriff dafür ist PLC.

SQC

Abkürzung für „Statistical Quality Control“. Zur statistischen Qualitätskontrolle der Artikel werden die meist manuell erfassten Daten (Stichproben) statistisch ausgewertet und grafisch in so genannten „Regelkarten“ (z. B. xquer/s Karte), Histogrammen etc. transparent gemacht. Die Erfassung erfolgt getrennt für jede Produktionseinheit und unterscheidet zwischen variablen und attributiven Merkmalen (siehe auch Cp/Cpk, Qualitätsmanagement, SPC, CAQ und TQM).

SQL

Abkürzung für „Structured Query Language“. Programmiersprache zur Abfrage und Bearbeitung von Daten aus einer relationalen Datenbank.

SRM

Abkürzung für „Supplier Relationship Management“. Softwaresystem für Definition, Verwaltung und Controlling der Lieferantenbeziehungen des Unternehmens. SRM ist in der Unterlebensleitebene als eigenständiges System angesiedelt oder integrierter Bestandteil eines ERP Systems.

STEP

Abkürzung für „Standard for the Exchange of Product Data“. STEP ist eine Norm zur Beschreibung und zum Austausch von Produktinformationen (siehe auch Produktdefinition) und kann z. B. zum Datenaustausch zwischen PLM Systemen oder zwischen PLM und MES eingesetzt werden.

Supply Chain Management

Als „Supply Chain Managementsysteme“ (SCM) werden Systeme zur Verwaltung und Kontrolle der globalen Lieferkette eines Unternehmens bezeichnet. SCM managen sowohl externe als auch interne Versorgungsketten. Ein Beispiel für eine teils externe, teils interne, Lieferkette ist die Materialbereitstellung am ersten Arbeitsgang eines Produkts.

SVG

Abkürzung für „Scalable Vector Graphics“. SVG ist ein auf XML basierendes Vektorformat zur Beschreibung zweidimensionaler Grafiken. Das Format unterstützt auch die Animation von Objekten, deren Eigenschaften über Skripte manipuliert werden können. SVG erlaubt die Einbindung vektorbasierter Grafiken in Weblösungen.

SWF

Abkürzung für „Small Web Format/Shock Wave Flash“. Dateierweiterung für Dateien im "Flash-Format".

TCO

Abkürzung für „Total Cost of Ownership“. Betrachtung der Gesamtkosten eines Systems. Neben den Anschaffungskosten werden laufende Kosten für Wartung und Betrieb über die geplante Laufzeit eingerechnet.

TCP/IP

Abkürzung für „Transmission Control Protocol/Internet Protocol“. Bekanntestes und am häufigsten verwendetes Protokoll zur Kommunikation im Internet. TCP/IP wird zunehmend auch als Protokoll in der Automatisierungs- und Feldebene (zur Anbindung von dezentralen Controllern und Sensoren/Aktoren) verwendet.

Terminierung

Die Terminierung der Produktionsaufträge (Planung der Termine) erfolgt im MES mit Hilfe eines operativen Planungssystems auf Basis der Arbeitspläne für die Artikel. Es wird zwischen Rückwärts- (ausgehend vom spätesten Liefertermin) und Vorwärtsterminierung (ausgehend vom frühesten Produktionsstart), sowie der Terminierung um eine Engpass-Ressource (Engpass-Terminierung) unterschieden.

TPM

Abkürzung für „Total Productive Maintenance“. TPM ist eine Methode für das gesamte Wartungsmanagement eines produzierenden Unternehmens inkl. der dafür erforderliche Softwaresysteme und dient der kontinuierlichen Verbesserung der Produktion. Oft wird TPM auch als „Total Productive Management“ im Sinne eines umfassenden Produktionssystems interpretiert.

TPS

Abkürzung für „Toyota Production System“. TPS wurde bereits in den 50er-Jahren des letzten Jahrhunderts von Toyota entwickelt und beinhaltet folgende Maßnahmen zur Effizienzsteigerung der Produktion: Vermeidung bzw. Reduzierung von Verlustquellen, eine Synchronisation der Prozessabläufe, die Standardisierung der Prozessabläufe, Vermeidung von Fehlern, Verbesserung der Maschinenproduktivität und kontinuierliche Aus- und Weiterbildung der Mitarbeiter.

TQM

Abkürzung für „Total Quality Management“. TQM beinhaltet alle Maßnahmen im Management und in der Produktion, die zur Null-Fehlerproduktion beitragen. Siehe auch Qualitätsmanagement, SPC, SQC, CAQ und TPM.

UDDI

Abkürzung für „Universal Description Discovery and Integration“. Protokoll zur Veröffentlichung und Auffindung (Discovery) von Metadaten (Description) zu Webservices. Kann für die Entwicklung und zur Laufzeit (Integration) genutzt werden.

Verfügbarkeit

Die Verfügbarkeit (englisch = Availability) in Prozent gibt an, für welchen Zeitanteil bezogen auf eine definierte Gesamtzeit (man spricht von der Planbelegungszeit), eine Maschine tatsächlich zur Produktion bereit, also verfügbar, ist. Die Verlustanteile (keine Bereitschaft zur Produktion) sind z. B. Ausfälle durch Störungen oder Rüst- und Einrichtzeiten.

W3C

Abkürzung für „World Wide Web Consortium“. Gremium zur Standardisierung von Techniken, die das World Wide Web betreffen.

Wareneingangskontrolle

Die Wareneingangskontrolle ist eine Teilfunktion von MES und umfasst die kaufmännische, technische und Materialprüfung eingehender Waren.

Wertschöpfung

Gradmesser für die Erbringung eigener Leistung. Im Produktionsprozess ist dies der Mehrwert, der in den jeweiligen Arbeitsgängen geschaffen wird.

WIP

Abkürzung für „Work in Process“. Erfassung und Verwaltung der in der Produktion befindliche Bestände (Halberzeugnisse) als Teilfunktion von MES.

Workflow

Organisation von Arbeitsabläufen durch Beschreibung und Festlegung abgrenzbarer und arbeitsteiliger Prozesse, die in einer definierten Reihenfolge, parallel oder sequentiell, ausgeführt werden müssen.

WPF

Abkürzung für „Windows Presentation Foundation“. Programmierschnittstelle (API) für Oberflächen unter Windows-Betriebssystemen.

WSDL

Abkürzung für „Web Service Description Language“. Eine WSDL Datei beschreibt einen Webservice und ermöglicht die Nutzung durch einen beliebigen Webservice-Client. Siehe auch SOA/SOAP.

XAML

Abkürzung für „eXtensible Application Markup Language“. Sprache zur Beschreibung und Erstellung von Oberflächen der Windows Presentation Foundation (WPF) in XML.

XML

Abkürzung für „eXtensible Markup Language“. XML ist eine textbasierende Metasprache zur Beschreibung hierarchisch strukturierter Daten, Vorgänge etc. und wurde durch das W3C genormt.

A5 Abkürzungsverzeichnis

6σ	Six Sigma/6Sigma
ABC	Activity-based Costing
ADO	ActiveX Data Objects
AJAX	Asynchronous JavaScript and XML
ANSI	American National Standards Institute
API	Application Programming Interface
APS	Advanced Planning and Scheduling
ATP	Available to promise
AV	Arbeitsvorbereitung
BDE	Betriebsdatenerfassung
CAD	Computer aided Design
CAE	Computer aided Engineering
CAM	Computer aided Manufacturing
CAP	Computer aided Process Planning
CAQ	Computer aided Quality Assurance
CI	Corporate Identity
CIM	Computer Integrated Manufacturing
COM	Component Object Model
Cpk	Process Capability Index
CPM	Collaborative Production Management
CRM	Customer Relationship Management
CSV	Comma/Character Separated Values

DBMS	Datenbankmanagementsystem
DCOM	Distributed Component Object Model
DMAIC	Define, Measure, Analyze, Improve, Control
DMU	Digital Mock-Up
DNC	Distributed Numerical Control
EDM	Engineering Data Management
EDV	Elektronische Datenverarbeitung
EJB	Enterprise JavaBeans
EPM	Enterprise Production Management
ERP	Enterprise Resource Planning
FDA	Food and Drug Administration
FIM	Finance Management
FPY	First pass yield
GSD	Geräte Stammdatei
HMI	Human Machine Interface
HRM	Human Resource Management
HTTP	Hypertext Transfer Protocol
ID	Identifier
IPC	Industrie PC
IT	Informationstechnik
IV	Informationverarbeitung
KPI	Key Performance Indicator
KVP	kontinuierlicher Verbesserungsprozess
LCD	Liquid Crystal Display
LDAP	Lightweight Directory Access Protocol
LED	Light Emitting Diode
LIMS	Laboratory Information Management System

MDE	Maschinendatenerfassung
MDM	Master Data Management
MES	Manufacturing Execution System
MRP	Material Resource Planning
NC	Numerical Control
ODBC	Open Database Connectivity
OEE	Overall Equipment Efficiency
OLAP	Online Analytical Processing
OLE	Object Linking and Embedding
OPC	OLE for Process Control
PAA	Part Average Analyses
PCS	Process Control System
PDA	Personal Digital Assistant
PDM	Product Data Management
PLC	Programmable Logic Controller
PLM	Product Lifecycle Management
Ppk	Process Performance Index
PPS	Produktion Planung und Steuerung
PZE	Personalzeiterfassung
RFC	Remote Function Call
RFID	Radio Frequency Identification
ROI	Return on Invest
RPC	Remote Procedure Call
SCADA	Supervisory Control and Data Acquisition
SCM	Supply Chain Management
SMED	Single Minute Exchange of Die
SMS	Short Message Service

SNMP	Simple Network Management Protocol
SOA	Service-oriented Architecture
SOAP	Simple Object Access Protocol
SPC	Statistical Process Control
SPS	Speicher programmierbare Steuerung
SQC	Statistical Quality Control
SQL	Structured Query Language
SRM	Supplier Relationship Management
STEP	Standard for the Exchange of Product Data
SVG	Scalable Vector Graphics
SWF	Small Web Format oder Shock Wave Flash
TCO	Total Cost of Ownership
TCP/IP	Transmission Control Protocol/Internet Protocol
TPM	Total Productive Maintenance
TPS	Toyota Production System
TQM	Total Quality Management
UDDI	Universal Description Discovery and Integration
W3C	World Wide Web Consortium
WIP	Work in Process
WPF	Windows Presentation Foundation
WSDL	Web Service Description Language
WWS	Warenwirtschaftssystem
XAML	eXtensible Application Markup Language
XML	Extensible Markup Language

A6 Stichwortverzeichnis